U0792142

中央财政支持专业提升服务能力项目课程建设

水利工程质检与验收

主　编　苏春宏
副主编　伊丽丽　张恒伟
主　审　宣理华

中国水利水电出版社
www.waterpub.com.cn

内 容 提 要

本书围绕《水利水电工程施工质量检验与评定规程》(SL176—2007)、《水利水电建设工程验收规程》(SL223—2008)、《水利水电工程单元工程施工质量验收评定标准-土石方工程》(SL 631—2012)、《水利水电工程单元工程施工质量验收评定标准-混凝土工程》(SL 632—2012)及其相关资料的基础上，在介绍水利工程施工质量检验与验收的同时，增加工程质量检测工具的使用及部分资料整编内容。共包含十个项目，分别为工程项目的划分、工程质量检验、工程质量检测、工程质量评定、土石方工程施工质量评定标准、混凝土工程施工质量评定标准、工程质量验收、阶段验收、竣工验收及资料整理与工程移交等内容。教材编写中采用案例分析方法，将水利工程施工质检与验收的实际案例纳入教材中，从案例为出发点，结合现行最新的水利工程质检与验收相关标准、要求，由浅入深、须循渐进，以职业教育岗位的实景环境，达到职业教育需求。同时，本书注重实际操作练习，将常规检测工具及两种工程上常用的无损检测工具使用方法引入教材，尽可能与工作岗位零距离对接。

本书是高职高专水利工程施工技术、水务、工程管理、工程监理等专业的教材，也可作为水利工程施工现场管理人员及监理人员的参考用书。

图书在版编目（CIP）数据

水利工程质检与验收 / 苏春宏主编. -- 北京 : 中国水利水电出版社, 2013.8(2024.2重印)
中央财政支持专业提升服务能力项目课程建设
ISBN 978-7-5170-1176-7

Ⅰ. ①水… Ⅱ. ①苏… Ⅲ. ①水利工程－工程施工－质量检验②水利工程－工程检验 Ⅳ. ①TV523

中国版本图书馆CIP数据核字(2013)第200481号

书　　名	中央财政支持专业提升服务能力项目课程建设 **水利工程质检与验收**
作　　者	主　编　苏春宏 副主编　伊丽丽　张恒伟 主　审　宣理华
出版发行	中国水利水电出版社 (北京市海淀区玉渊潭南路1号D座　100038) 网址：www. waterpub. com. cn E－mail：sales@mwr. gov. cn 电话：(010) 68545888 (营销中心)
经　　售	北京科水图书销售有限公司 电话：(010) 68545874、63202643 全国各地新华书店和相关出版物销售网点
排　　版	中国水利水电出版社微机排版中心
印　　刷	北京印匠彩色印刷有限公司
规　　格	184mm×260mm　16开本　16印张　379千字
版　　次	2013年8月第1版　2024年2月修订　2024年2月第2次印刷
印　　数	3001—6000册
定　　价	**45.00**元

本书共包含十个学习情境，分别为工程项目的划分、工程质量检验、工程质量检测、工程质量评定、土石方工程施工质量评定标准、混凝土工程施工质量评定标准、工程质量验收、阶段验收、竣工验收及资料整理与工程移交等内容。其中，学习情景一工程项目的划分由苏春宏修订，学习情景二工程质量检验由刘剑琼修订，新增学习情境三工程质量检测由李凤伟编写，学习情景四工程质量评定由李凤伟修订，学习情景五土石方工程施工质量评定标准、学习情景六混凝土工程施工质量评定标准、学习情景七工程质量验收由王有卿修订，学习情景八阶段验收、学习情景九竣工验收、学习情景十资料整理与工程移交由杨萌修订，全书案例部分均来自实际工作中，由张恒伟修订。

本教材可作为职业院校水利类专业教材，也可作为企业人员培训教材或参考用书。

本教材在编写过程中得到了部分水利企事业单位工作人员及北京农业职业学院部分教师的大力支持与帮助。在此表示感谢！由于时间仓促，难免存在不足，恳请读者与同行批评指正。

编者

2024年2月

前言

教材事关国家和民族的前途命运，教材建设必须坚持正确的政治方向和价值导向。本书坚持党的二十大精神，全面贯彻党的教育方针，落实立德树人根本任务，为党育人，为国育才，弘扬劳动光荣、技能宝贵、创造伟大的时代风尚。

本教材是北京农业职业学院水利工程施工技术专业中央财政支持专业提升服务能力项目课程建设系列教材之一。

《水利工程质检与验收》（修订版）重点培养学生的职业核心能力。如何让学生在学习期间掌握水利工程施工质量检验与验收相关的标准及方法，了解从事水利工程质检、验收及资料管理工作必备的基础知识与技能，提升水利工程施工技术专业学生走向工作岗位具备的核心能力。在中国水利水电出版社的精心策划、多名双师型教师及施工企业中具有丰富经验的工作人员共同参与下完成本部教材的修订工作。

本书主要围绕现行最新的《水利水电工程施工质量检验与评定规程》（SL 176—2007）、《水利水电建设工程验收规程》（SL 223—2008）、《水利水电工程单元工程施工质量验收评定标准—土石方工程》（SL 631—2012）、《水利水电工程单元工程施工质量验收评定标准—混凝土工程》（SL 632—2012）等规范、规程进行修订，新增检测工具使用等部分，力求做到规范性、实用性和时效性。

本教材修订版是在原有教材的基础上，由北京农业职业学院苏春宏、伊丽丽、李凤伟，北京通成达水务有限公司张恒伟、北京市水资源调度管理事务中心王有卿、永定河流域投资有限公司北京分公司刘剑琼、北京市南水北调团城湖管理处杨萌共同编写，全书由北京金河水务有限公司宣理华主审。

目 录

学习情境一 工 程 项 目 划 分

【学习目标】

1. 掌握单位工程、分部工程、单元（工序）工程、关键部位单元工程、重要隐蔽单元工程的基本概念及其之间区别
2. 了解施工项目划分程序，掌握单位工程、分部工程、单元工程的项目划分的原则
3. 熟悉水利枢纽工程、堤防工程、引水（渠道）工程项目划分的基本方法
4. 掌握实际工程中项目划分原则、程序及项目划分中应注意的问题

工作任务一 项 目 划 分

水利工程从施工准备阶段到竣工交付使用，需要经过若干工序、若干工种的配合施工。为加强管理，保证工程质量，项目按级划分为单位工程、分部工程、单元（工序）工程三级。在工程项目划分时，应按从大到小的顺序进行，以利于从宏观上进行项目评定的规划，不至于在分期实施过程中，从低到高评定时出现层次、级别和归类上的混乱。水利工程一般可划分为若干个单位工程，每个单位工程可进一步划分为若干个分部工程，每个分部工程又可划分为若干个单元工程。

单位工程是指具有独立发挥作用或独立施工条件的建筑物。单位工程通常可以是一项独立的工程，也可以是独立工程中的一部分，一般按设计和施工部署进行划分。

分部工程是指在一个建筑物内能组合发挥一种功能的建筑安装工程，是组成单位工程的各个部分；在分部工程中，将其对单位工程安全、功能或效益起到控制作用的分部工程称为主要分部工程；分部工程主要是依据建筑物的组成特点及施工质量检验评定的需要来进行划分的。

单元工程是指分部工程中由几个工种施工完成的最小综合体，是日常质量考核的基本单位。不同类型的工程，有各自单元工程划分的办法。水利工程单元工程是依据设计结构、施工部署或便于进行质量控制和考核的原则，把建筑物划分为若干个层、块、段来确定单元工程。根据单元工程的作用，分为关键部位单元工程、重要隐蔽单元工程、隐蔽工程等。

关键部位单元工程是指对工程安全、效益或使用功能有显著影响的单元工程，包括土建类工程、金属结构及启闭机安装工程中属于关键部位的单元工程。

重要隐蔽单元工程指主要建筑物的地基开挖、地下洞室开挖、地基防渗、加固处理和排水等隐蔽工程中，对工程安全或使用功能有严重影响的单元工程。

隐蔽工程泛指地基开挖、地基处理、基础工程、地下防渗工程、地下建筑工程等所有在完工后被覆盖的工程。主要建筑物的隐蔽工程中，涉及严重影响建筑物安全或使用功能

的单元工程称为重要隐蔽单元工程。如主坝坝基开挖中涉及断层或裂隙密集带的单元工程是重要隐蔽单元工程。

对于大坝除险加固中涉及的坝基帷幕灌浆孔及检查孔、溢洪道改造、隧洞洞挖，以及人饮安全工程涉及的控制性水池基础开挖，应根据重要性和地质特殊性，由建设单位组织监理、设计、施工单位共同商定后，报质量监督机构确认。这也反映了项目划分按时上报、不能后补的重要性。

工作任务二 项 目 划 分 程 序

在施工准备阶段，由项目法人组织监理、设计及施工等单位进行工程项目划分，并确定主要单位工程、主要分部工程、重要隐蔽单元工程和关键部位单元工程。项目法人在主体工程开工前将项目划分表及说明书面报工程质量监督机构确认。

工程质量监督机构收到项目划分书面报告后，在14个工作日内对工程的项目划分进行确认，并将确认结果书面通知项目法人。

工程施工过程中，由于受设计变更、施工部署的重新调整等诸多因素的影响，从有利于施工质量管理工作的连续性和施工质量检验评定结果的合理性考虑，如需要对工程开工初期批准的项目划分进行调整，对不影响单位工程、主要分部工程、关键部位单元工程、重要隐蔽单元工程的项目划分的局部调整时，项目法人组织监理、设计和施工单位对其进行重新划分；如对工程开工初期批准的项目划分影响单位工程、主要分部工程、关键部位单元工程、重要隐蔽单元工程时，应重新报送工程质量监督机构进行确认；若工程实施过程中，如需对单位工程、主要分部工程、重要隐蔽单元工程和关键部位单元工程的项目划分进行调整时，项目法人应重新报送工程质量监督机构再次确认。

工作任务三 项 目 划 分 原 则

水利工程项目划分应根据水利工程结构特点，按照工程建设的过程由局部到整体的原则，考虑设计布局、施工布置等因素，采用单位工程、分部工程、单元工程三级划分。

一、单位工程项目划分原则

单位工程通常可以是一项独立的工程，也可以是独立工程中的一部分，当工程规模大时，可将一个建筑物中具有独立施工条件的一部分划分为一个单位工程，如枢纽工程中挡水建筑物、溢洪道、放水系统、发电站、管理房屋等划分为单位工程。主要建筑物所在的单位工程划分为主要单位工程，其中主要建筑物指其失事后将造成下游灾害或严重影响工程效益的建筑物。一般按设计、施工部署和便于质量管理等原则来划分单位工程。

1. 枢纽工程

一般以每座独立的建筑物为一个单位工程。当工程规模大时，可将一个建筑物中具有独立施工条件的一部分划分为一个单位工程。

2. 堤防工程

一般根据设计和施工的部署，划分为堤身、堤岸防护、交叉连接建筑物和管理设施等单位工程。在仅有单项加高培厚或基础防渗处理时，也可单独划分为单位工程。也可以按招标标段或工程结构划分单位工程。规模较大的交叉连接建筑物及管理设施，以每座独立的建筑物为一个单位工程。由于堤防建设战线长、范围大，一个项目可能跨不同的地（市）、县。考虑到地方按行政区域组织建设的实际情况，可按如下原则划分单位工程：

(1) 一个工程项目由若干项目法人负责组织建设时，每一项目法人所负责的工程可划分为一个单位工程。

(2) 一个项目法人所负责组织建设的工程，可视规模按照堤段划分为若干个单位工程。

(3) 较大交叉连接建筑物可以每一独立建筑物划为一个单位工程。

(4) 堤岸防护和管理设施工程可以每一独立发挥作用的项目划为一个单位工程。

3. 病险水库除险加固工程

以每座独立的建筑物为一个单位工程。工程规模大时，也可将一个建筑物中具有独立施工条件的一部分划为一个单位工程。

4. 灌区节水改造工程

按渠道级别（干渠、分干渠、支渠）或工程建设期、段划分，以一条干渠（分干渠、支渠）或同一建设期、段的渠道工程为一个单位工程。大型渠道（含沟道）建筑物也可以每座独立的建筑物为一个单位工程。

二、分部工程项目划分原则

分部工程是组成单位工程的各个部分。在分部工程中，将其对单位工程的安全、功能或效益起主要控制作用的分部工程称为主要分部工程。分部工程划分是否恰当，对单位工程质量等级的评定影响很大。

水电工程土建部分按设计的主要组成部分划分，金属结构及启闭机安装工程和机电设备安装工程一般只划分为分部工程、不划分为单位工程，按组合功能划分。由于现行的水电工程单位工程施工质量等级评定标准是以优良个数占总数的百分率计算的，分部工程划分是否适当对单位工程质量等级的评定影响很大；同一单位工程各个分部工程的工程量（或投资）不宜相差太大。工程量不宜相关太大系是指同种类分部工程（如几个混凝土分部工程）的工程量差值不超过50%；投资不宜相关太大系指不同种类分部工程（如混凝土分部工程、砌石分部工程、闸门及启闭机安装分部工程等）的投资差值不宜超过一倍。每个单位工程中的分部工程数目，不宜少于5个（为减少验收工作量，也不宜过多）。对单位工程安全、功能或效益起决定性作用的分部工程称为主要分部工程，主要分部工程在主要单位工程和一般单位工程中都有，SL 176—2007《水利水电工程施工质量检验与评定规程》附表中带“△”的一定要划分为主要分部工程，是强制性条款，不得改动，带“*”的根据实际情况可划分为主要分部工程，也可划分为一般分部工程，但划分为主要分部工程要慎重，因划分为主要分部工程会增加施工单位施工成本，加大质量优良难度。

1. 枢纽工程

枢纽工程中土建部分按设计的主要组成进行划分，其金属结构及启闭机安装工程、机电设备安装工程按组合功能进行划分。

2. 堤防工程

(1) 险工控导工程。按施工段落划分，一般有坝垛、坝垛档间、格堤连坝等几种类型，有新建、续建、加固等几种建设形式。依据批复设计文件中的建设内容（即个数）将它们分别编号。

(2) 堤防加高培厚、戗台续建、填塘固基等工程。按施工桩号、段落长度来划分。根据堤身填筑断面的大小，按长度（1～2km）和工程量（10000～20000m^3）来划分分部工程。

3. 病险水库除险加固工程

土建、混凝土工程按批复的建设内容来划分分部工程；金属结构及启闭机安装工程、机电设备安装工程根据SL 631～637—2012、SL 638～639—2013《水利水电基本建设工程单元工程质量等级评定标准》来划分。

4. 灌区节水改造工程

根据渠道级别（干渠、分干渠、支渠、斗渠），按施工桩号、段落长度来划分。干渠、分干渠以0.5～1km为一分部工程，支渠、斗渠以1～2km为一分部工程，每个分部工程含10～20个单元工程。

渠系建筑物视工程量的大小划分为分部工程，也可将几个较小的建筑物合并划分为一个分部工程。

三、单元工程项目划分原则

单元工程划分时要划分齐全，不应遗漏，同一类型的单元工程量不宜相差太大，一般不超过50%；同一分部工程中单元工程的数量也不宜太少，一般不少于3个，特殊情况除外。

单元工程的划分要依据质量检验评定的要求出发，以有利于取得较完整的技术数据为出发点，以便于进行质量控制和考核。应按日常验收的批（次）和便于质量控制与考核，单元工程量的大小应符合相应的规程规范和设计要求并应与施工企业施工能力相匹配，同一类型的单元工程应为同一编号，单元工程量不宜相差太大，一般不超过50%；同一分部工程中单元工程数量一般不少于3个。

重要隐蔽单元工程要根据工程实际情况合理确定。只能在主要建筑物的地基开挖、地下洞室开挖、地基防渗、加固处理和排水工程等才能有重要隐蔽工程，一般建筑物不得划分重要隐蔽工程；工程地质情况良好的情况下地基开挖、地下洞室开挖一般不用划分重要隐蔽工程；重要隐蔽单元工程在项目划分表中用“*”标识。

1. 枢纽工程

依据设计结构、施工部署或考核要求划分，建筑工程以层、块、段为单元工程；安装工程以工种、工序等为单元工程。

2. 堤防工程

(1) 险工控导工程。包括土方开挖、土方回填、铅丝石笼、铅丝条笼、塑土枕、土工织物铺设、干砌石、柴土埽棒等单元工程。依据每个分部工程中的建设内容分别选取以上单元工程项目，将它们分别编号。

(2) 堤防加高培厚、戗台续建、填塘固基等工程。根据施工方法与施工进度划分单元工程。堤防加高培厚、戗台续建工程按填筑层、段划分，每个单元工程以填筑量1000～2000m^3、堤轴线长度200～500m为宜；填塘固基等吹填工程按一个吹填围堰区段（仓）或按堤轴线长100～500m划分为一个单元工程，且最好能和堤防、戗台工程的单元工程长度相一致。具体包括堤基清理、土料碾压筑堤、土料吹填压渗平台、黏土防渗体填筑、砂质土堤堤坡堤顶填筑等单元工程。依据每个分部工程中的建设内容分别选取以上单元工程项目，将它们分别编号。

3. 病险水库除险加固工程

依据设计结构、施工部署或便于进行质量控制和考核的原则，把建筑物划分为若干个层、块、段来确实单元工程。

（1）开挖工程。按设计或施工检查验收的区、段划分，每一个区、段为一个单元工程。

（2）混凝土工程。按混凝土浇筑仓号，每一仓号为一个单元工程；排架柱梁等按一次检查验收范围划分，若干个柱梁为一个单元工程；混凝土衬砌部位按设计分缝确定的块划分；锚喷支护部位按一次锚喷区划分。

（3）钢筋混凝土预制构件安装工程。按施工检查质量评定的根、套、组划分，每一根、套、组预制构件安装为一个单元工程。

（4）水泥灌浆工程。帷幕灌浆以同序相邻的10～20孔为一个单元工程；固结灌浆按混凝土浇筑块、段划分，每一块、段的固结灌浆为一个单元工程。

（5）混凝土防渗墙工程。每一槽孔为一个单元工程。

（6）造孔灌注桩基础工程。按柱（墩）基础划分，每一柱（墩）下的灌注桩基础为一个单元工程。

（7）锚喷支护工程。按一次锚喷支护施工区、段划分，每一区、段为一个单元工程。

（8）振冲地基加固工程。按独立建筑物地基或同一建筑物地基范围内不同振冲要求的区划分，每一独立建筑物地基或不同要求区的振冲工程为一个单元工程。

（9）砌石工程。按设计或施工控制质量要求的区、段划分，每一部位（上游坝坡、坝顶，下游坝坡、排水棱体等）的一定区、段为一个单元工程。

（10）金属结构、机电设备安装工程。是组成分部工程的由几个工种施工完成的最小综合体。一般是依据设备的复杂程度、专业性质或是以每一台（套）设备、某一主要部件的制作或安装作为一个单元工程。

4. 灌区节水改造工程

灌区节水改造包括土方开挖、土方回填、土工膜和保温板铺设、重力墩式基础混凝土（齿墙）、混凝土预制板制作、混凝土预制板砌筑等单元工程。

实际操作中可按渠道衬砌的伸缩缝、沉降缝或施工缝划分。明（暗）渠开挖、填筑按施工部位划分，衬砌防渗（冲）工程按变形缝或结构缝划分，渠道工程：当$Q<30m^3/s$时，单元工程长度一般不大于100m；当$Q\geqslant30m^3/s$时，单元工程长度一般不大于50m。且须按底板、左边坡垫层或防冻层、右边坡垫层或防冻层、土方开挖、土方回填等划分，建筑物工程可划分为基础开挖、基础工程、护底工程、土方回填、进口八字墙、边墙或闸墩、机架桥混凝土、胸墙混凝土、出口八字墙、安装工程等。

渠系建筑物视其规模大小划分单元工程，中型渠系建筑物按设计的组成部分划分，以每一主要组成部分为一个单元工程；小型渠系建筑物以一座或几座建筑物为一个单元工程。

5. 水土保持

借鉴水利工程按工序或工程措施或结构组成划分。

6. 水利建筑安装工程

以水利行业标准为主，参考使用其他行业标准，水利工程的房屋建筑安装工程应以建筑行业标准为主，参考使用水利行业标准。对于其他工程，一般来说应以水利行业标准为主，参考使用其他行业标准。

四、工序

工序是指为完成一定建设内容所进行的作业过程。有的单元工程是由一个或若干个工序组成。如混凝土单元工程可分为基础面或施工缝处理、模板、钢筋、埋件安装和混凝土浇筑五个工序。工序可不列入工程项目划分表中，但在工程质量等级评定中不能缺少。有工序的单元工程，应先评定各工序的质量等级，各工序的质量等级评定结果均应单独参加所在单元工程的质量等级评定。

五、水利工程项目划分应注意的几个问题

（1）工程项目划分应严格根据水利部颁发的有关规定和标准，并且结合工程建设特点和规模大小，认真研究，既不能生搬硬套，也不能随意发挥。

（2）工程项目划分时，应按从大到小的顺序进行，这样有利于从宏观上进行项目评定的规划，不至于在分期实施过程中，出现层次、级别和归类上的混乱。质量评定时，应从低层到高层的顺序依次进行，这样可以从微观上按照施工工序和有关规定，在施工过程中把好施工质量关，由低层到高层逐级进行工程质量控制和质量检验。

（3）工程项目划分时，一般只对主体工程进行工程项目划分。管理设施、观测设备的安装，临时性建筑物、植草植树等附属工程可不列入工程项目划分表中，但当投资较大或能独立发挥作用，或对主体工程不可缺少时，也可将其列入。

（4）工程项目划分时，思路一定要清晰，防止有的按层划分、有的按段划分等不一致的情况，影响工程的质量评定结果。

（5）水利工程施工质量等级评定标准是以优良个数占总数的百分率计算的。工程项目的划分主要是依据建筑物的组成特点及施工质量检验评定的需要来进行划分的。所以工程项目划分是否恰当，对工程质量等级的评定影响很大。

工作任务四　工程项目具体划分

依据 SL 176—2007《水利水电工程施工质量检验与评定规程》，对水利枢纽工程、堤防工程、引水（渠道）工程的项目划分示例如下。

一、水利枢纽工程

枢纽工程按其工程类型分为拦河坝工程、泄洪工程、枢纽工程中的引水工程、发电工程、升压变电工程、水闸工程、过鱼工程、航运工程、交通工程、管理设施几部分。拦河

坝按其坝型及材料又分为土质心（斜）墙土石坝、均质土坝、混凝土面板堆石坝、沥青混凝土面板（心墙）堆石坝、合土工膜斜（心）墙土石坝、混凝土（碾压混凝土）重力坝、混凝土（碾压混凝土）拱坝、浆砌石重力坝、浆砌石坝、橡胶坝；泄洪工程又分为溢洪道工程（含陡槽溢洪道、侧堰溢洪道、竖井溢洪道）、泄洪隧洞（防空洞、排沙洞）；枢纽工程中的引水工程又分为坝体引水工程（含发电、灌溉、工业及生活取水口工程）、引水隧洞及压力管道工程；发电工程分为地面发电厂房工程、地下发电厂房工程、坝内式发电厂房工程；升压变电工程分为地面升压变电站、地下升压变电站；水闸工程分为泄洪闸、冲沙闸、进水闸；过鱼工程分为鱼闸工程、鱼道工程；航运工程分为船闸工程、升船机工程；交通工程分为永久性专用公路工程、永久性专用铁路工程。分别对其进行单元工程、分部工程划分，具体划分见表 1－4－1。

表 1－4－1　　水利枢纽工程项目划分表

工程类别	单位工程	分部工程	说　　明
拦河坝工程	土质心（斜）墙土石坝	1. 坝基开挖与处理	
		△2. 坝基及坝肩防渗	视工程量可划分为数个分部工程
		△3. 防渗心（斜）墙	视工程量可划分为数个分部工程
		＊4. 坝体填筑	视工程量可划分为数个分部工程
		5. 坝体排水	视工程量可划分为数个分部工程
		6. 坝脚排水棱体（或贴坡排水）	视工程量可划分为数个分部工程
		7. 上游坝面护坡	
		8. 下游坝面护坡	（1）含马道、梯步、排水沟； （2）如为混凝土面板（或预制块）和浆砌石护坡时，应含排水孔及反滤层
		9. 坝顶	含防浪墙、栏杆、路面、灯饰等
		10. 护岸及其他	
		11. 高边坡处理	视工程量可划分为数个分部工程，当工程量很大时，可单列为单位工程
		12. 观测设施	含监测仪器埋设、管理房等。单独招标时，可单列为单位工程
	均质土坝	1. 坝基开挖与处理	
		△2. 坝基及坝肩防渗	视工程量可划分为数个分部工程
		＊3. 坝体填筑	视工程量可划分为数个分部工程
		4. 坝体排水	视工程量可划分为数个分部工程
		5. 坝脚排水棱体（或贴坡排水）	视工程量可划分为数个分部工程
		6. 上游坝面护坡	
		7. 下游坝面护坡	（1）含马道、梯步、排水沟； （2）如为混凝土面板（或预制块）和浆砌石护坡时，应含排水孔及反滤层
		8. 坝顶	含防浪墙、栏杆、路面、灯饰等

续表

工程类别	单位工程	分部工程	说 明
拦河坝工程	均质土坝	9. 护岸及其他	
		10. 高边坡处理	视工程量可划分为数个分部工程
		11. 观测设施	含监测仪器埋设、管理房等。单独招标时，可单列为单位工程
	混凝土面板堆石坝	1. 坝基开挖与处理	
		△2. 趾板及周边缝止水	视工程量可划分为数个分部工程
		△3. 坝基及坝肩防渗	视工程量可划分为数个分部工程
		△4. 混凝土面板及接缝止水	视工程量可划分为数个分部工程
		5. 垫层与过渡层	
		6. 堆石体	视工程量可划分为数个分部工程
		7. 上游铺盖和盖重	
		8. 下游坝面护坡	含马道、梯步、排水沟
		9. 坝顶	含防浪墙、栏杆、路面、灯饰等
		10. 护岸及其他	
		11. 高边坡处理	视工程量可划分为数个分部工程，当工程量很大时，可单列为单位工程
		12. 观测设施	含监测仪器埋设、管理房等。单独招标时，可单列为单位工程
	沥青混凝土面板（心墙）堆石坝	1. 坝基开挖与处理	视工程量可划分为数个分部工程
		△2. 坝基及坝肩防渗	视工程量可划分为数个分部工程
		△3. 沥青混凝土面板（心墙）	视工程量可划分为数个分部工程
		*4. 坝体填筑	视工程量可划分为数个分部工程
		5. 坝体排水	
		6. 上游坝面护坡	沥青混凝土心墙土石坝有此分部
		7. 下游坝面护坡	含马道、梯步、排水沟
		8. 坝顶	含防浪墙、栏杆、路面、灯饰等
		9. 护岸及其他	
		10. 高边坡处理	视工程量可划分为数个分部工程，当工程量很大时，可单列为单位工程
		11. 观测设施	含监测仪器埋设、管理房等。单独招标时，可单列为单位工程

续表

工程类别	单位工程	分部工程	说　　明
拦河坝工程	含土工膜斜（心）墙土石坝	1. 坝基开挖与处理	
		△2. 坝基及坝肩防渗	
		△3. 土工膜斜（心）墙	
		*4. 坝体填筑	视工程量可划分为数个分部工程
		5. 坝体排水	
		6. 上游坝面护坡	
		7. 下游坝面护坡	含马道、梯步、排水沟
		8. 坝顶	含防浪墙、栏杆、路面、灯饰等
		9. 护岸及其他	
		10. 高边坡处理	视工程量可划分为数个分部工程
		11. 观测设施	含监测仪器埋设、管理房等。单独招标时，可单列为单位工程
	混凝土（碾压混凝土）重力坝	1. 坝基开挖与处理	
		△2. 坝基及坝肩防渗与排水	
		3. 非溢流坝段	视工程量可划分为数个分部工程
		△4. 溢流坝段	视工程量可划分为数个分部工程
		*5. 引水坝段	
		6. 厂坝连接段	
		△7. 底孔（中孔）坝段	视工程量可划分为数个分部工程
		8. 坝体接缝灌浆	
		9. 廊道及坝内交通	含灯饰、路面、梯步、排水沟等。如为无灌浆（排水）廊道，本分部应为主要分部工程
		10. 坝顶	含路面、灯饰、栏杆等
		11. 消能防冲工程	视工程量可划分为数个分部工程
		12. 高边坡处理	视工程量可划分为数个分部工程，当工程量很大时，可单列为单位工程
		13 金属结构及启闭机安装	视工程量可划分为数个分部工程
		14. 观测设施	含监测仪器埋设、管理房等。单独招标时，可单列为单位工程

续表

工程类别	单位工程	分部工程	说　明
拦河坝工程	混凝土（碾压混凝土）拱坝	1. 坝基开挖与处理	
		△2. 坝基及坝肩防渗排水	视工程量可划分为数个分部工程
		3. 非溢流坝段	视工程量可划分为数个分部工程
		△4. 溢流坝段	
		△5. 底孔（中孔）坝段	
		6. 坝体接缝灌浆	视工程量可划分为数个分部工程
		7. 廊道	含梯步、排水沟、灯饰等。如为无灌浆（排水）廊道，本分部应为主要分部工程
		8. 消能防冲工程	视工程量可划分为数个分部工程
		9. 坝顶	含路面、栏杆、灯饰等
		△10. 推力墩（重力墩、翼坝）	
		11. 周边缝	仅限于有周边缝拱坝
		12. 铰座	仅限于铰拱坝
		13. 高边坡处理	视工程量可划分为数个分部工程
		14. 金属结构及启闭机安装	视工程量可划分为数个分部工程
		15. 观测设施	含监测仪器埋设、管理房等。单独招标时，可单列为单位工程
	浆砌石重力坝	1. 坝基开挖与处理	
		△2. 坝基及坝肩防渗排水	视工程量可划分为数个分部工程
		3. 非溢流坝段	视工程量可划分为数个分部工程
		△4. 溢流坝段	
		*5. 引水坝段	
		6. 厂坝连接段	
		△7. 底孔（中孔）坝段	
		△8. 坝面（心墙）防渗	
		9. 廊道及坝内交通	含灯饰、路面、梯步、排水沟等。如为无灌浆（排水）廊道，本分部应为主要分部工程
		10. 坝顶	含路面、栏杆、灯饰等
		11. 消能防冲工程	视工程量可划分为数个分部工程
		12. 高边坡处理	视工程量可划分为数个分部工程
		13. 金属结构及启闭机安装	
		14. 观测设施	含监测仪器埋设、管理房等。单独招标时，可单列为单位工程

续表

工程类别	单位工程	分部工程	说　明
拦河坝工程	浆砌石坝	1. 坝基开挖与处理	
		△2. 坝基及坝肩防渗排水	
		3. 非溢流坝段	视工程量可划分为数个分部工程
		△4. 溢流坝段	
		△5. 底孔（中孔）坝段	
		△6. 坝面防渗	
		7. 廊道	含灯饰、路面、梯步、排水沟等
		8. 消能防冲工程	
		9. 坝顶	含路面、栏杆、灯饰等
		△10. 推力墩（重力墩、翼坝）	视工程量可划分为数个分部工程
		11. 高边坡处理	视工程量可划分为数个分部工程
		12. 金属结构及启闭机安装	
		13. 观测设施	含监测仪器埋设、管理房等。单独招标时，可单列为单位工程
	橡胶坝	1. 坝基开挖与处理	
		2. 基础底板	
		3. 边墩（岸墙）、中墩	
		4. 铺盖或截渗墙、上游翼墙及护坡	
		5. 消能防冲工程	
		△6. 坝袋安装	
		△7. 控制系统	含管路安装、水泵安装、空压机安装
		8. 安全与观测系统	含充水坝安全溢流设备安装、排气阀安装；充气坝安全阀安装、水封管（或U形管）安装；自动塌坝装置安装；坝袋内压力观测设施安装，上下游水位观测设施安装
		9. 管理房	房建按GB 50300—2013《建筑工程施工质量验收统一标准》附录B划分分项工程
泄洪工程	溢洪道工程（含陡槽溢洪道、侧堰溢洪道、竖井溢洪道）	△1. 地基防渗及排水	
		2. 进水渠段	
		△3. 控制段	
		4. 泄槽段	
		5. 消能防冲段	视工程量可划分为数个分部工程
		6. 尾水段	
		7. 护坡及其他	
		8. 高边坡处理	视工程量可划分为数个分部工程
		9. 金属结构及启闭机安装	视工程量可划分为数个分部工程

续表

工程类别	单位工程	分部工程	说明
泄洪工程	泄洪隧洞（防空洞、排砂洞）	△1. 进水口或竖井（土建）	
		2. 有压洞身段	视工程量可划分为数个分部工程
		3. 无压洞身段	
		△4. 工作闸门段（土建）	
		5. 出口消能段	
		6. 尾水段	
		△7. 导流洞堵体段	
		8. 金属结构及启闭机安装	
枢纽工程中的引水工程	坝体引水工程（含发电、灌溉、工业及生活取水口工程）	△1. 进水闸室段（土建）	
		2. 引水渠段	
		3. 厂坝连接段	
		4. 金属结构及启闭机安装	
	引水隧洞及压力管道工程	△1. 进水闸室段（土建）	
		2. 洞身段	视工程量可划分为数个分部工程
		3. 调压井	
		△4. 压力管道段	
		5. 灌浆工程	含回填灌浆、固结灌浆、接缝灌浆
		6. 封堵体	长隧洞临时支洞
		7. 封堵闸	长隧洞永久支洞
		8. 金属结构及启闭机安装	
发电工程	地面发电厂房工程	1. 进口段（指闸坝式）	
		2. 安装间	
		3. 主机段	土建，每台机组段为一个分部工程
		4. 尾水段	
		5. 尾水渠	
		6. 副厂房、中控室	安装工作量大时，可单列控制盘柜安装分部工程。房建工程按 GB 50300—2013 附录 B 划分分项工程
		△7. 水轮发电机组安装	以每台机组安装工程为一个分部工程
		8. 辅助设备安装	
		9. 电气设备安装	电气一次、电气二次可分列分部工程
		10. 通信系统	通信设备安装，单独招标时，可单列为单位工程
		11. 金属结构及启闭（起重）设备安装	拦污栅、进口及尾水闸门启闭机、桥式起重机可单列分部工程
		△12. 主厂房房建工程	按 GB 50300—2013 附录 B 划分分项工程

续表

工程类别	单位工程	分部工程	说明
发电工程	地面发电厂房工程	13. 厂区交通、排水及绿化	含道路、建筑小品、亭台、花坛、场坪绿化、排水沟渠等
	地下发电厂房工程	1. 安装间	
		2. 主机段	土建，每台机组段为一个分部工程
		3. 尾水段	
		4. 尾水洞	
		5. 副厂房、中控室	在安装工作量大时，可单列控制盘柜安装分部工程。房建工程按 GB 50300—2013 附录 B 划分分项工程
		6. 交通隧洞	视工程量可划分为数个分部工程
		7. 出线洞	
		8. 通风洞	
		△9. 水轮发电机组安装	每台机组为一个分部工程
		10. 辅助设备安装	
		11. 电气设备安装	电气一次、电气二次可分列分部工程
		12. 金属结构及启闭（起重）设备安装	尾水闸门启闭机、桥式起重机可单列分部工程
		13. 通信系统	通信设备安装，单独招标时，可单列为单位工程
		14. 砌体及装修工程	按 GB 50300—2013 附录 B 划分分项工程
	坝内式发电厂房工程	△1. 进水口闸室段（土建）	
		2. 压力管道	
		3. 安装间	
		4. 主机段	土建，每台机组段为一个分部工程
		5. 尾水段	
		6. 副厂房及中控室	在安装工作量大时，可单列控制盘柜安装分部工程。房建工程按 GB 50300—2013 附录 B 划分分项工程
		△7. 水轮发电机组安装	每台机组为一个分部工程
		8. 辅助设备安装	
		9. 电气设备安装	电气一次、电气二次可分列分部工程
		10. 通信系统	通信设备安装，单独招标时，可单列为单位工程
		11. 交通廊道	含梯步、路面、灯饰工程。电梯按 GB 50300—2013 附录 B 划分分项工程
		12. 金属结构及启闭（起重）设备安装	视工程量可划分为数个分部工程
		13. 砌体及装修工程	按 GB 50300—2013 附录 B 划分分项工程

续表

工程类别	单位工程	分部工程	说　　明
升压变电工程	地面升压变电站、地下升压变电站	1. 变电站（土建）	
		2. 开关站（土建）	
		3. 操作控制室	房建工程按 GB 50300—2013 附录 B 划分分项工程
		△4. 主变压器安装	
		5. 其他电气设备安装	按设备类型划分
		6. 交通洞	仅限于地下升压站
水闸工程	泄洪闸、冲砂闸、进水闸	1. 上游连接段	
		2. 地基防渗及排水	
		△3. 闸室段（土建）	
		4. 消能防冲段	
		5. 下游连接段	
		6. 交通桥（工作桥）	含栏杆、灯饰等
		7. 金属结构及启闭机安装	视工程量可划分为数个分部工程
		8. 闸房	按 GB 50300—2013 附录 B 划分分项工程
过鱼工程	鱼闸工程	1. 上鱼室	
		2. 井或闸室	
		3. 下鱼室	
		4. 金属结构及启闭机安装	
	鱼道工程	1. 进口段	
		2. 槽身段	
		3. 出口段	
		4. 金属结构及启闭机安装	
航运工程	船闸工程	参考 JTJ 288—93《船闸工程质量检验评定标准》表 2.0.2-1、表 2.0.2-2 和表 2.0.2-3 划分分部工程和分项工程	
	升船机工程	1. 上引航道及导航建筑物	参考 JTJ 288—93 表 2.0.2-1、表 2.0.2-2 和表 2.0.2-3 划分分项工程
		2. 上闸首	参考 JTJ 288—93 表 2.0.2-1、表 2.0.2-2 和表 2.0.2-3 划分分项工程
		3. 升船机主体	含普通混凝土、混凝土预制构件制作、混凝土预制构件安装、钢构件安装、承船厢制作、承船厢安装、升船机制作、升船机安装、机电设备安装等
		4. 下闸首	参考 JTJ 288—93 表 2.0.2-1、表 2.0.2-2 和表 2.0.2-3 划分分项工程
		5. 下引航道	参考 JTJ 288—93 表 2.0.2-1、表 2.0.2-2 和表 2.0.2-3 划分分项工程

续表

工程类别	单位工程	分部工程	说　明
航运工程	升船机工程	6. 金属结构及启闭机安装	参考 JTJ 288—93 表 2.0.2-1、表 2.0.2-2 和表 2.0.2-3 划分分项工程
		7. 附属设施	参考 JTJ 288—93 表 2.0.2-1、表 2.0.2-2 和表 2.0.2-3 划分分项工程
交通工程	永久性专用公路工程	按交通运输部 JTG F80/1～2—2017《公路工程质量检验评定标准》进行项目划分	
	永久性专用铁路工程	按交通运输部发布的铁路工程有关规定进行项目划分	
管理设施	永久性辅助性生产房屋及生活用房按 GB 50300—2013 附录 B 及附录 C 进行项目划分		

注　分部工程名称前加"△"者为主要分部工程；加"*"者可定为主要分部工程，也可定为一般分部工程，视实际情况决定。

二、堤防工程

堤防工程根据其工程类型，分为防洪堤、交叉连接建筑物、管理设施几部分。防洪堤工程又分为堤身、堤岸防护单位工程；交叉连接建筑物工程又分为涵洞、水闸、公路桥、公路单位工程。分别对其进行分部工程划分，具体划分见表 1-4-2。

表 1-4-2　　堤防工程项目划分表

工程类别	单位工程	分部工程	说　明
防洪堤（1、2、3 级堤防及堤身高于 6m 的 4 级堤防）	△堤身工程	△1. 堤基处理	
		2. 堤基防渗	
		3. 堤身防渗	
		△4. 堤身填（浇、砌）筑工程	包括碾压式土堤填筑、土料吹填筑堤、混凝土防洪墙、砌石堤等
		5. 填塘固基	
		6. 压浸平台	
		7. 堤身防护	
		8. 堤脚防护	
		9. 小型穿堤建筑物	视工程量，以一个或同类数个小型穿堤建筑物为一个分部工程
	堤岸防护	1. 护脚工程	
		△2. 护坡工程	
交叉连接建筑物（仅限于较大建筑物）	涵洞	1. 地基与基础工程	
		2. 进口段	
		△3. 洞身	视工程量可划分为一个或数个分部工程
		4. 出口段	

续表

工程类别	单位工程	分部工程	说　明
交叉连接建筑物（仅限于较大建筑物）	水闸	1. 上游连接段	
		2. 地基与基础	
		△3. 闸室（土建）	
		4. 交通桥	
		5. 消能防冲段	
		6. 下游连接段	
		7. 金属结构及启闭机安装	
	公路桥	按照 JTG F 80/1—2004 附录 A 进行项目划分	
	公路		
管理设施	管理设施	△1. 观测设施	单独招标时，可单列为单位工程
		2. 生产生活设施	房建工程按 GB 50300—2013 附录 B 划分分项工程
		3. 交通工程	公路按 JTG F80/1～2—2017 划分分项工程
		4. 通信工程	通信设备安装，单独招标时，可单列为单位工程

注　1. 单位工程名称前加“△”者为主要单位工程。
2. 交叉连接建筑物中的“较大建筑物”指该建筑物的工程量（投资）与防洪堤中所划分的其他单位工程的工程量（投资）接近的建筑物。

三、引水（渠道）工程

引水（渠道）工程根据其工程类型，分为引（输）水河（渠）道、建筑物、船闸工程及管理设施几部分。

引（输）水河（渠）道又分为明渠、暗渠单位工程；建筑物又分为水闸、渡槽、隧洞、倒虹吸、涵洞、泵站、公路桥涵（含引道）、铁路桥涵、防冰设施（拦冰索、排冰闸）等单位工程。分别对其进行分部工程划分，具体划分见表 1－4－3。

表 1－4－3　　引水（渠道）工程项目划分表

工程类别	单位工程	分部工程	说　明
引（输）水河（渠）道	明渠、暗渠	1. 渠基开挖工程	以开挖为主。视工程量划分为数个分部工程
		2. 渠基填筑工程	以填筑为主。视工程量划分为数个分部工程
		3. 渠道衬砌工程	视工程量划分为数个分部工程
		4. 渠顶工程	含路面、排水沟、绿化工程、桩号及界桩埋设等
		5. 高边坡处理	指渠顶以上边坡处理，视工程量划分为数个分部工程
		6. 小型渠系建筑物	以同类数座建筑物为一个分部工程

续表

<table>
<tr><th>工程类别</th><th>单位工程</th><th colspan="2">分部工程</th><th>说　　明</th></tr>
<tr><td rowspan="27">建筑物
（*指1、2、3级建筑物）</td><td rowspan="11">水闸</td><td colspan="2">1. 上游引河段</td><td>视工程量划分为数个分部工程</td></tr>
<tr><td colspan="2">2. 上游连接段</td><td></td></tr>
<tr><td colspan="2">3. 闸基开挖与处理</td><td></td></tr>
<tr><td colspan="2">4. 地基防渗及排水</td><td></td></tr>
<tr><td colspan="2">△5. 闸室段（土建）</td><td></td></tr>
<tr><td colspan="2">6. 消能防冲段</td><td></td></tr>
<tr><td colspan="2">7. 下游连接段</td><td></td></tr>
<tr><td colspan="2">8. 下游引河段</td><td>视工程量划分为数个分部工程</td></tr>
<tr><td colspan="2">9. 桥梁工程</td><td></td></tr>
<tr><td colspan="2">10. 金属结构及启闭机安装</td><td></td></tr>
<tr><td colspan="2">11. 闸房</td><td>按GB 50300—2013附录B中划分分项工程</td></tr>
<tr><td rowspan="4">渡槽</td><td colspan="2">1. 基础工程</td><td></td></tr>
<tr><td colspan="2">2. 进出口段</td><td></td></tr>
<tr><td colspan="2">△3. 支承结构</td><td>视工程量划分为数个分部工程</td></tr>
<tr><td colspan="2">△4. 槽身</td><td>视工程量划分为数个分部工程</td></tr>
<tr><td rowspan="8">隧洞</td><td colspan="2">1. 进口段</td><td></td></tr>
<tr><td rowspan="3">2. 洞身</td><td>△（1）洞身段</td><td>围岩软弱或裂隙发育时，按长度将洞身划分为数个分部工程，每个分部工程中有开挖单元及衬砌单元。洞身分部工程中对安全、功能或效益起控制作用的分部工程为主要分部工程</td></tr>
<tr><td>（2）洞身开挖</td><td>围岩质地条件较好时，按施工顺序将洞身划分为数个洞身开挖分部工程和数个洞身衬砌分部工程。洞身衬砌分部工程中对安全、功能或效益起控制作用的分部工程为主要分部工程</td></tr>
<tr><td>△（3）洞身衬砌</td><td></td></tr>
<tr><td colspan="2">3. 隧洞固结灌浆</td><td></td></tr>
<tr><td colspan="2">△4. 隧洞回填灌浆</td><td></td></tr>
<tr><td colspan="2">5. 堵头段（或封堵闸）</td><td>临时支洞为堵头段，永久支洞为封堵闸</td></tr>
<tr><td colspan="2">6. 出口段</td><td></td></tr>
<tr><td rowspan="4">倒虹吸工程</td><td colspan="2">1. 进口段</td><td>含开挖、砌（浇）筑及回填工程</td></tr>
<tr><td colspan="2">△2. 管道段</td><td>含管床、管道安装、镇墩、支墩、阀井及设备安装等。视工程量可按管道长度划分为数个分部工程</td></tr>
<tr><td colspan="2">3. 出口段</td><td>含开挖、砌（浇）筑及回填工程</td></tr>
<tr><td colspan="2">4. 金属结构及启闭机安装</td><td></td></tr>
</table>

续表

工程类别	单位工程	分部工程	说　明
建筑物（＊指1、2、3级建筑物）	涵洞	1. 基础与地基工程	
		2. 进口段	
		△3. 洞身	视工程量可划分为数个分部工程
		4. 出口段	
	泵站	1. 引渠	视工程量划分为数个分部工程
		2. 前池及进水池	
		3. 地基与基础处理	
		4. 主机段（土建，电机层地面以下）	以每台机组为一个分部工程
		5. 检修间	按GB 50300—2013附录B中划分分项工程
		6. 配电间	
		△7. 泵房房建工程（电机层地面至屋顶）	
		△8. 主机泵设备安装	以每台机组安装为一个分部工程
		9. 辅助设备安装	
		10. 金属结构及启闭机安装	视工程量可划分为数个分部工程
		11. 输水管道工程	视工程量可划分为数个分部工程
		12. 变电站	
		13. 出水池	
		14. 观测设施	
		15. 桥梁（检修桥、清污机桥等）	
	公路桥涵（含引道）	按JTG F 80/1—2017附录A进行项目划分	
	铁路桥涵	按交通运输部发布的规定进行项目划分	
	防冰设施（拦冰索、排冰闸等）	按设计及施工部署进行项目划分	
船闸工程	按交通运输部发布的规定进行项目划分		
管理设施	管理处（站、点）的生产及生活用房	按GB 50300—2013附录B及附录C进行项目划分。观测设施及通信设施单独招标时，单列为单位工程	

注　1. 分部工程名称前加“△”者为主要分部工程。
2. 建筑物级别按GB 50288—99《灌溉与排水工程设计规范》第2章规定执行。
3. ＊工程量较大的4级建筑物，也可划分为单位工程。

具体项目划分可根据实际情况进行适当增减，原则是以标段进行划分。

工作任务五 案 例 分 析

一、案例1——水闸工程

1. 案例介绍

某公园位于市区北部，城市中轴线北端，规划总用地 $1135hm^2$，景观设计突出自然的山形水系，是中区景观通向自然的延伸。公园内分布大面积的水面和绿地，除新建水系外，还有两条市政排水河道穿过，总水面面积约 $67.7hm^2$，另外，新建人工湿地 $5.6hm^2$，总水面面积占全园总面积的10%左右。

为维持公园内湖和湖之间正常水位及通航要求，实现湖区调蓄雨水的功能，满足汛期水系小循环，保证湖区水质，在两湖之间，布置连通闸，人字闸门。上闸首人字闸门共两扇，外形尺寸为6148mm×3970mm，下闸首人字闸门共计两扇，外形尺寸为6148mm×2970mm，工程总投资456.5万元。

2. 案例分析

根据工程特点，属水闸工程，为一项独立的工程，从施工部署和质量管理角度，将其划分一个单位工程。

参照表1-4-1，考虑到水闸建筑物的组成特点、施工质量检验、工程量及投资等方面，将该闸划分为上游连接段、上闸首、闸室段、下闸首、消能防冲段、下游连接段、金属结构及启闭机安装、管理房及泄水方涵，共9部分，每部分构成一个分部工程。

以上游连接段为例，根据工程量（投资）及建设内容，将工程分为土方开挖、素土回填、混凝土浇筑（含垫层及底板）、铅丝石笼铺设及土工布铺设5个部分。

考虑到同一类型单元的工程量不宜相差过多（不超过50%）、同一分部工程中单元工程的数量不少于3个的原则，结合工程设计、施工及工程检查验收区、段等特点，将上游连接段划分为土方开挖（1个单元工程）、素土回填（2个单元工程）、垫层混凝土浇筑（1个单元工程）、底板混凝土浇筑（1个单元工程）、铅丝石笼铺设（2个单元工程）、土工布铺设（2个单元工程），共9个单元工程，其余各段分部工程以此类推，该工程共计单元工程122个。

考虑管理方便，分别对单位工程、分部工程及单元工程进行编号，单位工程采用A，分部工程采用B，单元工程采用C，依工程项目划分顺序进行排序，具体结果详见表1-5-1。

表1-5-1　　案例1项目划分表

单位工程名称	单位工程编号	分部工程名称	分部工程编号	单元工程名称	单元工程编号	划分原则	单元工程个数
连通闸工程	A	上游连接段	B1	土方开挖	C1	施工检查验收区、段	1
				素土回填	C2	施工检查验收区、段	2
				垫层混凝土浇筑	C3	浇筑仓号	1
				底板混凝土浇筑	C4	浇筑仓号	1

续表

单位工程名称	单位工程编号	分部工程名称	分部工程编号	单元工程名称	单元工程编号	划分原则	单元工程个数
连通闸工程	A	上游连接段	B1	铅丝石笼铺设	C5	设计部位	2
				土工布铺设	C6	设计部位	2
		上闸首	B2	土方开挖	C1	施工检查验收区、段	1
				土方回填	C2	施工检查验收区、段	2
				垫层混凝土浇筑	C3	浇筑仓号	1
				底板混凝土浇筑	C4	浇筑仓号	2
				墙身混凝土浇筑	C5	浇筑仓号	1
		闸室段	B3	土方开挖	C1	施工检查验收区、段	1
				土方回填	C2	施工检查验收区、段	2
				垫层混凝土浇筑	C3	浇筑仓号	1
				底板混凝土浇筑	C4	浇筑仓号	1
				墙身混凝土浇筑	C5	浇筑仓号	1
				砂砾料回填	C6	施工检查验收区、段	1
				电缆井底板浇筑	C7	设计部位	3
				电缆井墙身浇筑	C8	设计部位	3
				电缆沟、输油沟垫层浇筑	C9	设计部位	2
				电缆沟、输油沟墙身砌筑	C10	设计部位	2
		下闸首	B4	土方开挖	C1	施工检查验收区、段	1
				土方回填	C2	施工检查验收区、段	2
				垫层混凝土浇筑	C3	浇筑仓号	1
				底板混凝土浇筑	C4	浇筑仓号	2
				墙身混凝土浇筑	C5	浇筑仓号	1
		消能防冲段	B5	土方开挖	C1	施工检查验收区、段	1
				土方回填	C2	施工检查验收区、段	2
				垫层混凝土浇筑	C3	浇筑仓号	1
				底板混凝土浇筑	C4	浇筑仓号	1
				挡土墙基础	C5	浇筑仓号	1
				挡土墙墙身	C6	浇筑仓号	1
		下游连接段	B6	土方开挖	C1	施工检查验收区、段	2
				砂砾料回填	C2	施工检查验收区、段	1
				底板混凝土浇筑	C3	浇筑仓号	1
				素土回填	C4	施工检查验收区、段	5
				土工布铺设	C5	设计部位	5
				铅丝石笼铺设	C6	设计部位	5

续表

单位工程名称	单位工程编号	分部工程名称	分部工程编号	单元工程名称	单元工程编号	划分原则	单元工程个数
连通闸工程	A	金属结构及启闭机安装	B7	充泄系统制作	C1	设计部位	2
				充泄系统安装	C2	设计部位	2
				拴船桩安装	C3	设计部位	1
				埋件制作	C4	一套埋件	4
				埋件安装	C5	一套埋件	4
				闸门制作	C6	一套闸门	4
				闸门安装	C7	一套闸门	4
				爬梯安装	C8	设计部位	2
				栏杆安装	C9	设计部位	3
				启闭机安装	C10	设计部位	1
				方涵闸门制作	C11	设计部位	1
				方涵闸门安装	C12	设计部位	1
		管理房	B8	基础开挖	C1	施工检查验收区、段	1
				土方回填	C2	施工检查验收区、段	1
				基础垫层混凝土浇筑	C3	浇筑仓号	1
				基础底板混凝土浇筑	C4	浇筑仓号	1
				砖砌筑	C5	浇筑仓号	1
				柱混凝土浇筑	C6	浇筑仓号	2
				梁混凝土浇筑	C7	浇筑仓号	2
				顶板混凝土浇筑	C8	浇筑仓号	1
				主体墙身砌筑	C9	浇筑仓号	1
		泄水方涵	B9	基础开挖	C1	施工检查验收区、段	1
				土方回填	C2	施工检查验收区、段	1
				基础垫层混凝土浇筑	C3	浇筑仓号	1
				基础混凝土浇筑	C4	浇筑仓号	1
				墙身顶板混凝土浇筑	C5	浇筑仓号	1
				闸井墙身顶板	C6	浇筑仓号	1
				土工布铺设	C7	设计部位	2
				铅丝石笼铺设	C8	设计部位	2
				进出水口浆砌石	C9	设计部位	6

二、案例2——排水泵站更新改造工程

1. 案例介绍

某排水泵站位于黄河流域，排水泵站共装机6台，装机容量1260kW，设计流量19.2m^3/s，现对其进行更新改造。本次泵站更新改造主要针对进出口建筑物、厂房存在问题进行重建或维修加固，更新轴流泵及配套电动机，更新出水管道及拍门，新建变电站1座，改建采暖及技术供水设施。改造后的建筑物及设施、设备维持原工程设计功能不变，满足正常运行要求。

改造工程主要建设内容分为前、后池，主、副厂房，泵室，机电设备，变电站及高压供电线路等。主要工程量包括：前、后池改造，主、副厂房改造450.15m^2，维修检修闸门及启

闭设备、更换闸门止水，更新电动单梁起重机，建设井房 35m²，技术供水设备更新改造 1 项，新建变电站 1 座，架设 35kV 高压输电线路 1km，新建高低压配电室并配置配电柜等设备（主变压器 S11－4000/35/6/2 台及站用干式变压器 SC11－2000/6/0.4/1 台，变电站容量 10000kV·A），更新轴流泵 6 台（立式轴流泵 1000ZLB－4），更新电动机 6 台（电动机 YLS4502－12/210kW/380V/IP23，装机容量 1260kW，设计流量 19.2m³/s），更新出水管道 6 根，更新拍门 6 套，新建锅炉房 135m²，更新锅炉 1 套（采暖锅炉 4t）。

2. 案例分析

根据工程特点，该项目属泵站工程，为独立的工程，将其归为一个单位工程。

参照表 1－4－3，根据施工图纸，考虑到建筑物的组成特点，将该泵站改造工程划分为前池改造、后池改造、出口拍门改造、泵室防渗处理、水泵出水钢管制安、机房改造、机泵安装、电气安装、变电站改造、饮用水设施改造、采暖设备改造、道路及院落硬化、35kV 配电室，共 13 个部分。每部分作为一个独立的分部工程，共分为 13 个分部工程。

以前池改造例：根据项目建设情况及单元工程划分原则，将前池改造划分为前池左、右挡土墙维修，1 号、2 号泵检修闸门改建，3 号、4 号泵检修闸门改建，5 号、6 号泵检修闸门改建，拦污栅（天车）改造，共 5 个单元工程。

因此，排水泵站更新改造工程项目划分为 1 个单位工程，13 个分部工程，64 个单元工程。

考虑管理方便，对该泵站改造工程的单位工程、分部工程及单元工程进行编号，编号方法同案例 1，结果详见表 1－5－2。

表 1－5－2　　案例 2 项目划分表

单位工程名称	单位工程编号	分部工程名称	分部工程编号	单元工程名称	单元工程编号	划分原则
排水泵站土建及设备安装	A	前池改造	B1	前池左、右挡土墙维修	C1	
				1 号、2 号泵检修闸门改建	C2	
				3 号、4 号泵检修闸门改建	C3	
				5 号、6 号泵检修闸门改建	C4	
				拦污栅天车改造	C5	
		后池改造	B2	混凝土闸墙维修	C1	
				浆砌石挡土墙维修	C2	
				1 号、2 号泵出口检修闸门维修	C3	
				3 号、4 号泵出口检修闸门维修	C4	
				5 号、6 号泵出口检修闸门维修	C5	
		出口拍门改造	B3	1 号泵拍门安装	C1	
				2 号泵拍门安装	C2	
				3 号泵拍门安装	C3	
				4 号泵拍门安装	C4	
				5 号泵拍门安装	C5	
				6 号泵拍门安装	C6	
		泵室防渗处理	B4	迎水侧墙面处理	C1	
				背水侧墙面处理	C2	
				左右侧墙面处理	C3	
				混凝土地板维修处理	C4	
				金属结构工作桥改造	C5	

续表

单位工程名称	单位工程编号	分部工程名称	分部工程编号	单元工程名称	单元工程编号	划分原则
排水泵站土建及设备安装	A	水泵出水钢管制安	B5	1 号泵出水钢管	C1	
				2 号泵出水钢管	C2	
				3 号泵出水钢管	C3	
				4 号泵出水钢管	C4	
				5 号泵出水钢管	C5	
				6 号泵出水钢管	C6	
		机房改造	B6	机房墙体改造	C1	
				机房房顶改造	C2	
				机房门窗改造	C3	
				机房天车梁改造	C4	
				机房天车安装	C5	
		机泵安装	B7	1 号水泵、电机安装	C1	
				2 号水泵、电机安装	C2	
				3 号水泵、电机安装	C3	
				4 号水泵、电机安装	C4	
				5 号水泵、电机安装	C5	
				6 号水泵、电机安装	C6	
		电气安装	B8	1 号主变压器安装	C1	
				2 号主变压器安装	C2	
				站用干式变压器安装	C3	
				控制柜安装	C4	
				柴油发电机组安装	C5	
				照明设备安装	C6	
				直流电源系统安装	C7	
		变电站改造	B9	泄油池	C1	
				变压器基础	C2	
				接地系统制安	C3	
				线路引入	C4	
				安全围栏	C5	
		饮用水设施改造	B10	饮水房改建	C1	
				饮水设备安装	C2	
				饮用水管线改造	C3	
				饮水房门窗制安	C4	
				饮用水电源、照明设备安装	C5	

续表

单位工程名称	单位工程编号	分部工程名称	分部工程编号	单元工程名称	单元工程编号	划分原则
排水泵站土建及设备安装	A	采暖设备改造	B11	采暖房改造	C1	
				暖气沟改造	C2	
				电源及照明设备改造	C3	
				暖气锅炉安装	C4	
				暖气管道安装	C5	
		道路及院落硬化	B12	机房周围硬化	C1	
				前、后池安全带栏杆改造	C2	
				厂区路面硬化	C3	
				管理房修整	C4	
				管理房周围院落硬化	C5	
		35kV配电室	B13	房屋基础	C1	软基开挖
					C2	浆砌石
					C3	电缆沟
				混凝土圈梁、墙柱	C4	钢筋
					C5	模板
					C6	混凝土浇筑
				墙体砌筑	C7	砌墙
					C8	内外墙涂装
				房顶浇筑	C9	
				门、窗制安	C10	

技 能 训 练

1. 单位工程、分部工程及单元工程的内容是什么？它们之间存在什么关系？

2. 项目划分的程序如何？若施工过程中施工部署重新进行了调整，项目划分该如何处理？

3. 项目划分的原则是什么？在实际工作中项目划分应注意哪些问题？

4. 简述某一水闸工程项目是如何划分的。

5. 以一个渠道工程为例，在学习并了解单位工程、分部工程、单元工程的项目划分原则、方法的基础上，对小型渠道工程进行项目划分。

学习情境二　工 程 质 量 检 验

【学习目标】

1. 掌握工程质量检验的真正含义，熟悉质量检验的基本要求
2. 掌握永久性工程与临时工程质量检验的概念，熟悉其检验规定
3. 熟悉质量检验的分类，了解检测的内容，掌握质量检测的方法
4. 掌握质量事故的分类标准及其处理原则及方法

工作任务一　工程质量检验的基本要求

一、质量检验的含义

水利工程质量检验是指对工程实体的一个或多个特性进行的诸如测量、检查、试验或度量，并将结果与规定要求进行比较，以确定每项特性合格情况而进行的活动。

由定义可知，检验是经过“测、比、判”活动的过程。“测”就是测量、检查、试验或度量，“比”就是将“测”的结果与规定要求进行比较，“判”就是将“比”的结果作出合格与否的判断。每一种质量特性检验，一般有以下工作内容：

(1) 掌握某种质量特性的标准。

(2) 对工程产品的性能特征进行量度。

(3) 将 (1) 和 (2) 进行比较。

(4) 符合性的判断。

(5) 对不符合质量要求的情况作出处理。

(6) 对符合质量要求的作出安排。

(7) 记录所获得的各种检验数据。

施工过程中，施工单位是否按照设计图样、技术操作规程、质量标准的要求实施，将直接影响工程产品的质量。为此，施工单位质量管理人员必须进行各种必要的检验，避免出现工程缺陷和不合格品。

二、质量检验的目的和作用

1. 质量检验的目的

质量检验的目的主要包括两个方面：一是决定工程产品（或原材料）的质量特性是否符合规定要求；二是判断工序是否正常。一方面体现了原材料、施工过程等的检验最终是为了形成工程实体，只有工程实体合格了，以前的所有检验才有意义；另一方面来说，能

及早发现、处理不合格的工程实体，对工程的施工进展也是很有利的。

(1) 判断工程产品、建筑原材料质量是否符合规定要求或设计标准。

(2) 判定工序是否正常，测定工序能力，进而对工序实行质量控制。

(3) 评定工程产品质量的等级。如通过对水电站水轮发电机组安装质量检验，得到检验数据，将其和质量评定等级标准比较，进而评定出机组安装质量的等级。

(4) 评定质量检验人员（包括操作者自我检查）的工作准确性程度。

2. 质量检验的作用

要保证和提高建设项目的施工质量，除了检查施工技术和组织措施外，还要采用质量检验方法，来检查施工单位的工作质量。归纳起来，工程质量检验有以下作用：

(1) 质量检验是保证工程质量的重要工作内容。只有通过质量检验，才能得到工程产品的质量特征值，才有可能和质量标准相比较，进而判断工程质量合格与否。

(2) 质量检验为工程质量控制提供了基础数据，这些数据正是施工工序质量控制的依据。

(3) 通过对进场器材、外协件及建筑材料实行全面的质量检验，可保证这些器材和原材料的质量，从而保证施工单位使用合格的器材和建筑材料，避免因器材或建筑材料的质量问题而导致工程建设项目质量事故的发生。

三、质量检验的基本要求

(1) 承担工程检测业务的检测单位应具有水行政主管部门颁发的资质证书，其设备和人员的配备应与所承担任务相适应，有健全的管理制度。

(2) 工程施工质量检验中使用的计量器具、试验仪器仪表及设备应定期进行检定，并具备有效的检定证书。国家规定需强制检定的计量器具，应由县级及以上计量行政主管部门认定的计量检定机构或其授权设置的计量检定机构进行检定。

(3) 检测人员应熟悉检测业务，了解被检测对象性质和所用仪器设备性能，经考核合格后，持证上岗。参与中间产品及混凝土（砂浆）试件质量复核的人员应具有工程师以上工程系列技术职称，并从事过相关试验工作。

(4) 工程质量检验项目、数量与检验方法应符合《单元工程评定标准》和国家及行业现行技术标准的有关规定。检验数据应真实可靠，检验记录及签证应完整齐全。

(5) 工程中如有《单元工程评定标准》尚未涉及的质量评定标准时，其质量标准及评定表格，由项目法人组织监理、设计及施工单位按水利部有关规定进行编制及报批。

对《单元工程评定标准》中未涉及的单元工程进行项目划分时，项目法人应组织监理、设计和施工单位，根据未涉及的单元工程质量技术要求（如新技术、新工艺的技术规范、设计要求和设备生产厂商的技术说明书等），制定施工安装的质量评定标准，并按照水利部颁发的《水利水电工程施工质量评定表》的统一格式（表头、表身、表尾）制定相应的质量评定表格。

按水利部办建管〔2002〕182号文规定，上述单元工程的质量评定标准和表格地方项目须经省级水行政主管部门或其委托的工程质量监督机构批准；流域机构主管的中央项目须经流域机构或其委托的水利部水利工程质量监督总站流域分站批准，并报水利部水利工程质量监督总站备案；部直管工程须经水利部水利工程质量监督总站批准。

（6）工程中永久性房屋、专用公路、专用铁路等项目的施工质量检验与评定按相应行业标准执行。

水利水电工程种类繁多，内容丰富，工程项目涉及的有房屋建筑、交通、铁路、通信等行业方面的建筑物，其设计、施工标准及质量检验标准也有别于水利工程。为保证工程质量，应依据这些行业有关的质量评定标准执行。

（7）项目法人、监理、设计、施工和工程质量监督等单位根据工程建设需要，可委托具有相应资质等级的水利工程质量检测单位进行工程质量检测。施工单位自检性质的委托检测项目及数量，按《单元工程评定标准》及施工合同约定执行。对已建工程质量有重大分歧时，应由项目法人委托第三方具有相应资质等级的质量检测单位进行检测，检测数量视需要确定，检测费用由责任方承担。

（8）堤防工程竣工验收前，项目法人应委托具有相应资质等级的单位进行抽样检测，工程质量抽检项目和数量由工程质量监督机构确定。

凡抽检不合格的工程，必须按有关规定进行处理，不得进行验收。处理完毕后，由项目法人提交处理报告连同质量检测报告一并交竣工验收委员会。

水利工程质量抽检项目和数量见表2-1-1。

表2-1-1　抽检项目和数量

序号	工程项目	质量抽检的主要内容	抽检应满足的要求	备注
1	土料填筑工程	干密度、外观尺寸	每2000m堤长至少抽检一个断面； 每个断面至少抽检2层，每层不少于3点，且不得在堤防顶层取样； 每个单位工程抽检样本点总数不少于20个	必要时拍摄图像资料
2	干（浆）砌石工程	厚度、密实程度、平整度、缝宽	每2000m堤长至少抽检3点； 每个单位工程至少抽检3点	
3	混凝土预制块砌筑工程	预制块厚度、平整度、缝宽	每2000m堤长至少抽检一组，每组3点； 每个单位工程至少抽检一组	
4	垫层工程	垫层厚度、垫层铺设情况	每2000m堤长至少抽检3点； 每个单位工程至少抽检3点	
5	堤脚防护工程	断面复核	每2000m堤长至少抽检3个断面； 每个单位工程至少抽检3个断面	
6	混凝土防洪墙和护坡工程	混凝土强度	每2000m堤长至少抽检一组，每组3点； 每个单位工程至少抽检一组	
7	堤身截渗、堤基处理及其他工程	质量抽检的主要内容和方法由工程质量监督机构提出方案报项目主管部门批准后实施		

（9）对涉及工程结构安全的试块、试件及有关材料，应实行见证取样。见证取样资料由施工单位制备，记录真实齐全，参与见证取样人员应在相关文件上签字。

(10) 工程中出现检验不合格的项目时，按以下规定进行处理：

1) 原材料、中间产品一次抽样检验不合格时，应及时对同一取样批次另取两倍数量进行检验，如仍不合格，则该批次原材料或中间产品不合格，不得使用。

2) 单元（工序）工程质量不合格时，应按合同要求进行处理或返工重做，并经重新检验且合格后方可进行后续工程施工。

3) 混凝土（砂浆）试件抽样检验不合格时，应委托具有相应资质等级的工程质量检测机构对相应工程部位进行检验。如仍不合格，由项目法人组织有关单位进行研究，并提出处理意见。

4) 工程完工后的质量抽检不合格，或其他检验不合格的工程，应按有关规定进行处理，合格后才能进行验收或后续工程施工。

工作任务二 质量检验职责范围

一、永久性工程质量检验

永久性工程（包括主体工程及附属工程）质量检验应符合下列规定：

(1) 施工单位应依据工程设计要求、施工技术标准和合同约定，结合《单元工程评定标准》的规定确定检验项目及数量并进行自检，自检过程应有书面记录，同时结合自检情况如实填写水利部办建管〔2002〕182号《水利水电工程施工质量评定表》。

(2) 监理单位应根据《单元工程评定标准》和抽样检测结果复核工程质量。其平行检测和跟踪检测的数量按SL 288—2014《水利工程建设项目施工监理规范》或合同约定执行。

(3) 项目法人应对施工单位自检和监理单位抽检过程进行督促检查，对报工程质量监督机构核备、核定的工程质量等级进行认定。

(4) 工程质量监督机构应对项目法人、监理、勘测、设计、施工单位以及工程其他参建单位的质量行为和工程实物质量进行监督检查。检查结果应按有关规定及时公布，并书面通知有关单位。

永久性工程施工质量检验是工程质量检验的主体与重点，施工单位必须按照《单元工程评定标准》进行全面检验并将实测结果如实填写在《水利水电工程施工质量评定表》中。

施工单位应坚持三检制。一般情况下，由班级自检、施工队复检、项目经理专职机构终检。

二、临时工程质量检验

临时工程质量检验及评定标准，由项目法人组织监理、设计及施工等单位根据工程特点，参照《单元工程评定标准》和其他相关标准确定，并报相应的质量监督机构核备。

临时工程（如围堰、导流隧洞、导流明渠等）质量直接影响主体工程质量、进度与投资，应予以重视，不同工程对临时工程质量要求也不同，故无法作统一规定。因此，由项目法人组织监理、设计及施工等单位根据工程特点，参照《单元工程评定标准》的要求研究确定，并报相应的工程质量监督机构核备，同时，也应按有关规定对其进行质量检验和评定。

工作任务三　质量检验分类、内容及方法

一、质量检验分类

1. *按质量检验实施者分类*

按质量检验的实施单位来分，质量检验可分为以下三种形式。

（1）业主/监理工程师的质量检验。业主/监理工程师的质量检验是业主/监理工程师在工程施工过程中以及工程竣工时所进行的检验。这种检验是站在业主的立场上，以满足合同要求为目的而进行的一种检验，它是对施工单位的施工活动及工程质量实行监督、控制的一种形式。

（2）第三方质量检验。第三方质量检验，也称第三方质量监督检验。它是站在第三方公正立场，依据国家的技术标准、规程以及设计文件、质量监督条例等对工程质量及有关各方实行的质量监督检验，是强制性执行技术标准，是确保工程质量，确保国家和人民利益，维护生命财产安全的重要手段。

（3）施工单位质量检验。施工单位质量检验是施工单位内部进行的质量检验，包括从原材料进货直至交工的全过程中的全部质量检验工作，它是业主/监理工程师及政府第三方质量控制、监督检验的基础，是质量把关的关键。因为政府第三方及业主/监理工程师所实施的质量检验毕竟是少量的，属于抽样检验。大量质量检验工作由施工单位完成。

在施工过程中，施工单位质检员有计划地会同施工人员，对施工作业过程的质量检查，必要时随班检查，并做好检查记录。质检员在检查中发现质量问题，应及时向施工人员提出，并要其改正。如专职质检员认为问题严重，继续施工可能造成重大质量事故时，有权通知现场施工负责人暂停施工，并立即报告施工单位的主要行政和技术负责人，确定解决办法。

无初检记录的单元工程不得进行复检，对初检资料严重不全或失实的单元工程，不得评为优良。

施工人员必须加强自检工作，对其施工的质量负全责。施工人员不听取、不支持质检员的正确意见，违章作业而发生质量事故的，应追究其责任。而质检员漏检、错检造成质量问题，除施工人员负有责任外，应追究质检员的失职责任。

质量检查用的检测器具应定期率定、校核。工地使用的衡器、量具也应定期鉴定、校准。

对于从事关键工序操作和重要设备安装的工人，要经过严格的技术考核，达不到规定技术等级的不得顶岗操作。

11）其他施工准备工作。

（3）施工单位应按《单元工程评定标准》及有关技术标准对水泥、钢材等原材料与中间产品质量进行全面检验，并报监理机构复核。不合格产品，不得使用。

具体检验项目和标准见表2-3-1。

表2-3-1　检验项目和标准

名称	主要检验项目	主要技术标准
水泥	3d、28d抗压强度及抗折强度，细度，凝结时间，安定性等	
钢筋	外观质量及公称直径、抗拉强度、屈服点、伸长率、冷弯等	
粉煤灰	细度、烧失量、需水量比、三氧化硫等	
外加剂	应符合GB 8076—2008《混凝土外加剂》、DL/T 5100—1999《水工混凝土外加剂技术规程》	

（4）水工金属结构、启闭机及机电产品进场后，有关单位应按有关合同进行交货检验和验收。安装前，施工单位应检查产品是否有出厂合格证、设备安装说明书及有关技术文件，对在运输和存放过程中发生的变形、受潮、损坏等问题应做好记录，并进行妥善处理。无出厂合格证或不符合质量标准的产品不得用于工程中。

（5）施工单位应按《单元工程评定标准》检验工序及单元工程质量，做好施工记录，在自检合格后，填写《水利水电工程施工质量评定表》报监理机构复核。监理机构根据抽检资料核定单元（工序）工程质量等级。发现不合格单元（工序）工程，应按规程规范和设计要求及时进行处理，合格后才能进行后续工程施工。对施工中的质量缺陷应书面记录备案，进行必要的统计分析，并在相应单元（工序）工程质量评定表“评定意见”栏内注明。

（6）施工单位及时将原材料、中间产品及单元（工序）工程质量检验结果送监理单位复核。并按月将施工质量情况送监理单位，由监理单位汇总分析后报项目法人和工程质量监督机构。

（7）单位工程完工后，项目法人应组织监理、设计、施工及运行管理等单位组成工程外观质量评定组，现场进行工程外观质量检验评定，并将评定结论报工程质量监督机构核定。参加外观质量评定组的人员应具有工程师以上技术职称或相应执业资格。评定组人数不应少于5人，大型工程不宜少于7人。

（8）工程外观质量评定。水利水电工程外观质量评定办法，按工程类别分为枢纽工程、堤防工程、引水（渠道）工程、其他工程四类。具体评定内容详见学习情境三中工作任务四“水利水电工程外观质量评定”。

三、质量检验方法

（1）施工量测。施工量测是水利水电工程质量检验常用的方法。在水利水电工程土石方开挖、混凝土浇筑、水工机电设备安装、金属结构安装等过程中都需要做好施工量测，才能更好地保证施工质量。

在水利水电工程土石方开挖中，施工量测包括开挖工程的量测控制、施工量测放样、计量量测。在土石方开挖的高程量测中，常用方法是水准仪量测法、全站仪作业法。点位放样量测中，经常用到距离交会法、角度交会法、GPS RTK 法。地面平面控制量测中，多采用精密导线量测或者 GPS 量测。高程量测多采用光电测距三角高程量测等。

混凝土浇筑是水利水电工程施工的核心工序，对施工质量的影响非常大。为保证混凝土浇筑质量，现场施工需要严格按照混凝土施工配合比称量原材料。浇筑过程中做好振捣、浇筑等工序，完成后及时养护等工作。做好平面控制量测、高程控制量测、浇筑基础面量测、混凝土浇筑施工放样量测等。混凝土浇筑成型到龄期之后，对混凝土强度进行量测。目前，多采用取芯法与回弹法，获取混凝土施工强度，作为混凝土施工质量的评价依据。

在水利水电工程金属结构安装中，需要对设计方案、关键点、安装精度等进行量测，保证每项结构都符合水利水电工程施工标准，以保证能够稳定运行。

（2）竣工检验。

1）对竣工平面布置进行检测。对水利水电工程主体开挖基面和平面设计图进行比对评估，作为竣工质量测评的依据，检验结果要及时归档处理。

2）对水利水电工程的主体建筑物和设计图纸进行对比和数据分析，并对资料进行归档整理。

3）对水利水电工程施工的地下工程，如，隧道、检查井等进行检验。对混凝土衬砌、喷锚的质量进行检验。检验结果需进行系统分析，保证各项数据的真实、有效性。

工作任务四　水利工程质量事故分析处理

一、水利工程质量事故

1. 水利工程质量事故的内涵

凡水利工程在建设中或竣工后，由于设计、施工、材料、设备等原因造成工程质量不符合规程、规范和合同规定的质量标准，影响工程使用寿命或正常运用，一般需作返工或采取补救措施的，统称为工程质量事故。由施工原因造成的为施工质量事故。

工程如发生质量事故，往往造成停工、返工，甚至影响正常使用；有的质量事故会不断发展恶化，导致建筑物倒塌，并造成重大人身伤亡事故。这些都会给国家和人民造成不应有的损失。

需要指出的是，不少事故开始时只被认为是一般的质量缺陷，容易被忽视。随着时间的推移，待认识到这些质量缺陷问题的严重性时，则往往处理困难，或无法补救，或导致建筑物失事。因此，除了明显地不会有严重后果的缺陷外，对其他的质量问题，均应认真分析，进行必要的处理，并作出明确的结论。

2. 水利工程质量事故的特点

由于工程项目建设不同于一般的工业生产活动，其实施的一次性，生产组织特有的流动性、综合性，劳动的密集性及协作关系的复杂性，均造成工程质量事故更具有复杂性、严重性、可变性及多发性的特点。

（1）质量事故的复杂性。为了满足各种特定使用功能的需要，以及适应各种自然环境的需要，建设工程产品的种类繁多，特别是水利水电工程，可以说没有一个工程是相同的。此外，即使是同类型的分项工程，由于地区不同，施工条件不同，可引起诸多复杂的技术问题。尤其需要注意的是，造成质量事故的原因错综复杂，同一形态的质量事故，其原因有时截然不同，因此处理的原则和方法也不同。同时还要注意到，建筑物在使用中也存在各种问题。所有这些复杂的因素，必然导致工程质量事故的性质、危害和处理都很复杂。例如，大坝混凝土的裂缝，原因是很多的，可能是设计不良或计算错误，或温度控制不当，也可能是建筑材料的质量问题，也可能是施工质量低劣以及周围环境变化等诸多原因中的一个或几个造成的。

（2）质量事故的严重性。工程质量事故，有的会影响施工的顺利进行，有的会给工程留下隐患或缩短建筑物的使用年限，有的会影响安全甚至不能使用。在水利水电工程中，最为严重的是会使大坝崩溃，即垮坝，造成严重人员伤亡和巨大的经济损失。例如，1993年青海省共和县沟后水库的垮坝事件，造成水库下游大量人员伤亡和巨大的经济损失。所以，对已发现的工程质量问题，决不能掉以轻心，务必及时进行分析，作出正确的结论，采取恰当的处理措施，以确保安全。

（3）质量事故的可变性。工程中的质量问题多数是随时间、环境、施工等情况而发展变化的。例如，大坝裂缝问题，其数量、宽度、深度和长度，会随着水库水位、气温、水温的变化而变化。又如，土石坝或水闸的渗透破坏问题，开始时一般仅下游出现混水或冒砂，当水头增大时，这种混水或冒砂量会逐渐增加，随着时间的推移，土坝坝体或地基，或闸底板下地基内的细颗粒逐步被淘走，形成管涌或流土，最终导致溃坝或水闸失稳破坏。因此，一旦发现工程质量问题，就应及时调查、分析，对那些不断变化，而可能发展成质量事故的，及时采取应急补救措施；对那些表面的质量问题，要进一步查清内部情况，确定问题性质是否会转化；对那些随着时间、水位和温度等条件变化的质量问题，要注意观测、记录，并及时分析，找出其变化特征或规律，必要时及时进行处理。

（4）质量事故的多发性。事故的多发性有两层意思：一是有些事故像“常见病”、“多发病”一样经常发生，而成为质量通病，例如混凝土、砂浆强度不足、混凝土的蜂窝、麻面等。二是有些同类事故一再重复发生，例如，在混凝土大坝施工中，裂缝的出现常会重复发生。

二、质量事故的分类

根据《水利工程质量事故处理暂行规定》（水利部令第9号），水利水电工程质量事故分为一般质量事故、较大质量事故、重大质量事故和特大质量事故四类。

质量事故分类按照《水利工程质量事故处理暂行规定》进行，见表2-4-1。

三、水利工程质量事故原因分析

水利工程质量事故的分析处理，通常先要进行事故原因分析。在查明原因的基础上，一方面要寻找处理质量事故的方法和提出防止类似质量事故发生的措施；另一方面要明确质量事故的责任者，从而明确由谁来承担处理质量事故的费用。

表 2-4-1　　水利工程质量事故分类标准

损失情况		事故类别			
		特大质量事故	重大质量事故	较大质量事故	一般质量事故
事故处理所需的物质、器材和设备、人工等直接损失费用（万元）	大体积混凝土，金结制作和机电安装工程	>3000	>500，≤3000	>100，≤500	>20，≤100
	土石方工程、混凝土薄壁工程	>1000	>100，≤1000	>30，≤100	>10，≤30
事故处理所需合理工期（月）		>6	>3，≤6	>1，≤3	≤1
事故处理后对工程功能和寿命的影响		影响工程正常使用，需限制条件运行	不影响正常使用，但对工程寿命有较大影响	不影响正常使用，但对工程寿命有一定影响	不影响正常使用和工程寿命

注　1. 直接经济损失费用为必需条件，其余两项主要适用于大中型工程。

2. 小于一般质量事故的质量问题称为质量缺陷。

1. 质量事故原因要素

质量事故的发生往往是由多种因素构成的，其中最基本的因素有：人、材料、机械、工艺和环境。人的最基本的问题之一是人与人之间的差异，例如知识、技能、经验和行为特点等；材料和机械的因素更为复杂和繁多，例如建筑材料、施工机械等存在千差万别；事故的发生也总和工艺及环境紧密相关，如自然环境、施工工艺、施工条件、各级管理机构状况等。由于工程建设往往涉及设计、施工、监理和使用管理等单位或部门，因此分析质量事故时，必须对这些基本因素以及它们之间的关系，进行具体的分析探讨，找出引起事故的一个或几个具体原因。

2. 质量事故一般原因分析

造成工程质量事故的原因多种多样，但从整体上考虑，一般原因大致可以归纳为下列几方面。

（1）违反基本建设程序。基本建设程序是建设项目的先后顺序，是客观规律的反映，是几十年工程建设正反两方面经验的总结，是工程建设活动必须遵循的先后次序。违反基本建设程序而直接造成工程质量事故的问题有：

1）可行性研究不充分。依据资料不充分或不可靠，或根本不做可行性研究。

2）违章承接建设项目。如越级设计工程和施工，由于技术素质差，管理水平达不到标准要求。

3）违反设计顺序。如设计前不作详细调查与勘测。

4）违反施工顺序。如基础工程未经检查验收，就开始上部工程施工；相邻近的工程施工先后顺序不当等。

（2）工程地质勘察失误或地基处理失误。工程地质勘察失误或勘测精度不足，导致勘测报告不详细、不准确，甚至错误，不能准确反映地质的实际情况，因而导致严重质量事故。如广东省某水电工程，由于土石料场在设计前，对料场的勘察粗糙，达不到精度要求，在工程开工后，料场剥离开挖到了一定程度，才发现该料场的土料不符合设计要求，必须重新选择料场，因而影响工程的进度并造成了较大的经济损失。

(3) 设计方案和设计计算失误。在设计过程中，忽略了该考虑的影响因素，或者设计计算错误，是导致质量重大事故的祸根。如云南省某水电工程，在高边坡处理时，设计者没有充分考虑地质条件的影响，对明显的节理裂隙重视不够，没有考虑工程措施，以致在基坑开挖时，高边坡大滑坡，造成重大质量事故。致使该工程推迟一年多发电，花费质量事故处理费用上亿元。

(4) 建筑材料及制品不合格。不合格工程材料、半成品、构配件或建筑制品的使用，必然导致质量事故或留下质量隐患。常见建筑材料或制品不合格的现象有：

1) 水泥。①安定性不合格；②强度不足；③水泥受潮或过期；④水泥标号用错或混用。

2) 钢材。①强度不合格；②化学成分不合格；③可焊性不合格。

3) 砂石料。①岩性不良；②粒径、级配与含泥量不合格；③有害杂质含量多。

4) 外加剂。①外加剂本身不合格；②混凝土和砂浆中掺用外加剂不当。

(5) 施工与管理失控。施工及其管理失控，是造成大量质量事故的常见原因。其主要问题有：

1) 不按图施工。表现在：①无图施工；②图纸不经审查就施工；③不熟悉图纸，仓促施工；④不了解设计意图，盲目施工；⑤未经设计或监理同意，擅自修改设计。

2) 不遵守施工规范规定。这方面的问题很多，较常见的表现在：①违反材料使用的有关规定；②不按规定校验计量器具；③违反检查验收的规定。

3) 施工方案和技术措施不当。这方面主要表现在：①施工方案考虑不周；②技术措施不当；③缺少可行的季节性施工措施；④不认真贯彻执行施工组织设计。

4) 施工技术管理制度不完善。表现在：①没有建立完善的各级技术责任制；②主要技术工作无明确的管理制度；③技术交底不认真，又不作书面记录或交底不清。

5) 施工人员的问题。表现在：①施工技术人员数量不足、技术业务素质不高或使用不当；②施工操作人员培训不够，素质不高，对持证上岗的岗位控制不严，违章操作。

四、质量事故分析处理的一般步骤

工程质量事故分析处理的步骤，一般按图 2-4-1 所示进行。

五、质量事故处理原则和方法

1. 质量事故处理原则

质量事故发生后，应按“三不放过”原则，调查事故原因，研究处理措施，查明事故责任者，并根据《水利工程质量事故处理暂行规定》做好事故处理工作。

“三不放过”原则是指，事故原因不查清不放过，主要事故责任者和职工未受到教育

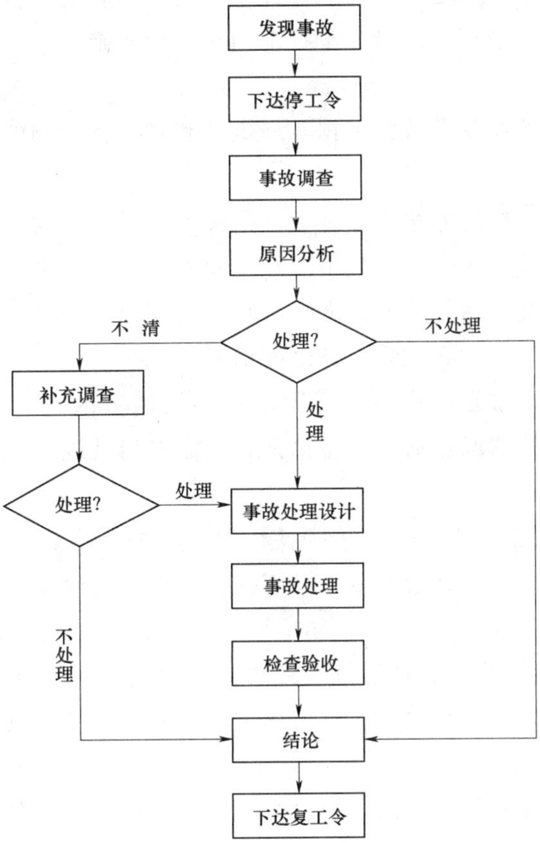

图 2-4-1　质量事故分析处理程序

不放过，补救和防范措施不落实不放过。

按照《水利工程质量事故处理暂行规定》的要求，质量事故发生后，事故单位要严格保护现场，采取有效措施抢救人员和财产，防止事故扩大。项目法人应及时按照管理权限向主管部门报告。

质量事故的调查应按照管理权限组织调查组进行调查，查明事故原因，提出处理意见，提交事故调查报告。

质量事故的处理按以下规定执行：

(1) 一般质量事故。由项目法人负责组织有关单位制定处理方案并实施，报上级主管部门备案。

(2) 较大质量事故。由项目法人负责组织有关单位制定处理方案，经上级主管部门审定后实施，报省级水行政主管部门或流域机构备案。

(3) 重大质量事故。由项目法人负责组织有关单位提出处理方案，征得事故调查组意见后，报省级水行政主管部门或流域机构审定后实施。

(4) 特大质量事故。由项目法人负责组织有关单位提出处理方案，征得事故调查组意见后，报省级水行政主管部门或流域机构审定后实施，并报水利部备案。

事故处理需要进行设计变更的，需原设计单位或有资质的单位提出设计变更方案。需要进行重大设计变更的，必须经原设计审批部门审定后实施。

2. 质量事故处理方法

对工程施工中出现的质量事故，根据其严重性和对工程影响的大小，可以有修补和返工两类处理方法。

（1）修补。即通过修补的办法予以补救，这种方法适用于通过修补可以不影响工程外观和正常运行的质量事故。这一类质量事故在工程施工中是大量的、经常发生的。

（2）返工。对于严重未达规范或标准，影响工程使用和安全，且又无法通过修补的方式予以纠正的工程质量事故，必须采取返工的措施。

有的工程质量问题，虽是严重超出了国家标准及规范的规定，已具有质量事故的性质，但可针对工程的具体情况，通过分析论证，不需专门处理。不需作处理的事故，常有以下几种情况：

1）不影响结构的安全、生产、工艺和使用要求。如有的建筑物在施工中发生错位事故，若要纠正，困难较大，或将造成重大经济损失。经分析论证，只要不影响工艺和使用要求，可以不作处理。

2）有些轻微的质量缺陷，通过后续工序可以弥补的，可不作处理。如混凝土墙板出现了轻微的蜂窝、麻面，而该事故可通过后续工序抹灰、喷涂等进行弥补，则不需对墙板的缺陷作专门处理。

3）对出现的事故，经复核验算，仍能满足设计要求者，可不作处理。如结构断面被削弱后，仍能满足设计的承载能力者。但这种做法实际上是在挖设计的潜力，因此需要特别慎重。

3. 质量事故备案

（1）在施工过程中，工程个别部位或局部发生达不到技术标准和设计要求（但不影响使用），且未能及时进行处理的工程质量缺陷问题（质量评定仍为合格），应以工程质量缺陷备案形式进行记录备案。

（2）质量缺陷备案表由监理机构组织填写，内容应真实、准确、完整。各工程参建单位代表应在质量缺陷备案表上签字，若有不同意见应明确记载。质量缺陷备案表应及时报工程质量监督机构备案，格式见表2-4-2。质量缺陷备案资料按竣工验收的标准制备。工程竣工验收时，项目法人应向竣工验收委员会汇报并提交历次质量缺陷备案资料。

（3）工程质量事故处理后，应由项目法人委托具有相应资质等级的工程质量检测单位检测后，按照处理方案的质量标准，重新进行工程质量评定。

质量事故处理完成后的检验、评定和验收，对保证质量事故发生部位在今后能按设计工况正常运行十分重要，按照《水利工程质量事故处理暂行规定》的要求，质量事故处理情况应按照管理权限经过质量评定与验收，方可投入使用或进入下一阶段施工。为保证处理质量，规定由项目法人委托有相应资质的质量检测单位进行检验。

表 2－4－2　　　水利水电工程施工质量缺陷备案表格式

封面：
编号：

＿＿＿＿＿＿＿工程施工质量缺陷备案表

质量缺陷所在单位工程名称及部位：
缺陷类别：
备案日期：　　　　　　年　　月　　日

内容：
1. 施工质量缺陷产生的部位（主要说明具体部位、缺陷描述并附示意图）：
2. 质量缺陷产生的主要原因：
3. 对工程的安全、使用功能和运用影响分析：
4. 处理方案，或不处理原因分析：
5. 保留意见（保留意见应说明主要理由，或采用其他方案及主要理由）：
保留意见人　　　　（签名）
（或保留意见单位及责任人，盖公章，签名）
6. 参建单位和主要人员

（1）施工单位：	（盖公章）
质检部门负责人：	（签名）
技术负责人：	（签名）
（2）设计单位：	（盖公章）
设计代表：	（签名）
（3）监理单位：	（盖公章）
监理工程师：	（签名）
总监理工程师：	（签名）
（4）项目法人（建设单位）：	（盖公章）
现场代表：	（签名）
技术负责人：	（签名）

填表说明：
1. 本表由监理机构组织填写。
2. 本表应使用钢笔或中性笔，用深蓝色或黑色墨水填写。字迹应规范、工整、清晰。

工作任务五　案　例　分　析

一、案例 1

1. 案例介绍

某闸门基础工程混凝土浇捣养护期间，质检站工作人员拿仪器进行了监测，要求施工单位凿开几处混凝土，核对了设计图纸后，发现数处缺少钢筋，要求停工、整改，且对此闸门混凝土工程全部凿除，补上钢筋重浇混凝土。调查后对该事故相关责任人进行了处理。

问题：

（1）这是一起什么事故？质量事故分几类？

（2）该事故要不要报告？有关事故报告主要内容有哪些？

（3）事故调查基本程序如何？

（4）质量事故处理的基本要求是什么？

2. 案例分析

（1）这是一起一般质量事故，因为它对工程造成了经济损失，经处理后不影响正常使用并不影响使用寿命的事故。

（2）发生质量事故后，项目法人必须将事故的简要情况向项目主管部门报告。项目主管部门接到事故报告后，按照管理权限向上级水行政主管部门报告。发生（发现）较大质量事故、重大质量事故、特大质量事故要在48h内向有关单位提出书面报告。有关事故报告应包括以下主要内容：

1）工程名称、建设地点、工期、项目法人、主管部门及负责人电话。

2）事故发生的时间、地点、工程部位以及相应的参建单位名称。

3）事故发生的简要经过，伤亡人数和直接经济损失的初步估计。

4）事故发生原因初步分析。

5）事故发生后采取的措施及事故控制情况。

6）事故报告单位、负责人以及联络方式。

（3）事故调查的基本程序如下：

1）发生质量事故，要按照规定的管理权限组织调查组进行调查，查明事故原因，提出处理意见，提交事故调查报告。事故调查组成员实行回避制度。

2）质量事故调查管理权限按以下原则确定：一般质量事故由项目法人组织设计、施工、监理等单位进行调查，调查结果上报项目主管部门核备；较大质量事故由项目主管部门组织调查组进行调查，调查结果报上级主管部门批准并报省级水行政主管部门核备；重大质量事故由省级以上水行政主管部门组织调查组进行调查，结果报水利部核备。

3）质量事故调查的主要任务是：查明质量事故发生的原因、过程、经济损失情况和对后续工程的影响；组织专家进行技术鉴定；查明质量事故的责任单位和主要责任人应负的责任；提出工程处理和采取措施的建议；提出对责任单位和责任人的处理建议；提出质量事故处理报告。

4）质量事故调查组有权向事故单位、各有关单位和个人了解质量事故的相关情况。有关单位和个人必须实事求是地提供有关文件或材料，不得以任何方式阻碍或干扰调查组正常工作。

5）质量事故调查组提出的事故调查报告经主持单位同意后，调查工作即告结束。

（4）根据《水利工程质量事故处理暂行规定》，因质量事故造成人员伤亡的，还应遵从国家和水利部伤亡事故处理的有关规定。其中质量事故处理的基本要求是：

1）发生质量事故，必须坚持“三不放过原则”，认真调查事故原因，研究处理措施，查明事故责任，做好事故处理工作。

2）发生质量事故后，必须针对质量事故原因提出工程处理方案，经有关单位审定后实施。

3）质量事故处理需要进行设计变更的，需原设计单位或有资质的单位提出设计变更方案。需要进行重大设计变更的，必须经原设计审批部门审定后实施。

4）质量事故部位处理完毕后，必须按照管理权限经过质量评定与验收后，方可投入使用或进入下一阶段施工。

5）根据《水利工程质量事故处理暂行规定》，小于一般质量事故的质量问题称为质量缺陷。水利工程应当实行质量缺陷备案制度：对因特殊原因，工程个别部位或局部达不到规范和设计要求（不影响使用），且未能及时进行处理的工程质量缺陷问题（质量评定仍为合格），必须以工程质量缺陷备案形式进行记录备案。

质量缺陷备案的内容包括：质量缺陷产生的部位、原因，对质量缺陷是否处理和如何处理以及对建筑物使用的影响等。内容必须真实、全面、完整，参建单位（人员）必须在质量缺陷备案表上签字，有不同意见应明确记载。

质量缺陷备案资料必须按竣工验收的标准制备，作为工程竣工验收备查资料存档。质量缺陷备案表由监理单位组织填写。

工程项目竣工验收时，项目法人必须向验收委员会汇报并提交历次质量缺陷的备案资料。

二、案例 2

1. 案例介绍

某水利枢纽工程由电站、溢洪道和土坝组成。主坝为均质土坝，上游设干砌石护坡，下游设草皮护坡和堆石排水体，坝顶铺设碎石路，工程实施过程中发生下述事件：

事件 1：项目法人委托该工程质量监督机构对于大坝填筑按《水利水电基本建设工程单元工程质量等级评定标准》规定的检验数量进行质量检查。质量监督机构受项目法人委托，承担了该工程质量检测任务。

事件 2：土坝施工单位将坝体碾压分包给具有良好碾压设备和经验的乙公司承担。合同文件中，单元工程的划分标准是：以 40m 坝长、20cm 铺料厚度为单元工程的计算单位，铺料为一个单元工程，碾压为另一个单元工程。

事件 3：该工程监理单位给施工单位《监理通知》内容如下：经你单位申请并提出设计变更，我单位复核同意将坝下游排水体改为浆砌石，边坡由 1 : 2.5 改为 1 : 2。

事件 4：土坝单位工程完工验收结论为：本单位工程划分为 30 个分部工程，其中质量合格 12 个，质量优良 18 个，优良率为 60%，主要分部工程（坝顶碎石路）质量优良，且施工中未发生重大质量事故；中间产品质量全部合格，其中混凝土拌和物质量达到优良；原材料质量、金属结构及启闭机制造质量合格；外观质量得分率为 83%。所以，本单位工程质量评定为优良。

事件 5：该工程项目单元工程质量评定表由监理单位填写，土坝单位工程完工验收由

量事故。

(5) 水电建设工程施工必须坚持“安全第一，预防为主”的方针。

水电建设工程施工安全管理工作贯彻“安全生产，人人有责”的原则。

建设项目业主、施工企业和设计院的行政正职是安全工作的第一责任者，对建设项目或本单位的安全工作负领导责任。各单位在工程项目上的行政负责人分别对本单位在工程建设中的安全工作负直接领导责任。

技 能 训 练

1. 水利工程质量检验的目的和作用是什么?

2. 水利工程中项目法人、监理人员及施工人员在工程质量检验中的职责是什么?

3. 永久性工程与临时工程质量检验主要内容是什么?

4. 某一大型桥涵工程，建设单位与监理单位、施工单位分别签订了监理合同和施工合同。该工程为钢筋混凝土结构，设计要求混凝土抗压强度等级为C25。拆除模板后发现钢筋混凝土存在严重的蜂窝、麻面现象。经抽样检测，发现有漏筋现象，且强度达不到设计要求。经过研究必须全部返工，由此将造成直接经济损失6000万元。

试问：(1) 这类质量事故属于哪一类事故？为什么?

(2) 按照事故处理的程序，应怎样处理该事故?

(3) 常用的事故处理的方法有哪几种？事故处理的原则是什么?

5. 某闸门基础工程混凝土浇捣养护期间，质检站工作人员拿仪器进行了监测，要求施工单位凿开几处混凝土，核对了设计图纸后，发现数处缺少钢筋，要求停工、整改，且对此闸门混凝土工程全部凿除，补上钢筋重浇混凝土。调查后对该事故相关责任人进行了处理。请问这是一起什么事故？质量事故分几类?

6. 某水利枢纽工程，主要工程项目有大坝、泄洪闸、引水洞、发电站等，2015年2月开工，2016年8月申报文明建设工地，此时已完成全部建安工程量的45%。

工地基坑开挖时曾塌方并造成工人轻伤。请根据水电工程安全事故分类有关规定判断属于什么等级事故，并简述人身伤害事故等级分类以及水利工程质量事故等级分类?

学习情境三 工程质量检测

【学习目标】

1. 了解无损检测技术及其特点
2. 掌握各种常用工具的检测对象及内容及其使用方法
3. 了解混凝土钢筋检测仪、数显回弹仪的使用方法

工作任务一 工程质量检测分类

在水利工程施工过程中，质量检测一直属于非常重要的环节，施工单位可以根据检测结果来调整下阶段施工计划，还可以及时发现当下存在的问题，及时进行返工操作，以提高水利工程的验收通过率，提升水利工程的整体质量。为了保障水利工程质量，质检员、质量监督员多采用随身携带常规监测工具，通过简单的量测、小范围地敲打与撬挖，再结合目测与经验，对在建工程的质量进行初步判断。

传统的水利工程质量检测方法往往需要破坏性试验，不仅浪费资源，而且可能对工程结构造成影响。随着科技水平的持续提高，各种先进的检测技术相继被研发出来，而且逐渐运用到水利工程之中，尤其是无损检测技术，该技术具有非破坏性、快速、准确等优点，逐渐成为水利工程质量检测的重要手段。

1. 无损检测技术及特点

（1）超声波检测。超声波检测技术是一种常用的无损检测技术，它利用超声波在介质中传播和反射的特性来探测被检测物体内部结构缺陷和材料性质。在水利工程质量检测中，超声波检测技术主要应用于水闸、水电站厂房、堤坝、渠道、管道等混凝土结构损伤、开裂等内部缺陷的检测和评估。超声波检测技术的特点是非破坏性、高度精 密、快速反应和可靠性高。该技术可以在不损害被检测物体的情况下，通过分析超声波的传播和反射情况，获取被检测物体的内部结构和缺陷信息。超声波检测技术 的适用范围广泛，可以适用于各种材料和构件的检测，如金属、非金属、复合材料等。

（2）回弹法。回弹法主要是借助弹簧和重锤与传力杆，对混凝土表面实施弹击，通过测量反弹距离来完成对相关数据的检测。反弹值是这一检测方法的重点检测对象，技术人员可以通过分析反弹值来了解混凝土的强弱程度。在实际工作中，这种方法多被用于检测水利工程混凝土的强度与硬度。它的优点在于检测速度快、经济适用性强，使用过程中并不会对混凝土构件的结构产生较大影响，可保障混凝土构件的相应功能。然而，回弹法也存在一定的局限性，例如在检测过程中对受检表面状态影响较大，如混凝土表面干湿度、平整度情况等，不同的干湿度对强度数值影响较大，因此对构件表面的干湿度、平整度要

求较高。

(3) 自然电位法。自然电位法是一种无损检测技术，主要用于对混凝土等导电材料进行质量检测。在水利工程质量检测中，自然电位法主要应用于水闸、堤坝、渠道等混凝土结构的防渗性能、钢筋位置、裂缝深度等指标的检测。首先，自然电位法的原理是利用混凝土中的钢筋作为电极，通过测量电极之间的电位差来获取混凝土内部的电场分布情况。由于混凝土中的钢筋是导电的，因此它们可以作为电位测量的电极。在自然状态下，混凝土中的钢筋会受到周围介质的影响而产生电化学反应，从而在钢筋和周围介质之间形成一定的电位差。通过测量这个电位差，可以了解混凝土内部的介质分布和防渗性能。其次，自然电位法的优点是操作简便、检测速度快、适用范围广。由于自然电位法采用的是自然状态下的电位测量，因此不需要外部电源和信号输入，操作简便易行。此外，自然电位法还可以同时测量多个指标，如钢筋位置、裂缝深度等，从而提高了检测效率。

(4) 探地雷达法。探地雷达法是一种以高频电磁波为媒介的无损检测方法。它具有高精度、高分辨率和高效率等优点，被广泛应用于水利工程质量检测中，特别是对混凝土结构的检测。探地雷达法的主要原理是通过发射天线将高频电磁波注入混凝土中，电磁波在传播过程中遇到不同介质时会产生反射和折射，反射回来的电磁波被接收天线接收并记录下来。通过对反射回来的电磁波进行处理和分析，可以获取混凝土内部的分层、空洞、钢筋分布情况及厚度。地质雷达法的特点在于其无损性和高效性。它可以在不破坏混凝土结构的前提下，对其进行全面的检测，不会对结构产生任何损伤。此外，探地雷达法的检测速度较快，可以在短时间内对大面积的混凝土进行检测，大大提高了检测效率。同时，探地雷达法还可以提供直观的图像显示，使得检测结果更加易于理解和分析。在水利工程质量检测中，探地雷达法的应用非常广泛，可以用于检测混凝土的内部缺陷、分层和空洞等。

2. 常规检测设备及其特点

(1) 测量。常用水准仪、全站仪。点位放样量测中，经常用到距离交会法、角度交会法、GPS RTK 法；地面平面控制量测中，多采用精密导线量测或者 GPS 量测；高程量测多采用光电测距三角高程量测等。本教材中不对其使用方法进行介绍，具体详见《工程测量》相关教材。

(2) 检测尺（靠尺）。靠尺是工程中最常见的检测工具。主要检测工程中墙体与地面的平整度、垂直度及坡度。

(3) 质检工具包。在水利工程日常质量检测中，施工及质检人员经常会携带“随身质检工具包”，工具包内由多件功能检测工具组成：阴阳（内外）直角尺、楔形塞尺、磁力线锥、百 格网、检测镜、卷线器、伸缩杆、焊缝检测尺、水电检测锤、响鼓锤、钢针小锤。针对传统水利工程，该工具包的主要功能见表 3-1-1。

表 3-1-1　工具包的主要功能

序号	工具名称	主要功能
1	阴阳（内外）直角尺	检测物体上阴阳（内外）直角的偏差及一般平面的垂直度与水平度
2	楔形塞尺	检测建筑物体上缝隙的大小及物体平面的平整度

续表

序号	工 具 名 称	主 要 功 能
3	磁力线坠	检测建筑物体的垂直度及用于砌墙、安装门窗、电梯等任何物体的垂直校正，目测对比
4	百格网	采用高透明度工业塑料制成，展开后检测面积等同于标准砖，其上均布 100 分格，检测砌体砖面砂浆涂复的饱满度
5	响鼓锤（锤头重 25g）	轻轻敲打抹灰后的墙面，判断墙面的空鼓程度和砂灰与砖、水泥黏合质量
6	钢针小锤（锤头重 10g）	轻敲瓷砖等，判断空鼓程度及黏合质量；拔出手柄尖头钢针，可探查多孔板缝隙、砖缝等砂浆是否饱满

工作任务二　常规检测工具使用方法

（一）检测尺（靠尺）

1. 检测尺（靠尺）结构

检测尺为可展式结构，合拢长 1m，展开长 2m。具体详见图 3－2－1。

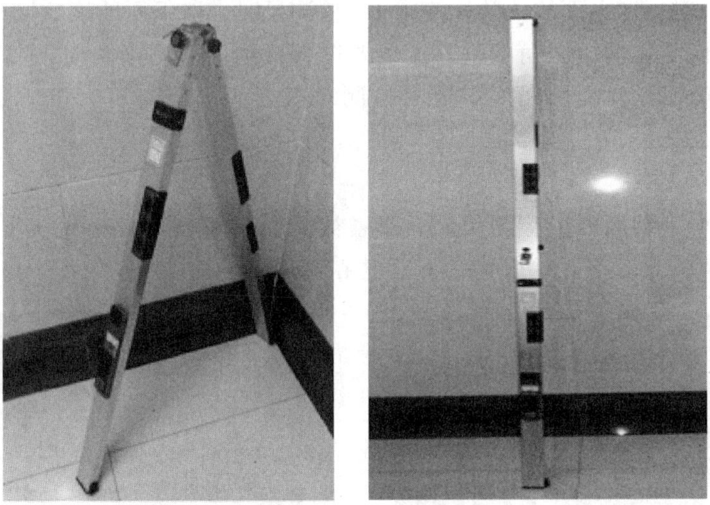

图 3－2－1　检测尺（靠尺）结构图

（1）用于 1m 检测时，推下仪表盖。活动销推键向上推，将检测尺左侧面靠紧被测面，（注意：握尺要垂直，观察红色活动销外露 3～5mm，摆动灵活即可）待指针自行摆动停止时，直读指针所指刻度下行刻度数值，此数值即被测面 1m 垂直度偏差，每格为 1mm。

（2）2m 检测时，将检测尺展开后锁紧连接扣，检测方法同上，直读指针所指上行刻度数值，此数值即被测面 2m 垂直度偏差，每格为 1mm。如被测面不平整，可用右侧上下靠脚（中间靠脚旋出不要）检测。

2. 墙面垂直度检测

（1）手持1m检测尺中心，位于同自己腰高的墙面上，见3－2－2（a）图。

（2）手持2m检测尺中心，位于同自己腰高的墙面上，见3－2－2（b）图。

（a）1m检测尺　　（b）2m检测尺

图3－2－2　墙面垂直度检测

（3）当墙面高度不足2m时，可用1m检测尺检测。但是，应按刻度仪表显示规定读数，即使用2m检测尺时，取上面的读数；使用1m检测尺时，取下面的读数，见图3－2－3。

（4）对于饰面工程的阴阳角的垂直度也要进行检测。检测阳角时，要求检测尺离开阳角距离不大于50mm；检测阴角时，要求检测尺离开阴角距离不大于100mm，越接近代表性就越强。

3. 墙面平整度检测

（1）检测墙面平整度时，检测尺侧面靠紧被测面，其缝隙大小用楔形塞尺检测见图3－2－4。每处应检测三个点，即竖向一点，并在其原位左右交叉45°各一点。

图3－2－3　刻度仪表

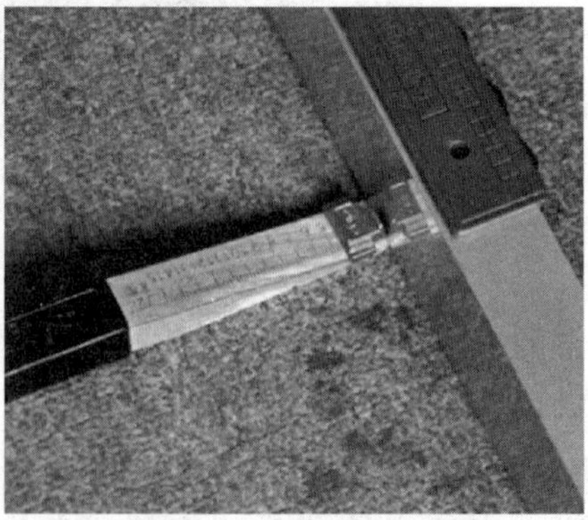

图3－2－4　检测墙面平整度时

（2）平整度的数值是以楔形塞尺塞入缝隙最大处来确定，若手放在靠尺板的中间，或两手分别放在据两端1/3处检测时，应在检测尺两端头各减100mm，再查找靠尺以内最大值进行读数。

（3）如果将手放在检测尺的一端检测时，应测定另一端头的平整度，并取其值的1/2作为实测结果。（砖砌体、混凝土剪力墙等结构工程的平整度检测方法同上，所不同的是受检混凝土柱子的正面及侧面，各斜向检测两处平整度）。

4. 地面平整度检测

检测地面平整度时，与检测墙面平整度方法基本相同，仍然是每处应检测三个点，即顺直方向一点，并在其原位左右交叉45°各一点，取其三点的平均值。其他等方法参照（墙面平整度检测方法）进行检测。所不同的是遇有色带、门洞口时，应将检测尺穿过色带、门洞口进行检测。

5. 水平度或坡度检测

视检测面所需要使用检测尺的长度，来确定是用1m的，还是用2m的检测尺进行检测。检测时，将检测尺上的水平气泡朝上，位于被检测面处，找出坡度的最低端后，再将此端缓缓抬起的同时，边看水平气泡是否居中，边塞入楔形塞尺，直至气泡达到居中之后，在塞尺刻度上所反映出的塞入深度就是该检测面的水平度或坡度。

参照上述检测。还可利用检测尺，对规格尺寸不大的台面，或长度尺寸不大的管道水平度、坡度进行检测。

6. 仪表指针偏差校正方法

垂直检测时，如发现仪表指针数值偏差，应将检测尺放在标准器上进行校对调正，标准器可自制，将一根长约2.1m水平直方木或铝型材，竖直安装在墙面上，由线坠调正垂直，将检测尺放在标准水平物体上，用十字螺丝刀调节水准管“S”螺丝，使气泡居中。

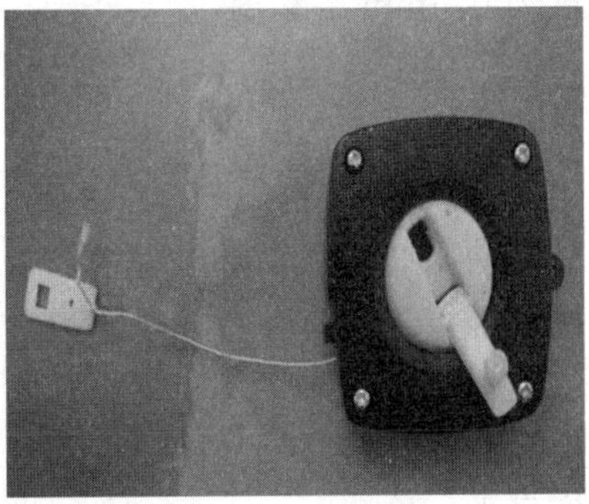

图3-2-5　小线盒（卷线器）

（二）小线盒（卷线器）、钢板尺及楔形塞尺使用方法

1. 小线盒、钢板尺及楔形塞尺构造

（1）小线盒（卷线器）。

小线盒（卷线器）结构见图3-2-5。

（2）钢直尺。

最简单的长度量具，它的长度有150，300，500和1000（mm）四种规格。常用的150mm钢直尺。钢直尺见图3-2-6。

图3-2-6　钢直尺

（3）楔形塞尺（游标塞尺）。

1）楔形塞尺（游标塞尺）主要是检测较宽缝隙，结构见图3-2-7。

2）楔形塞尺检测较细缝隙，见图3-2-8。

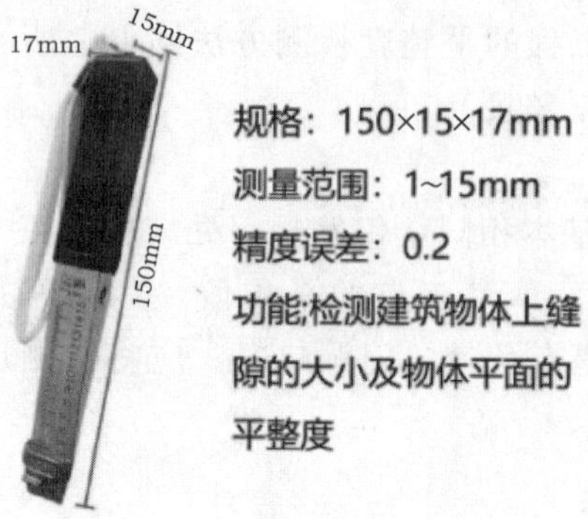

图 3-2-7　楔形塞尺（游标塞尺）

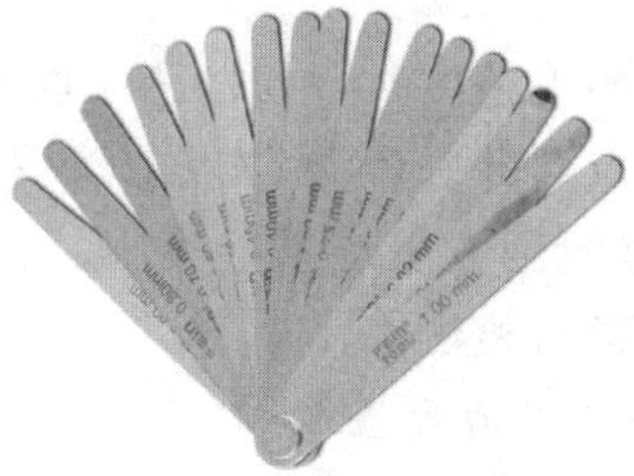

图 3-2-8　楔形塞尺

2. 小线盒（卷线器）、钢板尺及楔形塞尺使用方法

（1）小线盒与钢板尺配合使用检测墙面板接缝直线度。从小线盒内拉出 5m 长的线，不足 5m 拉通线。三人配合检测，两人拉线，一人用钢板尺量测接缝与小线最大偏差值。

（2）小线盒与钢板尺配合使用检测地面板块分格缝接缝直线度。

（3）用钢板尺检测接缝宽度。

用钢板尺检测分格缝较大缝隙时，注意钢板尺上面的刻度为 1mm 的精度；其下面的刻度为 0.5mm 的精度。

（4）用楔形塞尺（游标塞尺）检测缝隙宽度。用楔形塞尺检测较小接缝缝隙时，可直接将楔形塞尺插入缝隙内。当塞尺紧贴缝隙后，再推动游码至饰面或表面，并锁定游码，取出塞尺读数。

（5）用 0.1～0.5mm 薄片塞尺与钢板尺配合检查接缝高低差。先将钢板尺竖起位于面板或面砖接缝较高一侧，并使其紧密与面板或面砖结合。然后再视缝隙大小，选择不同规格的薄片塞尺，并将其缓缓插入缝隙即可。在 0.1～0.5mm 薄片塞尺范围内，所选择的塞尺上标注的规格，就是接缝高低差的实测值。注意，当接缝高低差大于 0.5mm 时，用楔形塞尺进行检测。

（三）阴阳（内外）直角尺使用方法

1. 阴阳（内外）直角尺构造

阴阳（内外）直角尺构造见图 3-2-9。

2. 阴阳（内外）直角尺使用

（1）阴阳直角尺也称为内外直角尺或阴阳（内外）直角尺，不仅适用于工程的阴阳角方正度检测，还适用于土建工程的模板 90°的阴阳角方正度、箍筋与主筋的方直度、钢结构主板与缀板的方直度、钢柱与钢牛腿的方直度、安装工程的管道支架与管道及墙面或地面的方正度等检测。

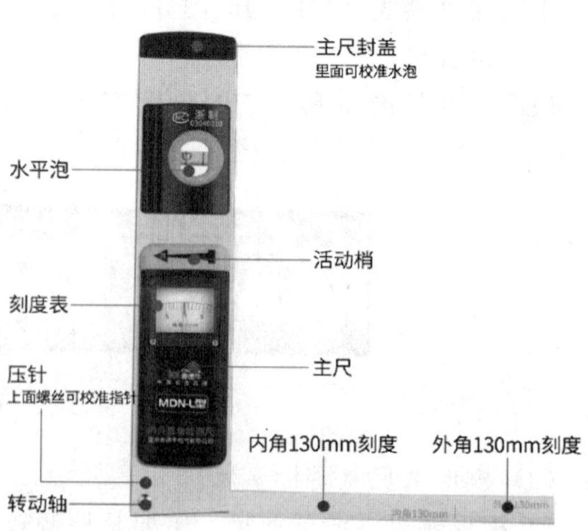

图 3-2-9　阴阳（内外）直角尺

（2）检测时，将直角尺打开，用手往

左推动活动梢，拉出活动尺，逆时针旋转 270°，用两手持直角尺紧贴被检阳角两个面，水平泡居中，看其刻度。图 3-2-10（a）为阳角检测，图 3-2-10（b）为阴角检测。

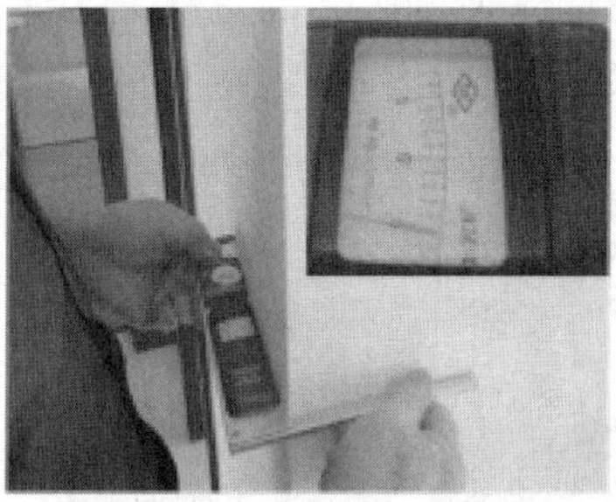

（a）阳角检测

（b）阴角检测

图 3-2-10　方尺（直角尺）检测

（3）指针所处状态，当处于“0”时，说明方正度为 90°，即读数为“0”；当刻度指针向“0”的左边偏离时，说明角度大于 90°；当刻度指针向“0”的左边偏离时，说明角度小于 90°，偏离几个格，就是误差几毫米。（该尺左右各设有 7mm 的刻度，对于普通抹灰工程而言，允许偏差为 4mm，若超过 6mm，即超过 1.5 倍时，不仅是不合格，而且还须返修）。严格地讲，对一个阳角或阴角的检测应该是取上、中、下三点的平均值，才具有代表性。

相关知识链接：阴角、阳角：建筑上指墙面上凹进去的墙角，又叫内角，如房间内房屋的四角。与之对应的是阳角，是指墙面上凸出来的墙角，又叫外角。

（四）磁力线坠使用方法

1. *磁力线坠构造*

磁力线坠构造见图 3-2-11。

2. *磁力线坠检测*

磁力线坠适用于上下水、消防水、采暖、煤气等竖向金属管道安装工程的垂直度检测。还适用于高度在 3～5m 的钢管柱或钢柱安装工程的垂直度检测。现以竖向管道安装工程为例，叙述其垂直度检测方法。先从磁力盒中将线坠拉一定长度，然后再将磁力盒吸附在操作者手能探得着的高度处，再用钢卷尺量定 1m 高。当线坠稳定后，用钢板尺在线坠上端测定其垂直度偏差值。

检测时应在每根受检管道的正、侧两个方向各检测一处垂直度，见图 3-2-12。

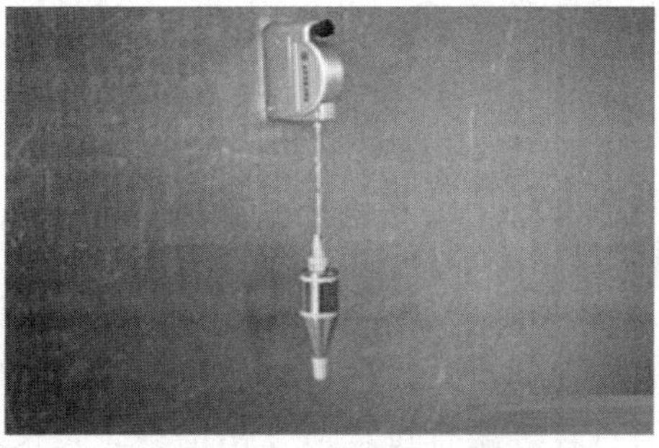

图 3-2-11　磁力线坠构造

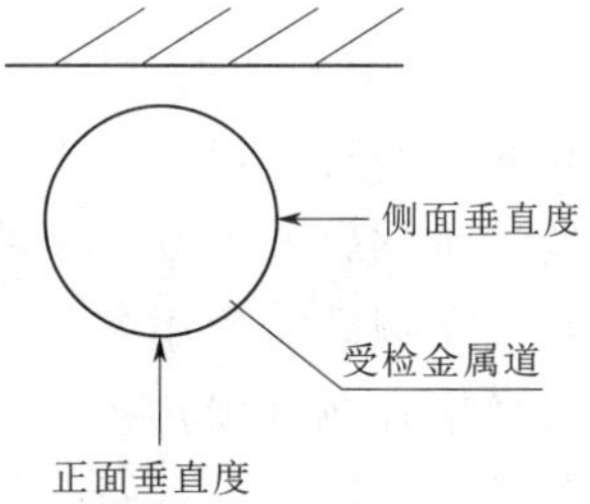

图 3-2-12　磁力线坠检测正面图

（五）响鼓锤使用方法

1. 响鼓锤构造

（1）大、小响鼓锤。响鼓锤分为两种，一种是锤头重 25g 的，称之为大响鼓锤；另一种是锤头重 10g 的，称之为小响鼓锤，见图 3-2-13。

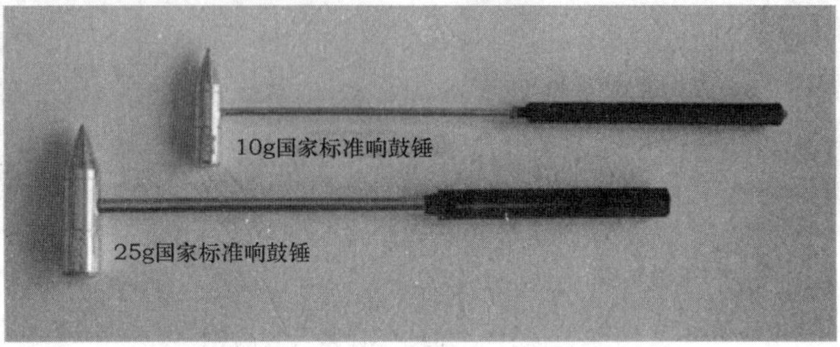

图 3-2-13　大、小响鼓锤

（2）伸缩响鼓锤。伸缩响鼓锤见图 3-2-14。

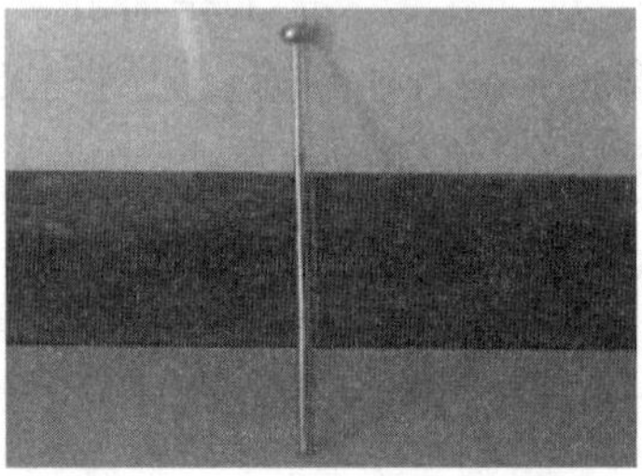

图 3-2-14　伸缩响鼓锤

2. 响鼓锤使用方法

（1）大响鼓锤使用方法。

1）大响鼓锤的锤尖是用来检测大块石材面板，或大块陶瓷面砖的空鼓面积或程度。使用的方法是将锤尖置于其面板或面砖的角部，左右来回、退着向面板或面砖的中部轻轻滑动，边滑动边听其声音，并通过滑动过程所发出的声音来判定空鼓的面积或程度。

2）大响鼓锤的锤头是用来检测较厚的水泥砂浆找坡层、找平层，或厚度在 40mm 左右混凝土面层的空鼓面积或程度。使用的方法是将锤头置于距其表面 20～30mm 高度，轻轻反复敲击，并通过轻击过程所发出的声音，来判定空鼓的面积或程度。

注意：①千万不能用锤头或锤尖敲击面板或面砖；②对空鼓面积做标注时，由于带色笔迹难以清除，最好用白色粉笔画出。

（2）小响鼓锤使用方法。

1）小响鼓锤的锤头是用来检测厚度在 20mm 以下的水泥砂浆找坡层、找平层、面层的空鼓面积或程度。使用的方法是将锤头置于距其表面 20～30mm 高度，轻轻反复敲击，并通过轻击过程所发出的声音，来判定空鼓的面积或程度。

2）小响鼓锤的锤尖是用来检测小块陶瓷面砖的空鼓面积或程度。使用的方法是将锤尖置于其面砖的角部，左右来回、退着向面砖的中部轻轻滑动，边滑动边听其声音，即通过滑动过程所发出的声音，来判定空鼓的面积或程度。

（3）伸缩响鼓锤使用方法。伸缩响鼓锤也是常用的一种检测工具，伸缩响鼓锤的作用，是用来检查地（墙）砖、乳胶漆墙面与较高墙面的空鼓情况。其使用方法是将响鼓锤拉伸至最长，并轻轻敲打瓷砖及墙体表面。即通过轻轻敲打过程所发出的声音，来判定空鼓的面积或程度。

（六）对角检测尺、检测镜

1. 对角检测尺、检测镜构造

（1）对角检测尺。对角检测尺见图 3－2－15。

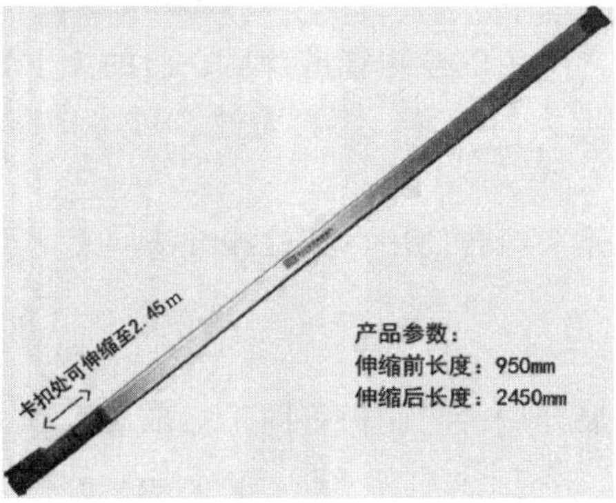

（a）构造

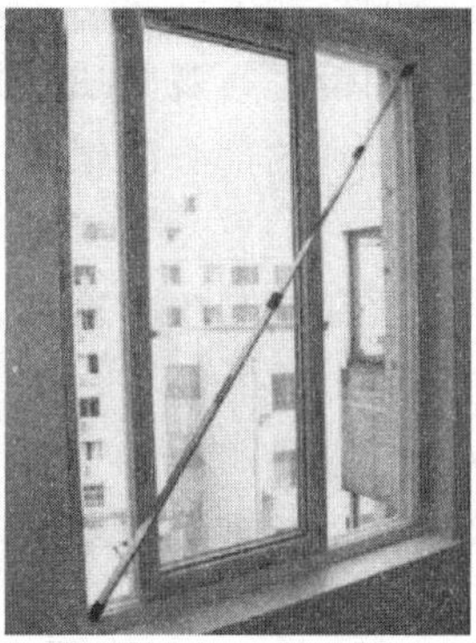

（b）窗户检测

图 3－2－15　对角检测尺

（2）检测镜。检测镜见图 3－2－16。

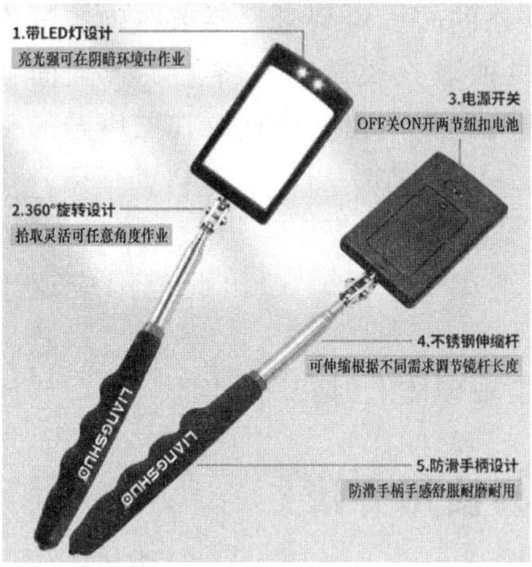

图 3－2－16　检测镜

2. 对角检测尺、检测镜的使用

（1）对角检测尺的使用。

1）对角检测尺主要是用来检测门窗、洞口等构件或实体的对角线差，并通过对角线差来判定其方正程度的。

2）对角检测尺检测门窗、洞口等构件或实体的对角线时，对角检测尺为三节伸缩结构，中节尺设有三档刻度线。检测时，视其被检构件斜线长度，将大节尺推键锁定在中节尺上某档刻度线“0”位，再将对角检测尺两端尖角顶紧被测对角顶点，紧固小节尺。检测另一对角线时，松开大节尺推键，使其两端尖角顶住被测对角顶点后紧固推键，同时读出对角线差值。

3）对角检测尺与检测镜配合使用方法。

对角检测尺上部的小节尺顶端备有M6螺栓，可装检测镜进行高处的背面、冒头等质量状态。

（2）检测镜的检测方法。

单独使用检测镜进行观感质量检测时，可用以检测管道背后、门的上下冒头、弯曲面等肉眼不易直接看到的部分质量。方法与上大同小异，不再赘述。可参照图3-2-15进行检测。

（3）对角线尺还能与楔形塞尺及响鼓锤头组合使用，其检测方法同上，不再赘述。

（七）百格网

1. 百格网构造

百格网采用高透明度工业塑料制成，展开后检测面积等同于标准砖，其上均布100分格。见图3-2-17。

115×240×3mm

图3-2-17 百格网

2. 百格网的使用方法

百格网主要是检测砂浆饱满度，百格网共分为100个格，是用来套比或检测砌体所用砖的大面规格尺寸为：115mm×240mm的饱满程度。不仅仅是适用于被淘汰的黏土砖。也适用于免烧砖、空心砖等同规格的砖。检测时，要求在砌筑过程中，对每个操作者跟踪随机抽取三块砖，并将三块砖翻面朝上，用百格网分别套比或检测其饱满程度，且取其三块砖的平均值。

注意：

1）一般砌体砂浆饱满度不小于80%。保温墙体不小于90%。超出此范围应返工处理。

2）检测时，应对翻上来的三块砖进行检测，不得检查砌体上的三块砖面。

工作任务三 无损检测工具使用方法

无损检测是利用物质的声、光、磁和电等特性，在不损害或不影响被检测对象使用性能的前提下，检测被检对象中是否存在缺陷或不均匀性，给出缺陷大小，位置，性质和数量等信息。它不仅可对制造用原材料，各中间工艺环节直至最终产成品进行全程检测，也可对服役中的设备进行检测。本教材选用三种工程上常用的、由北京智博联科技股份有限公司生产的混凝土钢筋检测仪、回弹仪无损检测工具。

一、混凝土钢筋检测仪

混凝土钢筋检测仪采用电磁感应法检测混凝土构件中钢筋位置及走向、保护层厚度、钢筋直径。绘制钢筋位置分布图，自动生成检测报告；

主要应用于桥梁、隧道、墙体等混凝土结构工程中钢筋位置、钢筋分布及走向、保护层厚度、钢筋直径的探测；也可对非铁磁性介质中铁磁体（如电线、管线）走向及分布进行探测探测。

1. 混凝土钢筋检测仪介绍

（1）仪器组成。混凝土钢筋检测仪由主机、传感器及信号线组成。主机包含了液晶显示屏、电池舱、功能键、USB接口、开关键几部分，功能键含有菜单、存储、返回、确定、左键、上键、右键、下键等操作键。具体见图3-3-1。

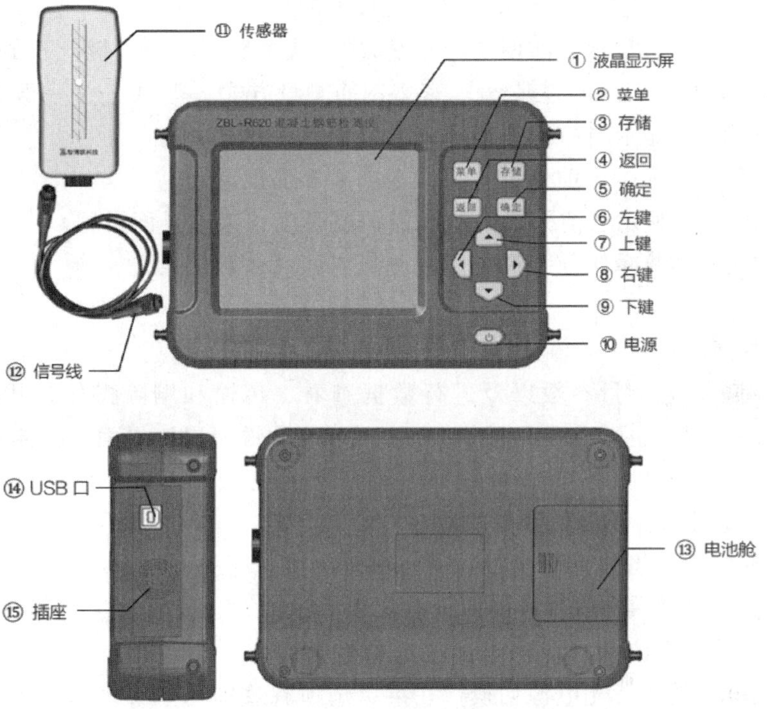

图3-3-1　混凝土钢筋检测仪组成

（2）传感器描述。

该传感器采用一体化设计，能够完成一、二两个量程的保护层厚度测量和直径测量功能。两个量程可以用【▶】键切换；按【▲】键进行直径测量。

传感器具有指向性，当传感器轴线与钢筋走向平行时最灵敏。反之，当传感器轴线与钢筋走向垂直时探测信号最弱；在测量钢筋时，应保持传感器轴线与钢筋走向平行，在垂直于钢筋走向的方向移动传感器进行扫描测量。

第二量程的使用。一般只有在保护层厚度接近或超过第一量程测量的最大测量范围时才使用，因为在第二量程测量时，并排钢筋分辨能力小于第一量程。

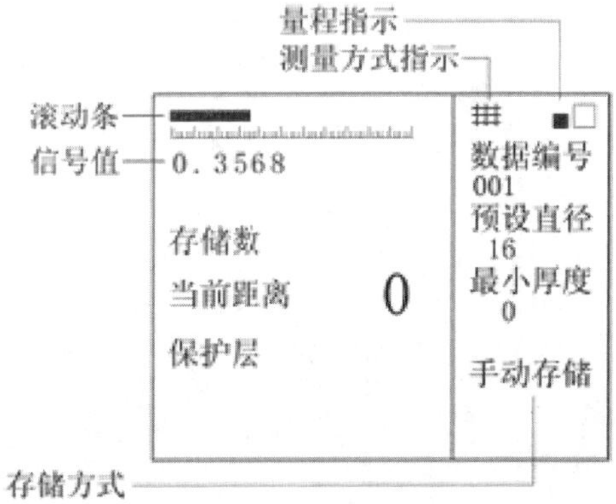

图3-3-2　测量界面

（3）测量界面简介。测量界面见图3-3-2，共分为两个区域，右侧为参数状态区，显示用户设置的测量参数和工作方式。左侧为测量结果显示区，显示当前测量数据。

（4）参数状态区。

1）量程指示。显示当前使用的量程。【】（开/关）键，一、二两个量程切换（测量界面）。

a）■□——第一量程，用于保护层厚度较小的场合。

B）□■——第二量程，用于保护层厚度较大的场合。

2）测量方式指示。显示当前使用的测量方式。【▼】（开/关）键，一般测量和密集钢筋测量切换（测量界面切换）。卌—— 密集钢筋测量方式。空白—— 一般测量方式。

a）数据编号——显示当前构件编号（在菜单界面设置）。

b）预设直径——显示当前预设直径（在菜单界面设置）。

c）最小厚度——显示当前预设的最小保护层厚度（菜单界面设置）。

d）存储方式——显示当前存储方式（测量界面【◀】切换）。

2. 菜单操作

（1）菜单界面。

菜单界面用来设置测量参数以及进行数据查看、传输和删除操作。开机界面闪过之后，该界面自动出现；也可以在测量状态下按【菜单】键调出该界面。具体见图 3-3-3。

菜单操作的统一原则是：

1）【▲、▼】键选择不同的菜单选项。

2）【确定】键进入当前选项。

3）【菜单】键返回菜单选择状态。

4）【返回】键返回测量状态。

5）【◀】开/关键，背光电源切换（在菜单选项有效）。

（2）数据编号。数据编号应与被测构件建立——对应关系。每个构件保护层厚度测量值可以按照数据编号进行存储。每个数据编号中最多存储 256 个保护层厚度值。

当该菜单项为当前选项时（图 3-3-4）。

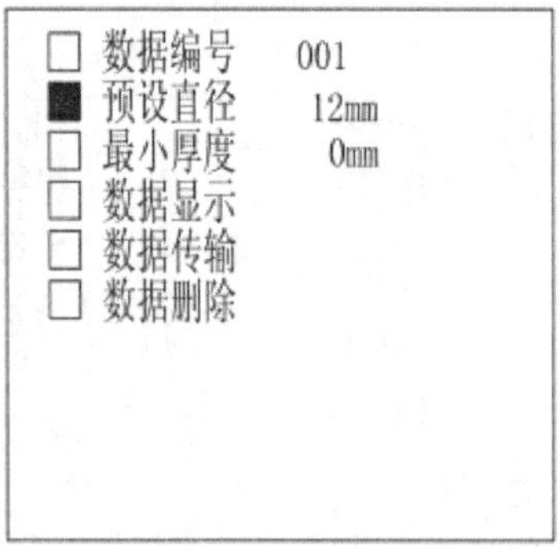

图 3-3-3 菜单界面

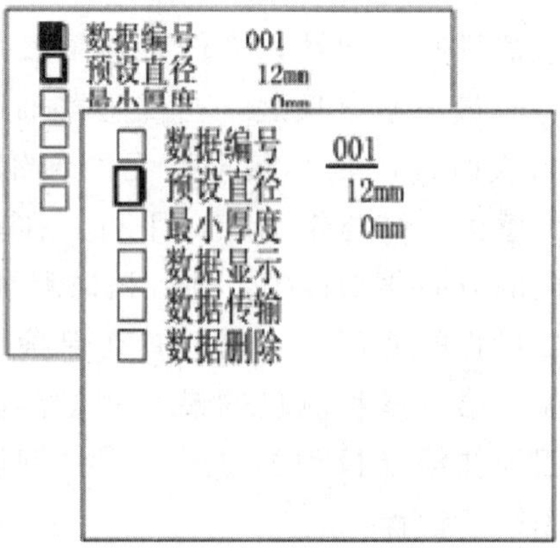

图 3-3-4 菜单界面

1）按【确定】键，数据编号末位数字下出现选择光标。

2）按【▲、▼】键调整该位数字，按【◀、▶】键选择其他数据位；该编号调整具有进位和退位功能，最大值为999。

3）按【菜单】键返回菜单选择状态，继续进行其他菜单操作。

4）按【返回】键返回测量状态。

（3）预设直径。该参数是测量混凝土保护层厚度最重要的参数，如果该参数与被测钢筋的实际直径有差异，则保护层厚度的测量准确度会有一定误差。请依据被测物设计资料设置该参数。对于资料不全的旧有建筑，请先测量钢筋直径，然后依据测量结果设置该参数。预设直径值为国标中规定的钢筋直径。当该菜单项为当前选项时：

1）按【确定】键，此时菜单选择标志消失，在预设直径数字下出现选择光标。

2）按【▲、▼】键调整该参数。设置完成后，如果需要设置其他参数。

3）按【菜单】键返回菜单选择状态，继续进行其他菜单操作。

4）按【返回】键进入测量状态。

（4）最小厚度。该参数用来检查混凝土保护层厚度是否满足最小设计厚度。在正常保护层厚度测量时，该参数设置为0。当该菜单项为最小厚度选项时：

1）按【确定】键，此时菜单选择标志消失，在最小厚度数字下出现选择光标。

2）按【▲、▼】键调整该参数。设置完成后，如果需要设置其他参数。

3）按【菜单】键返回菜单选择状态，继续进行其他菜单操作。

4）按【返回】键返回测量状态。

（5）数据显示。显示已存储的数据。当该菜单项为数据显示选项时：

1）按【确定】键，进入数据显示界面，见图3－3－5。

2）左侧为编号列表区，按照编号存储的先后倒序排列，即：最后存储的编号最先显示。

3）右侧为数据显示区，显示当前编号中存储数据的原始测量数据及统计数据，包括：预设直径、数据个数、最大/最小值、平均值。

4）如果编号中存储的数据个数超过35个，则需要翻页查看。

（6）数据传输。将已存储的数据传输到计算机。

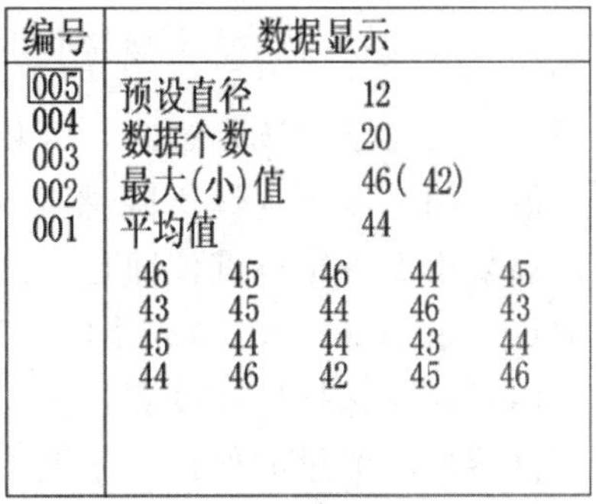

图3－3－5　数据显示界面

3. 钢筋定位和保护层厚度测量

（1）定位钢筋。一般应首先定位上层钢筋（或箍筋），然后在两条上层钢筋（或箍筋）中间测量来定位下层钢筋（或主筋）。在混凝土表面沿一个方向匀速移动传感器，注意观察滚动条、当前距离值、保护层值和蜂鸣器声音。通过下列几种方法中的任何一种都可以判定钢筋位置。

1）蜂鸣器发出鸣叫声。此时仪器提示传感器越过一条钢筋，然后向相反方向移动传感器，找到当前距离值最小的位置，即是钢筋的准确位置。

2）信号值由小逐渐变大，然后又变小。传感器逐渐接近钢筋时，信号值逐渐变大，反之，信号值变小，找到该值最大的位置，即是钢筋的准确位置。该值是测量保护层厚度的基本依据。因为在保护层厚度变化 1mm 范围之内时，当前距离值不会发生变化，而信号值是真正实时动态值，它可以反映更微小的变化；所以根据该值可以更精确地确定钢筋位置。

3）当前距离值由大逐渐变小，然后又变大。传感器逐渐接近钢筋时，当前距离值逐渐变小。反之，当前距离值变大，找到该值最小的位置，即是钢筋的准确位置。

4）滚动条逐渐增长，然后又缩短。传感器逐渐接近钢筋时，滚动条逐渐增长，反之，滚动条逐渐缩短，找到滚动条最长的位置，即是钢筋的准确位置。

（2）定向钢筋。可以采取下列两种方法来确定钢筋走向。

1）确定钢筋位置后，在钢筋正上方左右旋转传感器，当前距离值及屏幕左上角信号值相应有所变化，当信号值最大当前距离值最小时，此时传感器与钢筋平行，传感器走向即为混凝土内部被测钢筋的走向。

2）在相互平行的两条测量线上分别测量钢筋位置，两个位置点的连线即是钢筋走向。如图 3-3-6 所示。

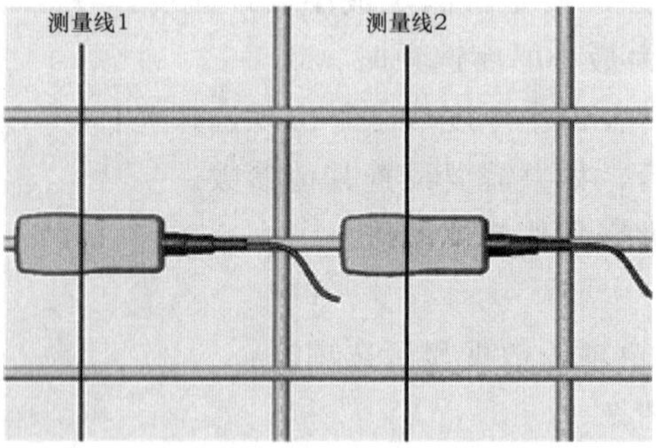

图 3-3-6 钢筋分布图

（3）测量保护层厚度。

1）自动判读。

该方法适用于钢筋间距较大情况。传感器平行与钢筋走向，并沿与钢筋走向垂直的方向匀速扫过钢筋正上方，仪器发出一声鸣叫，提示传感器越过一条钢筋，此时保护层显示值自动更新为该处的混凝土保护层厚度值。

2）手动判读。

该方法适用于钢筋间距较小情况。当现场环境复杂自动判读困难时，可依据当前距离及信号值的变化情况来判定保护层厚度值：当该值有两个以上连续下降然后又有两个以上连续上升的时候，可以判定该处有一条钢筋，混凝土保护层厚度值即是上述过程中的最小值。例如：当前距离显示值变化如下时即可判定一条钢筋，63-62-61-62-63；保护层厚度值为 61。

（4）存储保护层厚度测量值。

仪器自动测量的保护层厚度值可以按照数据编号分组保存下来。最多可以存储 999 个数据编号，每个数据编号中最多存储 256 个保护层厚度值。每个编号中同时存储测量时设置的直径预设值，该直径预设值为第一个保护层厚度值测量时使用的值，如果用户在存储数目大于 0 时改变预设直径值，仪器不予存储。

4. 密集钢筋测量

（1）在梁类或有些柱类构件中，往往存在钢筋密集排列的情况，有时钢筋净间距在 1.5 倍钢筋直径左右。在这种情况下，扫描过程中保护层厚度值变化很小，一般钢筋测量仪器都很难准确地判定钢筋数目和钢筋位置。

（2）混凝土钢筋检测仪针对密集钢筋构件设计了专用测量方式。用户可以针对被测构件的情况选择不同的测量方式。

1）构件中钢筋间距较大，如板类构件，宜采用一般测量方式。

2）构件中钢筋间距较小，如梁类构件，宜采用密集钢筋测量方式。

（3）在图3-3-2测量界面所示的测量界面下，按【▼】键，仪器在一般测量方式和密集钢筋测量方式切换。当处于密集钢筋测量方式时，屏幕右上方出现“串”标志；当处于一般测量方式时，屏幕右上方“揖”标志消失。

（4）在密集钢筋测量方式下，钢筋定位和保护层厚度的测量、存储方法与2. 钢筋定位和保护层厚度测量相同。

（5）采用密集钢筋测量方式应注意以下几点：

1）扫描速度不应过快，宜小于10mm/s。

2）扫描过程一定要保持单向移动传感器，并保证传感器与被测钢筋平行。

3）尽量选择交叉筋间距较大的位置进行测量。

4）在第一次扫描过程完成后，建议在相反方向进行一次验证扫描，以提高可靠性。

5. 最小保护层厚度测量

（1）该功能主要应用于下列场合。

1）模板拆除后检查钢筋是否撑出。

2）快速检查保护层厚度是否满足最小设计值。

（2）操作步骤。

1）设置预设直径值为被测钢筋直径。

2）设置需要报警的最小保护层厚度值。

3）扫描被测物，当保护层厚度小于设定值蜂鸣器报警。

在该测量方式下，用户可以用较快的速度进行扫描而不用注意屏幕显示。

6. 钢筋直径测量

（1）准确定位钢筋，然后确定钢筋的准确走向，此时将传感器置于被测钢筋正上方，按下【▲】键，屏幕显示钢筋直径字样，约等片刻直径测量结果直接显示在屏幕上，同时将测得的保护层厚度值，显示在保护层显示值位置上，该值前有一▶标志，以区别于依据预设直径值测量的保护层厚度值。如果保护层厚度小于该仪器预设的最小值时，仪器显示“厚度太小”，如果保护层厚度大于仪器预设的最大值时，仪器显示“厚度太大”，此时无法测量钢筋直径。

（2）测量时如遇到保护层厚度太小的情况，建议在传感器底部垫一块有机玻璃（或其他非金属材料），将测量值减去垫块厚度即为实测保护层厚度。

二、回弹仪

1. 简介

由于混凝土的抗压强度与其表面硬度之间存在某种相关关系，而回弹仪的弹击锤被一定的弹力打击在混凝土表面上，其回弹高度（通过回弹仪读得回弹值）与混凝土表面硬度成一定的比例关系。因此以回弹值反映混凝土表面硬度，根据表面硬度则可推求混凝土的抗压强度。

（1）性能。用回弹法检测混凝土抗压强度，虽然检测精度不高，但是设备简单、操作方便、测试迅速，以及检测费用低廉，且不破坏混凝土的正常使用，故在现场直接测定中使用较多。

影响回弹法准确度的因素较多，如操作方法、仪器性能、气候条件等。用回弹法检测前，应全面、正确了解被测结构的情况，如混凝土设计参数、混凝土实际所用混合物材料、结构名称、结构形式等。

（2）测区回弹值。测区的选定采用抽检的方法，在0.2m×0.2m范围内测点均匀分布。所选测区相对平整和清洁，不存在蜂窝和麻面，也没有裂缝、裂纹、剥落，层裂等现象。根据《回弹法检测混凝土抗压强度技术规范》（JGJ/T 23—2011）的规定，在每一个检测区测取16个回弹值。每一读数都精确到1。测点间距不小于20mm，测点距构件边缘不小于30mm。在检测时，回弹仪的轴线垂直于被检测区的测点所在面。

（3）碳化深度。在有代表性的测区进行碳化深度测定。当碳化深度大于2.0mm时，应在每个测区进行碳化深度测定。

2. 主机

数显回弹仪（图3-3-7）主要由传感器模块、USB传输/充电线、机械回弹仪、Windows平台下的分析处理软件等组成。

图3-3-7　回弹仪外观示意图

Windows平台下的软件包括：数据处理软件、建立回弹曲线软件、回弹数据传输软件、检测报告生成软件。

3. 菜单功能选择

（1）在菜单选择界面，短按【A】键，可循环选择回弹→校准→传输→测区→删除功能，选中某项功能后，短按【B】键，可进入相应的菜单功能操作。

（2）仪器开机默认选中回弹功能菜单。

4. 回弹测试

（1）在菜单选择界面，短按【A】键选中回弹功能，如图3-3-8所示。

（2）再短按【B】键即可进入回弹测试。

（3）操作步骤如下：

1）显示当前构件编号，如图3-3-9所示，显示时间为2s。

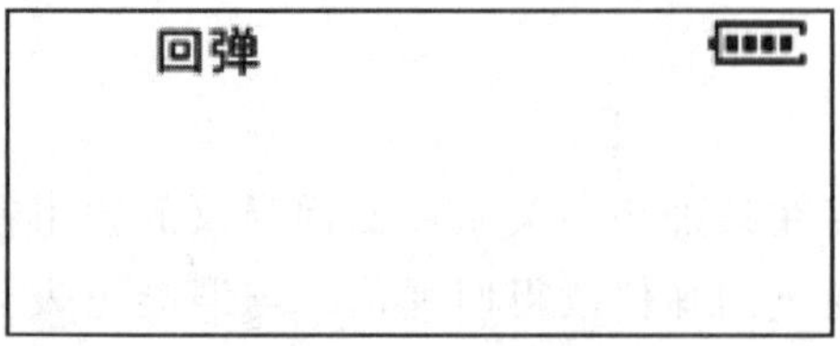

图3-3-8　回弹功能

图3-3-9　构件编号显示

2）显示当前测区数，如图 3－3－10 所示，并等待回弹仪进行弹击。

3）闪烁显示当前弹击的回弹值，如图 3－3－11 所示。

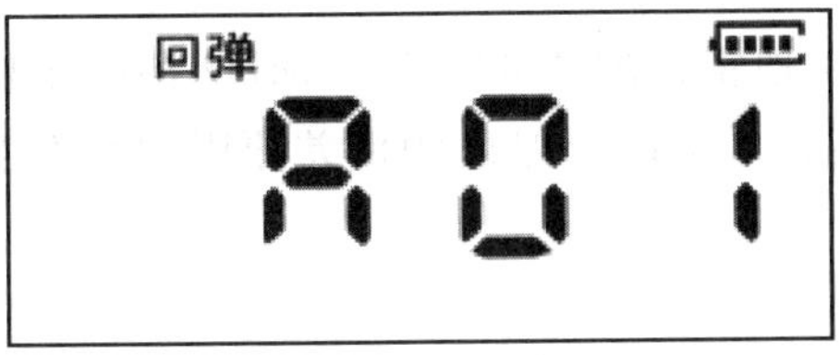

图 3－3－10　当前测区数显示

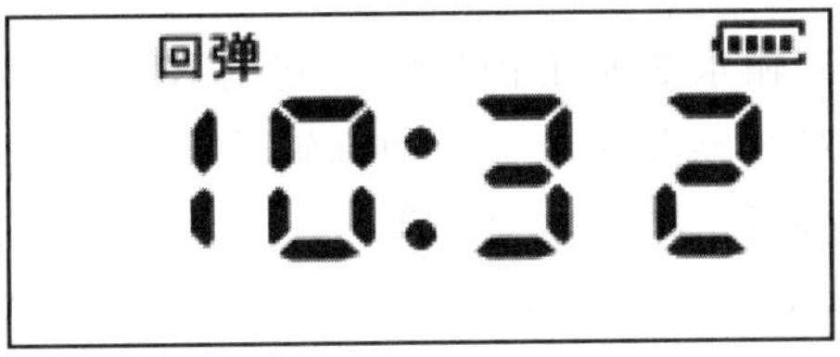

图 3－3－11　回弹值显示

4）重复步骤 2），直到完成本测区的 16 个回弹值。

5）显示当前测区的平均回弹值，如图 3－3－12 所示，显示时间为 2s。

6）显示当前测区的换算强度，如图 3－3－13 所示，显示时间为 2s。

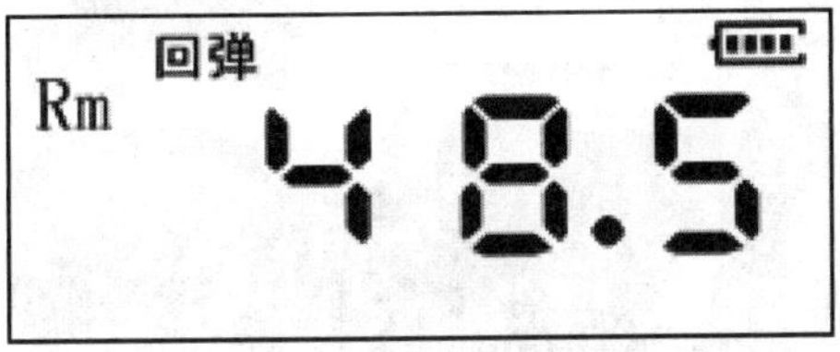

图 3－3－12　当前测区平均回弹值显示

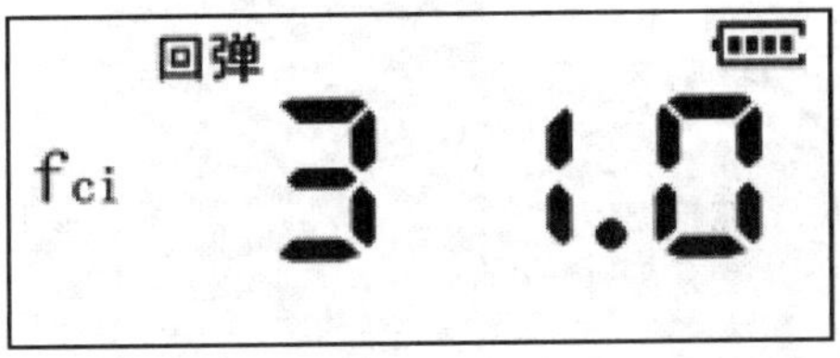

图 3－3－13　当前测区换算强度显示

7）重复步骤 2）～6），直到完成所有测区。

8）显示当前构件的推定强度，如图 3－3－14 所示，显示时间为 2s。

9）退出回弹测试功能，返回到如图 3－3－8 所示的界面。

（4）数据传输

在菜单选择界面，短按【A】键选中传输功能。再短按【B】键即可进入数据传输功能；操作步骤如下。

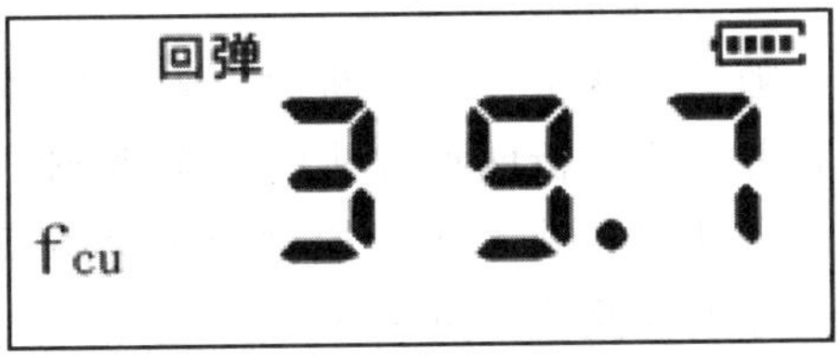

图 3－3－14　当前构件推定强度显示

1）将 USB 线的 Mini 口端插入数显回弹传感器模块的 USB 插孔，另一端连接到 PC 机的 USB 口。

2）启动“回弹法测强数据处理软件”，点击工具→数据传输菜单项，在弹出的对话框中设置数据类型为回弹数据，选择传输端口后，点击传输按钮，则弹出“文件另存为”对话框，要求用户输入传输数据保存的文件名称，输完后点击保存钮，则开始与回弹仪连接，等待 S201 数显回弹仪传输数据。

3）S201 数显回弹仪开机后短按【A】键切换到传输功能。

4）短按【B】键，进入数据传输功能，屏幕动态显示传输状态。

5）传输完成后，仪器自动退出数据传输功能。

6）在传输过程中可短按【A】键，手动退出数据传输功能。

7）数据传输成功后，可以通过上位机软件打开数据进行分析。

续表

序号	编号	测试项目	探地雷达实测值 $D_{测}$/cm	凿槽测试值 $D_{实}$/cm	$\|D_{实}-D_{测}\|$/cm	$\|D_{实}-D_{测}\|/D_{实}$/%
5		5号筋保护层厚度	19.1	19.4	0.1	1.5
6		6号筋保护层厚度	19.4	19.6	0.2	1.0
7		7号筋保护层厚度	20.0	20.1	0.1	0.5
8		1号筋保护层厚度	14.0	14.5	0.5	3.4
9		2号筋保护层厚度	13.8	13.6	0.2	1.5
10	2号	3号筋保护层厚度	13.6	13.0	0.6	4.6
11		4号筋保护层厚度	14.4	14.5	0.1	0.7
12		5号筋保护层厚度	13.7	14.5	0.8	5.5

技 能 训 练

1. 无损检测技术及其特点？
2. 如何用靠尺对地面进行检测？
3. 如何用靠尺对墙体进行检测？
4. 说明小线盒（卷线器）、钢板尺及楔形塞尺使用方法。
5. 说明阴阳（内外）直角尺使用方法。
6. 同学能够利用混凝土检测仪、回弹仪完成一份自动生成的检测报告。

学习情境四　工 程 质 量 评 定

【学习目标】

1. 掌握单元工程、分部工程、单位工程、工程质量的评定标准
2. 掌握单元工程、分部工程、单位工程、外观质量、工程质量的评定表的填写方法
3. 熟悉枢纽工程、堤防工程、引水（渠道）工程及其他工程外观质量的检验内容及质量检验标准

工作任务一　单 元 工 程 质 量 评 定

根据 SL 176—2007《水利水电工程施工质量检验与评定规程》要求，施工过程中，每项单元（工序）工程完工之后，均由承建该工程施工单位的质检部门，按照《单元工程评定标准》或合同约定的要求，对其工程的质量进行自评，自评合格后，由监理单位进行复核，监理工程师核定工程质量的等级，并填写单元（工序）工程施工质量评定表。对于重要隐蔽单元及关键部位单元的工程质量，经施工单位自评合格，监理单位抽检后，项目法人（或委托监理）、监理、设计、施工、工程管理等单位组成联合小组，共同检查、核定其质量等级，并填写重要隐蔽单元工程（关键部位单元工程）质量等级签证表，报质量监督机构核备。

一、工程质量评定依据

水利水电工程施工质量等级评定的主要依据如下：

（1）国家及相关行业技术标准。

（2）《单元工程评定标准》。

（3）经批准的设计文件、施工图纸、金属结构设计图纸与技术条件、设计修改通知书、厂家提供的设备安装说明书及有关技术文件。

（4）工程承发包合同中采用的技术标准。

（5）工程施工期及试运行期的试验和观测分析成果。

二、单元工程质量评定标准

1. 合格标准

（1）土建工程。土建工程主要检查检测项目全部符合质量标准，其他检查项目基本符合质量标准，其他检测项目检测合格率为70%。标准中标有“△”符号者均为主要检查检测项目，标准中的“基本符合要求”，系指虽与本标准略有出入，但不影响安全运行和设计效益。

1）保证项目必须符合相应质量评定标准的规定。

2）基本项目应符合相应质量检验评定标准的合格规定。

3）允许偏差项目抽检的点数中，70%及以上的实测值应在质量检验评定标准的允许偏差范围内，且不合格点的超差值，不超过允许偏差值的150%。

（2）金属结构工程。

1）主要项目（标有符号“△”者）必须全部符合《单元工程评定标准》。

2）一般项目的检查实测点有90%及以上符合标准，其他检查项目基本符合标准，不合格点的超差值，不超过允许偏差值的150%。

3）试运转符合要求。

（3）质量达不到合格。按照《单元工程评定标准》或合同约定的合格标准执行。当达不到合格标准时，应及时处理。处理后的质量等级按下列规定确定：

1）全部返工重做的，可重新评定质量等级。

2）经加固补强并经设计和监理单位鉴定能达到设计要求时，其质量评为合格。

3）处理后的工程部分质量指标仍达不到设计要求时，经设计复核，项目法人及监理单位确认能满足安全和使用功能要求，可不再进行处理；或经加固补强后，改变外形尺寸或造成永久性缺陷的，经项目法人、监理及设计确认能基本满足设计要求，其质量可定为合格，但应按规定进行质量缺陷备案。

2. 优良标准

（1）土建工程。土建工程主要检查检测项目全部符合质量标准，其他检查项目基本符合质量标准，其他检测项目检测合格率为90%。标准中标有“△”符号者均为主要检查检测项目，标准中的“基本符合要求”，系指虽与本标准略有出入，但不影响安全运行和设计效益。

1）保证项目必须符合相应质量评定标准的规定。

2）基本项目应符合相应质量检验评定标准合格的规定，且有50%及以上的项目符合优良规定。

3）允许偏差项目抽检的点数中，90%及以上的实测值应在相应质量检验评定标准的允许偏差范围内。

（2）金属结构工程。

1）在合格的基础上，优良项目占全部项目50%及以上。

2）试运转符合要求。

（3）质量达不到优良。按照《单元工程评定标准》或合同约定的优良标准执行。全部返工重做的单元工程，经检验达到优良标准者，可评为优良等级。

三、单元工程质量评定表填写方法

为了加强水利水电工程施工质量管理，规范工程施工质量评定工作，根据有关标准和规定，针对国内在建大、中型水利水电工程施工质量管理情况，水利部有关部门先后下发了241个水利水电工程施工质量评定表样式。

2005年北京市水利基本建设工程质量监督中心站，依据水利部有关标准和规定，修订了《北京市水利工程施工质量评定标准（试行）》，该标准分为6个部分，共259个表格。其中：第一部分工程项目施工质量评定表8个；第二部分水工建筑工程单元工程施工质量评定表51个；第三部分金属结构及启闭机单元工程（包括金属制造部分）质量评定表124个；第四部分碾压式土石坝和浆砌石坝工程单元工程质量评定表52个；第五部分堤防工程外观质量及单元工程质量评定表14个；第六部分引水管线单元工程质量评定表10个。除堤防工程施工质量评定表外，水利水电单元工程施工质量评定表基本构成如下。

1. 编号

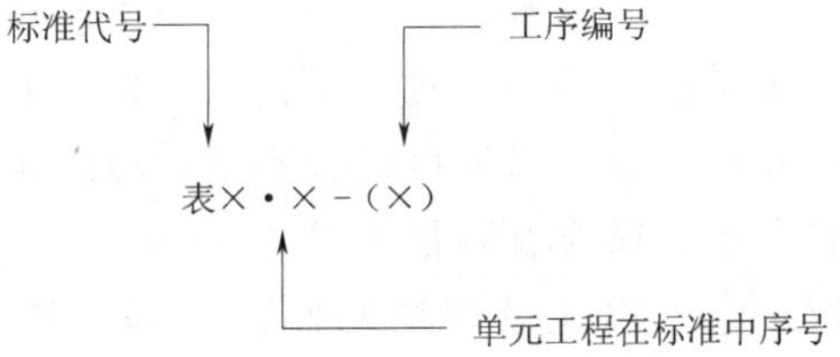

2. 表头的填写要求

(1)“单位工程名称”、“分部工程名称”：按项目划分确定名称填写。

(2)“单元工程名称、部位”：单元工程名称（中文名称或编号）、部位可用桩号、高程等表示。

(3)“施工单位”：承包该工程的施工单位全称。

(4)“单元工程量”：单元工程的主要工程量。

(5)“检验（评定）日期”：以实际评定日期为准。

3. 表身的填写要求

(1) 检验记录。评定表检验记录的文字应真实、准确、简练，数字应准确、可靠，小数点后保留位数应符合有关规定。

1）笔墨：应使用蓝色或黑色墨水钢笔填写，不得使用圆珠笔、铅笔填写。

2）文字：应按国务院颁布的简化汉字书写。字迹应工整、清晰。

3）数字：使用阿拉伯数字（1、2、3、…、9、0）。

4）单位：使用国家法定计量单位，并以规定的符号表示（如MPa、m、m^3、t、…）。

5）合格率：用百分数表示，小数点后保留一位。如果恰为整数，则小数点后以0表示。例如95.0%。

6）改错：将错误用斜线划掉，再在其右上方填写正确的文字（或数字），禁止使用改正液、贴纸重写、橡皮擦、刀片刮或用墨水涂黑等方法，例如：……有裂缝纹，抗压强度25　23.3MPa。

7）质量标准：凡有“符合设计要求”者，应注明设计具体要求（如内容较多，可附页说明）；凡有“符合规范要求”者，应标出所执行的规范名称及编号。

(2) 实测值。遵守随机取样原则，现场检验，实测值应填写实际检测数据，而不是偏差值。当实测数据较多时，可填写实测组数、实测值范围（最小值～最大值）、合格数，但实测值应作表格附件备查。

(3) 填写其他要求。设计值按施工图纸填写；评定表中列出的某些项目，如实际工程无该项内容，应在相应检验栏内用斜线“/”表示。

4. 表尾的填写要求

(1) 评定意见。按照《单元工程评定标准》或合同约定的优良标准，确定单元工程质量的评定意见。对于出现过质量缺陷或发生过质量事故，且对其进行过补强或加固处理的单元工程，在评定意见栏中应写上质量缺陷或质量事故情况及处理情况。

(2) 质量等级。按照《单元工程评定标准》或合同约定的优良标准，确定施工质量等级。

(3) 施工单位。对于实行“三检”制的施工单位，初检应由班组质检员（可以是兼职的）签字，如班组没有设质检员，应由班组长签字，复检应由项目部的兼职或专职质检员签字，终检应由公司级的专职质检员签字。对于实行“二检”制的施工单位，初检应由班组质检员（可以是兼职的）签字，也可以由班组长签字，但终检应由专职质检员签字。对于金属结构和机电设备安装工程，还应有测量人的签字。

(4) 建设（监理）单位。由工程建设现场的监理工程师签字，如没有实行监理的工程，应由工程建设现场直接对施工单位的施工过程或质量检验评定过程进行监督的建设单位代表签字。如建设（监理）单位代表在审查单元工程质量评定记录时，不同意施工单位自评结果，要降低其自评质量等级（如将优良降为合格），应在评定意见栏或建设（监理）单位签字栏中简要说明理由，并提出复核质量等级。

三、单元工程质量评定时注意事项

水利工程建设中，工程项目如遇《单元工程评定标准》中尚未涉及的项目质量评定标准，其质量标准及评定表格，由项目法人组织监理、设计及施工单位按有关规定及水利部《水利水电工程单元工程施工质量验收评定表及填表说明》的表式进行拟定，并上报质量监督机构核备，核备后方可按规定进行单元（工序）质量评定验收。

单元（工序）工程施工质量验收评定的成果为签章手续齐全的单元（工序）工程施工质量验收评定表。对该评定表起支撑作用的为施工单位的“三检”记录，施工质量检验项目的检验资料，以及监理单位对施工质量检验项目的平行检测资料。

(1)《单元工程评定标准》中尚未涉及的项目质量评定标准拟定时注意：

1) 依据设计图纸及技术说明、设计交底的有关标准或要求。

2) 依据合同中规定的技术标准或要求。

3) 依据采购产品、设备的技术指标或说明。

4) 研究确定项目的质量检测方法、频次。

5) 将拟定的项目质量评定标准、检测方法、检测频次形成书面材料，连同评定表，一并在开工前上报监督机构核备。

(2) 评定表填写注意事项。

单元（工序）工程施工质量验收评定表中的字体填写、数值及符号、表头及表身填写应符合《水利水电工程单元工程施工质量验收评定表及填表说明》的相关规定。

1) 应注意的是表身中的检测结果，其偏差值与实测值不是同一个数值时，评定表必须附实测记录。

2) 应注意土方工程，如土料碾压工序中，个别实测的土料压实度低于设计标准值，但高于设计标准的96%时，该组数据也符合质量标准要求，在评定表主控项目栏中对应的“合格率”栏里，填写“100%”。

3）单元和工序质量评定表应加盖中标单位的现场派出机构章。监理复核栏中的签字人，应为监理工程师签字，而不能为监理员签字。

（3）质量等级判定。

施工质量等级判定合格还是优良，区别在于一般项目逐项检验点的合格率是多少。在各项检验资料全部符合相应标准要求，主控项目检验结果也全部符合标准的情况下，以一般项目逐项检验点的合格率是否≥70%、90% 来区分。当≤70%且 <90%时，评定为合格；当一般项目逐项检验点的合格率≥90%时，评定为优良。

（4）资料规格及份数要求。

单元（工序）工程施工质量评定表的编制规格为 A4（210mm×297mm），通常为一式四份，其原件一般为二份。也可根据参建单位的实际需要增加份数，其增加的份数，在原件签字、盖章手续齐全后进行复制。对于复制的评定资料，有条件的单位可进行彩印。

单元（工序）工程施工质量评定表因评定的内容不同，采用格式也不同，可参见表 4-1-1、表 4-1-2、表 4-1-3。

表 4-1-1　　**水利水电工程**

土方开挖单元工程施工质量验收评定表

单位工程名称		单元工程量	
分部工程名称		施工单位	
单元工程名称、部位		施工日期	年 月 日～ 年 月 日
项次	工序编号	工序质量验收评定等级	
1	表土及土质岸坡清理工序		
2	△软基或土质岸坡开挖工序		
施工单位自评意见	各工序施工质量全部合格，其中优良工序占 %。且主要工序达到 等级。 单元质量等级评定为： （签字，加盖公章） 年 月 日		
监理单位复核意见	经抽查并查验相关检验报告和检验资料，各工序施工质量全部合格，其中优良工序占 %。且主要工序达到 等级。 单元质量等级评定为： （签字，加盖公章） 年 月 日		

注　1. 对重要隐蔽单元工程和关键部位单元工程的施工质量验收评定应有设计、建设等单位的代表签字，具体要求应满足 SL 176 的规定。

2. 本表所填“单元工程量”不作为施工单位工程量结算计量的依据。

表 4-1-2　　水利水电工程

表土或土质岸坡清理工序工程质量验收评定表

<table>
<tr><td colspan="3">单位工程名称</td><td></td><td>单元工程量</td><td colspan="3"></td></tr>
<tr><td colspan="3">分部工程名称</td><td></td><td>施工单位</td><td colspan="3"></td></tr>
<tr><td colspan="3">单元工程名称、部位</td><td></td><td>施工日期</td><td colspan="3">年　月　日～　年　月　日</td></tr>
<tr><td colspan="2">项次</td><td>检验项目</td><td colspan="2">质　量　标　准</td><td>检查（测）记录</td><td>合格数</td><td>合格率</td></tr>
<tr><td rowspan="3">主控项目</td><td>1</td><td>表土清理</td><td colspan="2">树木、草皮、树根、乱石、坟墓及各种建筑物全部清除；水井、泉眼、地道、坑窖等穴洞的处应符合设计要求</td><td></td><td></td><td></td></tr>
<tr><td>2</td><td>不良土质的处理</td><td colspan="2">淤泥、腐殖质土、泥炭土全部清除；对风化岩石、坡积物、残积物、滑坡体、粉土、细砂等处理符合设计要求</td><td></td><td></td><td></td></tr>
<tr><td>3</td><td>地质坑、孔处理</td><td colspan="2">构筑物基础区范围内的地质探孔、竖井、试坑的处理符合设计要求；回填材料质量满足设计要求</td><td></td><td></td><td></td></tr>
<tr><td rowspan="2">一般项目</td><td>1</td><td>清理范围</td><td colspan="2">满足设计要求。长、宽边线允许偏差：人工施工 0～50cm，机械施工 0～100cm</td><td></td><td></td><td></td></tr>
<tr><td>2</td><td>土质岸边坡度</td><td colspan="2">不陡于设计要求</td><td></td><td></td><td></td></tr>
<tr><td colspan="2">施工单位自评意见</td><td colspan="6">主控项目检验点 100%合格，一般项目逐项检验点合格率　%，且不合格点不集中分布。
工序质量等级评定为：

（签字，加盖公章）
年　月　日</td></tr>
<tr><td colspan="2">监理单位复核意见</td><td colspan="6">经复核，主控项目检验点 100%合格，一般项目逐项检验点合格率　%，且不合格点不集中分布。
工序质量等级评定为：

（签字，加盖公章）
年　月　日</td></tr>
</table>

表 4-1-3

水利水电工程
软基和土质岸坡开挖工序施工质量验收评定表

<table>
<tr><td colspan="3">单位工程名称</td><td colspan="2"></td><td>单元工程量</td><td colspan="3"></td></tr>
<tr><td colspan="3">分部工程名称</td><td colspan="2"></td><td>施工单位</td><td colspan="3"></td></tr>
<tr><td colspan="3">单元工程名称、部位</td><td colspan="2"></td><td>施工日期</td><td colspan="3">年 月 日～ 年 月 日</td></tr>
<tr><td colspan="2">项次</td><td colspan="3">检验项目</td><td>质量标准</td><td>检查（测）记录</td><td>合格数</td><td>合格率</td></tr>
<tr><td rowspan="3">主控项目</td><td>1</td><td colspan="3">保护层开挖</td><td>保护层开挖方式应符合设计要求，在接近建基面时，宜使用小型机具或人工挖除，不应扰动建基面以下的元地基</td><td></td><td></td><td></td></tr>
<tr><td>2</td><td colspan="3">建基面处理</td><td>构筑物软基和土质岸坡开挖面平顺。软基和土质岸坡与土质构筑物接触时，采用斜面连接，无台阶、急剧变坡及反坡</td><td></td><td></td><td></td></tr>
<tr><td>3</td><td colspan="3">渗水处理</td><td>构筑物基础区及土质岸坡渗水（含泉眼）妥善引排或封堵，建基面清洁无积水</td><td></td><td></td><td></td></tr>
<tr><td rowspan="8">一般项目</td><td rowspan="8">1</td><td rowspan="8">基坑断面尺寸及开挖面平整度</td><td rowspan="4">无结构要求或无配筋</td><td>长或宽不大于 10m</td><td>符合设计要求，允许偏差为－10～20cm</td><td></td><td></td><td></td></tr>
<tr><td>长或宽大于 10m</td><td>符合设计要求，允许偏差为－20～30cm</td><td></td><td></td><td></td></tr>
<tr><td>坑（槽）底部标高</td><td>符合设计要求，允许偏差为－10～20cm</td><td></td><td></td><td></td></tr>
<tr><td>垂直或斜面平整度</td><td>符合设计要求，允许偏差为 20cm</td><td></td><td></td><td></td></tr>
<tr><td rowspan="4">有结构要求或有配筋埋件</td><td>长或宽不大于 10m</td><td>符合设计要求，允许偏差为 0～20cm</td><td></td><td></td><td></td></tr>
<tr><td>长或宽大于 10m</td><td>符合设计要求，允许偏差为 0～30cm</td><td></td><td></td><td></td></tr>
<tr><td>坑（槽）底部标高</td><td>符合设计要求，允许偏差为 0～20cm</td><td></td><td></td><td></td></tr>
<tr><td>斜面平整度</td><td>符合设计要求，允许偏差为 15cm</td><td></td><td></td><td></td></tr>
<tr><td colspan="2">施工单位自评意见</td><td colspan="7">主控项目检验点 100%合格，一般项目逐项检验点合格率 %，且不合格点不集中分布。
工序质量等级评定为：
（签字，加盖公章）
年 月 日</td></tr>
<tr><td colspan="2">监理单位复核意见</td><td colspan="7">经复核，主控项目检验点 100%合格，一般项目逐项检验点合格率 %，且不合格点不集中分布。
工序质量等级评定为：
（签字，加盖公章）
年 月 日</td></tr>
</table>

工作任务二 分部工程质量评定

根据SL 176—2007《水利水电工程施工质量检验与评定规程》的要求，分部工程的质量，在施工单位自评合格后，由监理单位进行复核，项目法人认定。分部工程验收的质量结论由项目法人报工程质量监督机构进行核备。大型枢纽工程主要建筑物分部工程验收的质量结论由项目法人报工程质量监督机构进行核定。

核备的主要内容是：检查分部工程质量检验资料的真实性及其等级评定是否正确，如发现问题，应及时通知监理单位重新复核。大型枢纽主要建筑物的分部工程验收的结论，需报工程质量监督机构进行核定。

一、分部工程质量评定标准

1. 合格标准

（1）所含单元工程的质量全部合格。质量事故及质量缺陷已按要求处理，并经检验合格。

（2）原材料、中间产品及混凝土（砂浆）试件质量全部合格，金属结构及启闭机制造质量合格，机电产品质量合格。

2. 优良标准

（1）所含单元工程质量全部合格，其中70%以上达到优良，重要隐蔽单元工程和关键部位单元工程质量优良率达90%以上，且未发生过质量事故。

（2）中间产品质量全部合格，混凝土（砂浆）试件质量达到优良（当试件组数小于30时，试件质量合格）。原材料质量、金属结构及启闭机制造质量合格，机电产品质量合格。

二、分部工程质量评定表的填写方法

根据SL 176－2007《水利水电工程施工质量检验与评定规程》的要求，分部工程施工质量评定表是水利水电工程建设施工过程中，分部工程进行质量评定的通用表格。

1. 表头填写

（1）“单位工程名称”、“分部工程名称”：按项目划分名称填写。

（2）“分部工程量”：应填写主要工程量。如混凝土、砌石、土方填筑等的土建工程量，安装机组台（套）等的工作量。

（3）“施工单位”：承包合同的施工单位全称；对于有分包的工程项目，应填写与建设单位直接签有承包合同的施工单位全称。

（4）“施工日期”：监理工程师签发该分部工程开工令至分部工程验收的日期。

（5）“评定日期”：该分部工程施工质量评定的日期。

2. 表身填写

分部工程中所有单元工程或主要单元工程（包括重要隐蔽单元工程及关键部位单元工程），以单元工程种类进行统计，对每一单位工程种类统计其工程量、单元工程个数、合格个数及其优良个数，再统计该分部工程中所有单元工程种类的工程量、单元工程个数、合格个数及其优良个数，重要隐蔽单元工程及关键部位单元工程工程量、单元工程个数、合格个数及其优良个数，按照SL 176—2007《水利水电工程施工质量检验与评定规程》及其他有关规定计算该分部工程的优良率。

（1）工程量是指某一单元工程种类或是主要单元工程（包括重要隐蔽单元工程及关键部位单元工程）的工程量之和。

（2）单元工程个数是指某一单元工程种类或是主要单元工程（包括重要隐蔽单元工程及关键部位单元工程）个数之和。

（3）合格个数是指某一单元工程种类或是主要单元工程（包括重要隐蔽单元工程及关键部位单元工程）的质量达到合格及以上单元工程个数之和。

（4）优良个数是指某一单元工程种类或是主要单元工程（包括重要隐蔽单元工程及关键部位单元工程）在合格的基础上，其中达到优良单元工程个数之和。

（5）合计的优良率应是该分部工程中优良单元工程的个数之和与该分部工程中单元工程的总数之比值；重要隐蔽单元工程及关键部位单元工程优良率应是该分部工程中重要隐蔽优良单元工程及关键部位优良单元工程的个数之和与该分部工程中重要隐蔽单元工程及关键部位单元工程的总数之比值。

3. 表尾填写

（1）施工单位自评。施工单位质量负责人应组织项目技术和质量部门负责人，对已完工的分部工程进行质量评定。被评定分部工程的所有单元工程质量必须达到合格及以上等级，统计出其中优良单元工程的个数，计算分部工程的优良率；再统计重要隐蔽单元工程及关键部位单元工程的个数、优良率；还要统计原材料质量、中间产品的质量、金属结构及启闭机制造质量、机电产品质量的状况，如有的项目该分部工程中没有出现，也应在该栏中予以简要说明，以免引起误会。如该分部工程施工过程中曾发生过质量事故及质量缺陷处理情况，应在评定表中注明发生过什么类型的质量事故及质量缺陷处理情况，如果没有发生质量事故或质量缺陷应在该栏中予以说明；最后按SL 176—2007及其有关规定，计算该分部工程的质量等级。

施工单位的“评定人”一般应为直接进行该分部工程质量等级评定的专职质检员或质量负责人。施工单位的工程项目技术负责人予以确认，并签字盖上项目部或公司的公章。然后将其评定结果及其有关资料呈报给监理单位，如未实行监理的工程项目，直接报给项目法人。

（2）监理单位复核。监理单位在接到施工单位的自评结果及有关资料后，结合平时掌握的情况认真组织复核，签署复核意见，确定复核后该分部工程质量等级。如果复核后的质量等级与施工单位一致，可简单签署复核意见；如果经复核后的分部工程质量等级与施工单位自评结果不一致，应在复核意见栏中作简要说明，并填写复核后的质量等级。

（3）项目法人单位认定。项目法人单位接到监理单位的复核结果及有关资料后，结合平时掌握的情况认真组织认定，签署认定意见，确认该分部工程质量等级。如果认定后的质量等级与施工单位、监理单位一致，可简单签署认定意见；如果经认定后的分部工程质量等级与施工单位自评、监理单位复核结果不一致，应在认定意见栏中作简要说明，并填写认定后的质量等级。

分部工程施工质量评定表表尾的相应位置，应加盖施工、监理单位的现场派出机构章、该工程建设项目的项目法人章，以及监督机构章。

分部工程验收的质量结论，由项目法人报工程质量监督机构核备。大型枢纽工程主要建筑物的分部工程验收的质量结论由项目法人报工程质量监督机构核定。

具体详见分部工程施工质量评定样表 4－2－1。

表 4－2－1

水利水电工程

分部工程施工质量评定表

单位工程名称		施工单位	
分部工程名称		施工日期	
分部工程量		评定日期	

项次	单元工程种类	工程量	单元工程个数	合格个数	其中优良个数	备注
1						
2						
3						
4						
5						
6						
7						
8						
合　计						
重要隐蔽单元工程、关键部位单元工程						

施工单位自评意见	监理机构复核意见	项目法人认定意见
本分部工程的单元工程质量全部合格，优良率为　％，重要隐蔽单元工程及关键部位单元工程　个，优良率为　％。原材料质量　，中间产品质量　，金属结构、启闭机制造质量　，机电产品质量　。质量事故及质量缺陷处理情况： 分部工程质量等级： 质检部门评定人： 项目技术负责人： （盖公章） 年　月　日	复核意见： 分部工程质量等级： 监理工程师： 年　月　日 总监或副总监： （盖公章） 年　月　日	认定意见： 分部工程质量等级： 现场代表： 年　月　日 技术负责人： （盖公章） 年　月　日

工程质量监督机构	核定（备）意见： 核定等级：　　核定（备）人：　　负责人： 年　月　日

注　分部工程验收质量结论，由项目法人报质量监督机构核备。大型水利枢纽工程主体建筑物的分部工程验收的质量结论，由项目法人报质量监督机构核定。

工作任务三　水利水电工程外观质量评定

工程外观质量是水利水电工程质量的重要组成部分，在单位工程完工后，进行外观质量检测与评定，由项目法人组织外观质量检验所需仪器、工具和测量人员等，主持外观质量检验评定工作。

根据 SL 176—2007《水利水电工程施工质量检验与评定规程》，水利水电工程外观质量按枢纽工程、堤防工程、引水（渠道）工程、其他工程进行归类，对工程进行外观质量评定。

一、枢纽工程外观质量评定

根据 SL 176—2007《水利水电工程施工质量检验与评定规程》，项目法人应在主体工程开工初期，组织监理、设计、施工等单位，根据工程特点（工程等级及使用情况）和相关的技术标准，提出枢纽工程水工建筑物外观质量评定表中各项目的质量标准，报工程质量监督机构确认。

1. 外观质量等级及标准得分

根据 SL 176—2007《水利水电工程施工质量检验与评定规程》，单位工程完工后，由工程外观质量评定组负责工程外观质量评定。各项目工程外观质量分为四级，各级标准得分见表 4-3-1。

表 4-3-1　　外观质量等级与标准得分

评定等级	检测项目测点合格率（%）	各项评定得分
一级	100	该项标准分
二级	90.0～99.9	该项标准分×90%
三级	70.0～89.9	该项标准分×70%
四级	<70.0	0

2. 水工建筑物外观质量评定标准

（1）建筑物外观尺寸（标准分：12 分）。

1）现浇混凝土：梁、板、柱，长宽高±10mm；墩台、墙，宽高：－10～＋15mm，长±20mm；隧洞：内径±30mm，底坡高程±10mm。

2）浆砌石墙：厚度－10～＋30mm。

（2）轮廓线顺直度（标准分：10 分）。

1）现浇混凝土：10mm。

2）预制混凝土板护坡、护底：10mm。

3）连锁板安装：15mm。

4）人行步道：8mm。

5）预制帽石：7mm。

6）浆砌石墙水平缝：10mm。

7）隧洞中心线：15mm。

注：若整体轮廓线不顺直，相应降低等级。

(3) 表面平整度（标准分：10 分）。

1) 现浇混凝土：10mm。

2) 干浆砌石护坡、护底：干砌石 50mm，浆砌石 30mm。

3) 预制板护坡、护底：护坡 7mm，护底 10mm。

4) 连锁板安装：10mm。

5) 砖砌（挡土墙）：10mm。

6) 浆砌石墙（墩）：30mm。

7) 人行步道：7mm。

8) 隧洞：10mm。

(4) 立面垂直度（标准分：10 分）。

1) 现浇混凝土：0.6% H（高度），且不大于 20mm。

2) 砖砌（挡土墙）：0.5%H（高度），且不大于 15mm。

3) 浆砌石墙（墩）：块石：0.5%H（高度），且不大于 30mm；料石：0.5%H（高度），且不大于 20mm。

(5) 大角方正（标准分：5 分）。

1) 建筑物室外大角方正，顺直美观为一级。

2) 建筑物室外大角基本方正，基本顺直为二级。

3) 建筑物室外大角基本方正，个别处不够顺直为三级，未达到三级标准时为四级。

(6) 曲面与平面连接平顺（标准分：9 分）。

1) 连接平顺美观为一级。

2) 连接基本平顺为二级。

3) 连接基本平顺、个别处有折点为三级、未达到三级标准为四级。

(7) 扭面与平面连接平顺（标准分：9 分）。

1) 连接平顺美观为一级。

2) 连接基本平顺为二级。

3) 连接基本平顺、个别处有折点为三级、未达到三级标准为四级。

(8) 马道及排水沟（标准分：3/4 分）。

1) 马道：宽度±10mm，平整度 7mm。

2) 排水沟：无倒坡，直段平直、弯段连接平顺、美观为一级；基本无倒坡，排水通畅，直段基本平直、弯段连接平顺为二级；基本无倒坡，排水基本通畅为三级；未达到三级标准时为四级。

(9) 梯步（台阶）（标准分：2/3 分）。宽度±10mm；高度±10mm；顺直度 15mm。

(10) 栏杆（柱）（标准分：2/3 分）。

1) 混凝土或石栏杆：截面尺寸±5mm，顺直度 7mm，垂直度 7mm。

2) 金属栏杆：断面尺寸（宽、高）±5mm，顺直度 7mm，垂直度 7mm。

3) 油漆：色泽均匀，无起皱、结疤及流淌现象为一级；色泽均匀，基本无起皱、结疤及流淌现象为二级；色泽基本均匀，基本无起皱、结疤及流淌现象为三级；有严重脱皮、漏刷和反锈问题为四级。

（11）扶梯（标准分：2分）。垂直度：7mm。

（12）闸坝灯饰（标准分：2分）。灯柱安装：灯柱中心线横向位移不大于50mm；灯柱垂直偏差不大于50mm；灯柱离地面的高度差（或排列）不大于30mm。

（13）混凝土表面无缺陷（标准分：10分）。

1）混凝土表面无蜂窝、麻面、挂帘、裙边，无大于3 cm的错台，无局部凹凸及表面裂缝等为一级。

2）缺陷总面积不大于3%为二级。

3）缺陷总面积3%～5%时为三级。

4）缺陷总面积超过5 %，或存在深度超过3倍骨料最大粒径的沟洞，超过3 cm的错台，贯穿裂缝和有主筋外露等严重缺陷时，该项评为四级。

（14）表面钢筋割除（标准分：2/4分）。

1）螺栓切除干净彻底，螺栓孔排列整齐，封堵密实美观为一级。

2）螺栓切除干净，螺栓孔排列基本整齐，封堵密实为二级。

3）螺栓切除基本干净，螺栓孔排列基本整齐，封堵基本密实为三级。

4）未达到三级标准时为四级。

（15）砌体勾缝（标准分：8分）。

1）缝宽度：勾缝宽度均匀，砂浆填塞平整为一级；勾缝宽度局部不够均匀，砂浆填塞基本平整为二级；勾缝宽度多处不均匀为三级，未达到三级标准时为四级。

2）竖、横缝质量：灰缝密实、整齐均匀、无丢缝、裂缝、空鼓，平整美观为一级；灰缝密实、基本均匀、无丢缝、裂缝、空鼓为二级；灰缝密实、基本均匀、基本无裂缝为三级，未达到三级标准时为四级。

（16）浆砌石（标准分：8分）。

1）石料分层及砌筑方法正确，排列整齐，无通缝，表面平整美观为一级。

2）石料分层及砌筑方法正确，排列基本整齐，无通缝，表面基本平整为二级。

3）石料分层及砌筑方法基本正确，基本无通缝，表面基本平整美观为三级，未达到三级标准时为四级。

（17）变形缝（标准分：3/4分）。

1）缝宽均匀、平顺，止水材料完整，填充材料饱满，外形美观为一级。

2）缝宽基本均匀，止水材料完整，填充材料饱满为二级。

3）止水材料完整，填充材料基本饱满为三级，未达到三级标准时为四级。

（18）启闭机平台梁、柱、排架（标准分：5分）。梁、柱、排架截面尺寸允许偏差±5mm；垂直度0.4%H（高度），且不超过20mm。

（19）建筑物表面清洁、无附着物（标准分：10分）。

1）建筑物表面无附着物，表面洁净为一级。

2）建筑物表面无垃圾，附着物已清除，但局部清除不彻底为二级。

3）建筑物附着物已清除80%，无垃圾为三级，未达到三级标准时为四级。

（20）升压变电工程围墙（栏栅）杆、架、塔、柱（标准分：5分）。

1）本体配件齐全、油漆完整，底座法兰与基础连接紧固，安装位置与方向正确为一级。

2）本体配件齐全、油漆基本完整，底座法兰与基础连接紧固，安装位置与方向正确为二级。

3）本体配件基本齐全、油漆基本完整，底座法兰与基础连接紧固，安装位置与方向正确为三级，未达到三级标准时为四级。

（21）水工金属结构外表面（标准分：6/7分）。

1）焊缝均匀，两侧飞溅清除干净，临时支撑割除干净，且打磨平整，油漆均匀、色泽一致、无脱皮起皱现象为一级。

2）焊缝均匀，表面清除干净、油漆基本均匀为二级。

3）表面清除基本干净，油漆防腐完整、颜色基本一致为三级，未达到三级标准时为四级。

（22）电站盘柜（标准分：7分）。

1）表面平整、位置正确、部件齐全，箱内接线正确、整齐为一级。

2）表面平整、位置正确、部件齐全，箱内接线正确、基本整齐为二级。

3）表面基本平整、位置正确、部件齐全，箱内接线正确、基本整齐为三级，未达到三级标准时为四级。

（23）电缆线敷设（标准分：4/5分）。明设成排支架相互间高低差允许偏差10mm，电缆线最小允许弯曲半径$10d \sim 15d$。

（24）电站油、气、水管路（标准分：3/4分）。

1）明设管平面位置：±10mm（每10m）。

2）明设管高程：±5mm。

3）立管垂直度：每米不超过2.0mm。

4）与设备连接的预埋管出口位置：±10mm。

（25）厂区道路及排水沟（标准分：4分）。

1）厂区道路：宽度：±20mm；平整度：10mm。

2）排水沟：无倒坡，直段平直、弯段连接平顺、美观为一级；基本无倒坡，排水通畅，直段基本平直、弯段连接平顺为二级；基本无倒坡，排水基本通畅为三级，未达到三级标准时为四级。

（26）厂区绿化（标准分：8分）。

1）绿化满足设计要求为一级。

2）绿化基本满足设计要求为二级。

3）绿化有空白，多数成活不好为三级，未达到三级标准时为四级。

3. 外观质量评定

单位工程完工后，项目法人应组织监理、设计、施工及运行管理等单位组成工程外观质量评定组，现场进行工程外观质量检验评定。填写水工建筑物外观质量评定表，并将评定结论报工程质量监督机构核定。参加外观质量评定组的人员应具有工程师以上技术职称或相应执业资格。评定组人数不应少于5人，大型工程不宜少于7人。

二、堤防工程外观质量评定

根据 SL 176—2007《水利水电工程施工质量检验与评定规程》，项目法人应在主体工程开工初期，组织监理、设计、施工等单位，根据工程特点（工程等级及使用情况）和相关的技术标准，提出堤防工程外观质量评定表中各项目的质量标准，报工程质量监督机构确认。

1. 堤防工程外观质量标准

堤防工程外观质量评定标准，见表 4-3-2。

表 4-3-2　　堤防工程外观质量标准

项次	项目	检查、检测内容			质量标准
1	外部尺寸	土堤	高程	堤顶	允许偏差 0～+15cm
				平（戗）台顶	允许偏差－10～+15cm
			宽度	堤顶	允许偏差－5～+15cm
				平（戗）台顶	允许偏差－10～+15cm
			边坡坡度		不陡于设计值，目测平顺
		混凝土及砌石墙（堤）	堤顶高程	干砌石墙（堤）	允许偏差 0～+5cm
				浆砌石墙（堤）	允许偏差 0～+4cm
				混凝土墙（堤）	允许偏差 0～+3cm
			墙面垂直度	干砌石墙（堤）	允许偏差 0.5%
				浆砌石墙（堤）	允许偏差 0.5%
				混凝土墙（堤）	允许偏差 0.5%
			墙顶厚度	各类砌筑墙（堤）	允许偏差－1～+2 cm
			边坡坡度		不陡于设计值，目测平顺
2	轮廓线顺直	用长 15m 拉线沿堤顶轮廓连续测量			15 m 长度内凹凸偏差不超过 3 cm/15 m
3	表面平整度	干砌石墙（堤）			用 2m 靠尺检测，不大于 5.0 cm /2 m
		浆砌石墙（堤）			用 2m 靠尺检测，不大于 2.5 cm /2 m
		混凝土墙（堤）			用 2m 靠尺检测，不大于 1.0 cm /2 m
4	曲面与平面连接	外观质量评定组现场检查			一级：圆滑过渡，曲线流畅； 二级：平顺连接，曲线基本流畅； 三级：连接不够平顺，有明显折线； 四级：连接不平顺，折线突出
5	排水	外观质量评定组现场检查，结合检测			质量标准：排水通畅，形状尺寸误差±3 cm，无附着物。 一级：符合质量标准； 二级：基本符合质量标准； 三级：局部尺寸误差大，局部有水泥结石附着； 四级：排水尺寸误差大，多处有水泥结石附着

续表

项次	项 目	检查、检测内容	质 量 标 准
6	上堤马道	外观质量评定组现场检查，结合检测	质量标准：马道宽度偏差±2 cm，高度偏差±2 cm。 一级：符合质量标准； 二级：基本符合质量标准； 三级：发现尺寸误差较大； 四级：多处马道尺寸误差大
7	堤顶附属设施	外观质量评定组现场检查	一级：混凝土表面平整，棱线平直度等指标符合质量标准； 二级：混凝土表面平整，棱线平直度等指标基本符合质量标准； 三级：混凝土表面平整，棱线平直度等指标发现尺寸误差较大； 四级：混凝土表面平整，棱线平直度等指标误差大
8	备料堆放	外观质量评定组现场检查	一级：按规定位置备料，堆放整齐； 二级：按规定位置备料，堆放欠整齐； 三级：未按规定位置备料，堆放欠整齐； 四级：备料任意堆放
9	草皮	外观质量评定组现场检查	一级：草皮铺设（种植）均匀，全部成活，无空白； 二级：草皮铺设（种植）均匀，成活面积 90%以上，无空白； 三级：草皮铺设（种植）基本均匀，成活面积 70%以上，有少量空白； 四级：达不到三级标准者
10	植树	外观质量评定组现场检查	一级：植树排列整齐、美观，全部成活，无空白； 二级：植树排列整齐，成活率 90%以上，无空白； 三级：植树排列基本整齐，成活率 70%以上，有少量空白； 四级：达不到三级标准者
11	砌体排列	外观质量评定组现场检查	一级：砌体排列整齐、铺放均匀、平整，无沉陷裂缝； 二级：砌体排列基本整齐、铺放均匀、平整，局部有沉陷裂缝； 三级：砌体排列多处不够整齐、铺放均匀、平整，局部有沉陷裂缝； 四级：砌体排列不整齐、不平整，多处有裂缝
12	砌缝	外观质量评定组现场检查	一级：勾缝宽度均匀，砂浆填塞平整； 二级：勾缝宽度局部不够均匀，砂浆填塞基本平整； 三级：勾缝宽度多处不均匀，砂浆填塞不够平整； 四级：勾缝宽度不均匀，砂浆填塞粗糙不平

注 项次 9 草皮、10 植树质量标准中的“空白”指漏栽（种）面积。

2. 外观质量评定

单位工程完工后，项目法人应组织监理、设计、施工及运行管理等单位组成工程外观质量评定组，现场进行工程外观质量检验评定。填写堤防工程外观质量评定表，并将评定结论报工程质量监督机构核定。

三、引水（渠道）工程外观质量评定

根据SL 176—2007《水利水电工程施工质量检验与评定规程》，项目法人应在主体工程开工初期，组织监理、设计、施工等单位，根据明（暗）渠工程外观质量评定标准引水（渠道）建筑物工程外观质量标准，提出明（暗）渠工程、引水（渠道）建筑物工程外观质量标准，报质量监督机构确认。

1. 引水（渠道）建筑物外观质量标准

明（暗）渠工程、引水（渠道）建筑物工程外观质量评定标准见表4-3-3和表4-3-4。

表4-3-3　明（暗）渠工程外观质量标准

项次	项　目	检查、检测内容	质　量　标　准
1	外部尺寸	上口宽、底宽	允许偏差：±1/200设计值
		渠顶宽	±3 cm
2	轮廓线顺直	渠顶边线	用15 m长拉线连续测量，其最大凹凸不超过3 cm/15 m
		渠底边线	
		其他部位	
3	表面平整度	混凝土面、砂浆抹面、混凝土预制块	用2m直尺检测，不大于1cm/2m
		浆砌石（料石、块石、石板）	用2m直尺检测，不大于2cm/2m
		干砌石	用2m直尺检测，不大于3cm/2m
		泥结石路面	用2m直尺检测，不大于3cm/2m
4	曲面与平面连接	外观质量评定组现场检查	一级：圆滑过渡，曲线流畅，表面清洁，无附着物； 二级：连接平顺，曲线基本流畅，表面清洁，无附着物； 三级：连接基本平顺，局部有折线，表面无附着物； 四级：达不到三级标准者
5	扭面与平面连接		
6	渠坡、渠底衬砌	混凝土护面、砂浆抹面外观质量评定组现场检查	一级：表面平整光洁，无质量缺陷； 二级：表面平整，无附着物，无错台、裂缝及蜂窝等质量缺陷； 三级：表面平整，局部蜂窝、麻面、错台及裂缝等质量缺陷面积小于5%，且已处理合格； 四级：达不到三级标准者

续表

项次	项　目	检查、检测内容	质 量 标 准
6	渠坡、渠底衬砌	混凝土预制板（块）护面外观质量评定组现场检查	一级：完整、砌缝整齐，表面清洁、平整； 二级：完整、砌缝整齐，大面平整，表面较清洁； 三级：完整、砌缝基本整齐，大面平整，表面基本清洁； 四级：达不到三级标准者
		浆砌石（含料石、块石、石板、卵石） 外观质量评定组现场检查	一级：石料外形尺寸一致，勾缝平顺美观，大面平整，露头均匀，排列整齐； 二级：石料外形尺寸一致，勾缝平顺，大面平整，露头较均匀，排列较整齐； 三级：石料外形尺寸基本一致，勾缝平顺，大面基本平整，露头基本均匀； 四级：达不到三级标准者
7	变形缝、结构缝	外观质量评定组现场检查	一级：缝宽均匀、平顺，充填材料饱满密实； 二级：缝宽较均匀，充填材料饱满密实； 三级：缝宽基本均匀，局部稍差，充填材料基本饱满； 四级：达不到三级标准者
8	渠顶路面及排水沟	外观质量评定组现场检查	一级：路面平整，宽度一致，排水沟整洁通畅，无倒坡； 二级：路面平整，宽度基本一致，排水沟通畅，无倒坡； 三级：路面较平整，宽度基本一致，排水沟通畅； 四级：达不到三级标准者
9	渠顶以上边坡	混凝土格栅护砌外观质量评定组现场检查	一级：网格摆放平稳、整齐，坡脚线为直线或规则曲线； 二级：网格摆放平稳、较整齐，坡脚线基本为直线或规则曲线； 三级：网格摆放平稳、基本整齐，局部稍差； 四级：达不到三级标准者
		砌石衬护边坡外观质量评定组现场检查	一级：砌石排列整齐、平整、美观； 二级：砌石排列较整齐，大面平整； 三级：砌石面基本平整； 四级：达不到三级标准者
10	戗台及排水沟	戗台宽度	允许偏差：±2 cm
		排水沟宽度	允许偏差：±1.5 cm
		戗台边线顺直度	3 cm/15 m
11	沿渠小建筑物	外观质量评定组现场检查	一级：外表平整、清洁、美观，无缺陷； 二级：外表平整、清洁，无缺陷； 三级：外表基本平整、较清洁、表面缺陷面积小于5%总面积； 四级：达不到三级标准者

续表

项次	项　目	检查、检测内容	质　量　标　准
12	梯　步	外观质量评定组现场检查	一级：梯步高度均匀，长度相同，宽度一致，表面清洁，无缺陷； 二级：梯步高度均匀，长度基本相同，宽度一致，表面清洁，无缺陷； 三级：梯步高度均匀，长度基本相同，宽度基本一致，表面较清洁，有局部缺陷； 四级：达不到三级标准者
13	弃渣堆放	外观质量评定组现场检查	一级：堆放位置正确，稳定、平整； 二级：堆放位置正确，稳定、基本平整； 三级：堆放位置基本正确，稳定、基本平整，局部稍差； 四级：达不到三级标准者
14	绿　化	植树 外观质量评定组现场检查	一级：植树排列整齐、美观，全部成活，无空白； 二级：植树排列整齐，成活率90%以上，无空白； 三级：植树排列基本整齐，成活率70%以上，有少量空白； 四级：达不到三级标准者
		草皮（种草） 外观质量评定组现场检查	一级：草皮铺设（种植）均匀，全部成活，无空白； 二级：草皮铺设（种植）均匀，成活面积90%以上，无空白； 三级：草皮铺设（种植）基本均匀，成活面积70%以上，有少量空白； 四级：达不到三级标准者
14	绿化	草方格（草格栅） 外观质量评定组现场检查	一级：大面平整，过渡自然，网格规则整齐，栽插均匀，栽种植物成活率达80%以上； 二级：大面较平整，网格规则，栽插较均匀，栽种植物成活率达60%以上； 三级：大面基本平整，网格基本规则，栽插基本均匀，栽种植物成活率达50%以上； 四级：达不到三级标准者
15	原状岩土面完整性	外观质量评定组现场检查	一级：原状岩土面完整，无扰动破坏； 二级：原状岩土面完整，局部有扰动，无松动岩土； 三级：原状岩土面基本完整，松动岩土已处理； 四级：达不到三级标准者

注　项次14植树和草皮（种草）质量标准中的“空白”指漏栽（种）面积。

表 4-3-4 引水（渠道）建筑物工程外观质量标准

项次	项 目	检验内容	质 量 标 准
1	外部尺寸	过流断面尺寸	允许偏差：±1/200 设计值
		梁、柱截面	允许偏差：±0.5cm
		墩墙宽度、厚度	允许偏差：±4cm
		坡度	允许偏差：±0.05
2	轮廓线	连续拉线测量	尺寸较大建筑物，最大凹凸不超过 2cm/10m；较小建筑物，最大凹凸不超过 1cm/5m
3	表面平整度	混凝土面、砂浆抹面、混凝土预制块	用 2m 直尺检测，不大于 1cm/2m
		浆砌石（料石、块石、石板）	用 2m 直尺检测，不大于 2cm/2m
		干砌石	用 2m 直尺检测，不大于 3cm/2m
		饰面砖	用 2m 直尺检测，不大于 0.5cm/2m
4	立面垂直度	墩 墙	允许偏差：1/200 设计高，且不超过 2cm
		柱	允许偏差：1/500 设计高，且不超过 2cm
5	大角方正	检 测	±0.6°（用角度尺检测）
6	曲面与平面连接	现场检查	一级：圆滑过渡，曲线流畅； 二级：平顺连接，曲线基本流畅； 三级：连接不够平顺，有明显折线； 四级：未达到三级标准者
7	扭面与平面连接		
8	梯 步	检 测	高度偏差：±1cm 宽度偏差：±1cm 长度偏差：±2cm
9	栏 杆	现场检查、检测	混凝土栏杆：顺直度 1.5cm/15m；垂直度 ±1.0cm； 金属栏杆：顺直度 1cm/15m；垂直度 ±0.5cm；漆面色泽均匀，无起皱、脱皮、结疤及流淌现象
10	灯 饰	现场检查	一级：排列顺直，外形规则； 二级：排列顺直，外形基本规则； 三级：排列基本顺直，外形基本规则； 四级：未达三级标准者
11	变形缝、结构缝	现场检查	一级：缝面顺直，宽度均匀，填充材料饱满密实； 二级：缝面顺直，宽度基本均匀，填充材料饱满； 三级：缝面基本顺直，宽度基本均匀，填充材料基本饱满； 四级：未达到三级标准者

续表

项次	项　目	检验内容	质　量　标　准
12	砌　体	现场检查	一级：砌体排列整齐、露头均匀，大面平整，砌缝饱满密实，缝面顺直，宽度均匀； 二级：砌体排列基本整齐、露头基本均匀，大面平整，砌缝饱满密实，缝面顺直，宽度基本均匀； 三级：砌体排列多处不整齐、露头不够均匀，大面基本平整，砌缝基本饱满，缝面基本顺直，宽度基本均匀； 四级：未达三级标准者
13	排水工程	现场检查	一级：排水沟轮廓顺直流畅，宽度一致，排水孔外形规则，布置美观，排水畅通； 二级：排水沟轮廓顺直，宽度基本一致，排水孔外形规则，排水畅通； 三级：排水沟轮廓基本顺直，宽度基本一致，排水孔外形基本规则，排水畅通； 四级：未达三级标准者
14	建筑物表面	现场检查	一级：建筑物表面洁净无附着物； 二级：建筑物表面附着物已清除，但局部清除不彻底； 三级：表面附着物已清除80%，无垃圾； 四级：未达到三级标准者
15	混凝土表面	现场检查、检测	一级：混凝土表面无蜂窝、麻面、挂帘、裙边、错台、局部凹凸及表面裂缝等缺陷； 二级：缺陷面积之和不大于3%总面积； 三级：缺陷总面积3%～5%总面积； 四级：缺陷总面积之和超过总面积5%并小于10%，超过10%应视为质量缺陷
16	表面钢筋割除	现场检查	一级：全部割除，无明显凸出部分； 二级：全部割除，少部分明显凸出表面； 三级：割除面积达到95%以上，且未割除部分不影响建筑功能及安全； 四级：割除面积小于95%者 （注：设计有具体要求者，应符合设计要求）
17	水工金属结构外表面	现场检查	一级：焊缝均匀，两侧飞渣清除干净，临时支撑割除干净，且打磨平整，油漆均匀，色泽一致，无脱皮起皱现象； 二级：焊缝均匀，表面清除干净，油漆基本均匀； 三级：表面清除基本干净，油漆防腐完整，颜色基本一致； 四级：未达到三级标准者

续表

项次	项　目	检验内容	质　量　标　准
18	管线（路）及电气设备	现场检查	一级：管线（路）顺直，设备排列整齐，表面清洁； 二级：管线（路）基本顺直，设备排列基本整齐，表面基本清洁； 三级：管线（路）不够顺直，设备排列不够整齐，表面不够清洁； 四级：未达到三级标准者
19	房屋建筑安装工程		见其他工程外观质量评定相关内容
20	绿　化	现场检查	一级：草皮铺设、植树满足设计要求； 二级：草皮铺设、植树基本满足设计要求； 三级：草皮铺设、植树有空白，多处成活不好； 四级：未达到三级标准者

注　项次20绿化质量标准中的“空白”指漏栽（种）面积。

2. 外观质量评定

单位工程完工后，项目法人应组织监理、设计、施工及运行管理等单位组成工程外观质量评定组，进行现场工程外观质量检验评定。填写明（暗）渠工程、引水（渠道）建筑物工程外观质量评定表，并将评定结论报工程质量监督机构核定。

明（暗）渠工程外观质量评定表、引水（渠道）建筑物工程外观质量评定表分别见表3-4-3、表3-4-4。

四、其他工程外观质量评定

根据SL 176—2007《水利水电工程施工质量检验与评定规程》，对水利水电工程中的永久性房屋（管理设施用房）、专用公路及专用铁路等工程，在单位工程完工后，由工程外观质量评定组负责工程外观质量评定。填报水利水电工程中的工程外观质量评定表。

（1）表头的“分部工程”栏，指发电厂房、变电站、水闸等单位工程中包含的房屋建筑分部工程，同时在表中填写分部工程名称。

（2）外观质量检查的内容多为难以定性判断项目，应由外观质量评定组人员共同通过观察触摸（有时可辅以简单量测），经商讨后给予评价。

（3）房屋建筑工程的各专业施工质量验收规范中，对外观质量有具体检验要求。质量评价标准如下：

1）好，指观感质量较优良。

2）一般，指基本符合要求。

3）差，指外观质量达不到要求，且存在明显缺陷者。被评为“差”的项目应进行返修处理，在达到质量要求后再检查评定。

（4）外观质量评定小组，对项目检测取得的记录数据按照 SL 734—2016《水利工程质量检测技术规程》规定“宜在检测过程中使用单项检测项目结果及评价表进行统计分析，并得出该项目检测点的合格率”。如该项目测点中符合质量标准的点数占总测点数的百分率为 100%时，评为一级。合格率在 90.0%～99.9%时，评为二级。合格率在 70.0%～89.9%时，评为三级。合格率<70.0%时，评为四级。

在单位工程外观质量评定表中，计算得分时，项目检测统计计算评为一级的，则该项目计算得分为：该项目标准分×100%；评为二级的，该项目标准分×90%；评为三级的，该项目标准分×70%；评为四级的，该项目标准分×0。

如单位工程外观质量检查，涉及凭观感打分的项目，依据事先制定的经监督部门确认的每项观感打分标准进行现场检查，做好记录（可另附页）。例如：观感“良”可对应一级，“好”可对应二级，“一般”可对应三级，“差”可对应四级。涉及凭观感打分项目的计算得分按上述外观检测项目的计算规则进行。

（5）外观质量评定后，各单位参加外观质量评定组人员应在表尾签字，必须是本人签字，不可代签。工程外观质量评定结论应由项目法人报工程质量监督机构核定。

因项目工程不同，外观质量评定的内容与采用的评定表也不同，为了方便大家学习，可参见水利水电工程房屋建筑工程外观质量评定表 4-3-5。

表 4-3-5　　**水利水电工程**

水利水电工程房屋建筑工程外观质量评定表

<table>
<tr><td colspan="2">单位工程名称</td><td colspan="2"></td><td colspan="3">分部工程名称</td><td colspan="4"></td><td colspan="3">施工单位</td><td colspan="3"></td></tr>
<tr><td colspan="2">结构类型</td><td colspan="2"></td><td colspan="3">建筑面积</td><td colspan="4"></td><td colspan="3">评定日期</td><td colspan="3">年　月　日</td></tr>
<tr><td rowspan="2">序号</td><td rowspan="2" colspan="3">项　　目</td><td rowspan="2" colspan="10">抽查质量状况</td><td colspan="3">质量评价</td></tr>
<tr><td>好</td><td>一般</td><td>差</td></tr>
<tr><td>1</td><td rowspan="10">建筑与结构</td><td colspan="2">室外墙面</td><td></td><td></td><td></td><td></td><td></td><td></td><td></td><td></td><td></td><td></td><td></td><td></td><td></td></tr>
<tr><td>2</td><td colspan="2">室内墙面</td><td></td><td></td><td></td><td></td><td></td><td></td><td></td><td></td><td></td><td></td><td></td><td></td><td></td></tr>
<tr><td>3</td><td colspan="2">外墙面横、竖线角</td><td></td><td></td><td></td><td></td><td></td><td></td><td></td><td></td><td></td><td></td><td></td><td></td><td></td></tr>
<tr><td>4</td><td colspan="2">室内阴角</td><td></td><td></td><td></td><td></td><td></td><td></td><td></td><td></td><td></td><td></td><td></td><td></td><td></td></tr>
<tr><td>5</td><td colspan="2">室内阳角</td><td></td><td></td><td></td><td></td><td></td><td></td><td></td><td></td><td></td><td></td><td></td><td></td><td></td></tr>
<tr><td>6</td><td colspan="2">室内地面</td><td></td><td></td><td></td><td></td><td></td><td></td><td></td><td></td><td></td><td></td><td></td><td></td><td></td></tr>
<tr><td rowspan="4">7</td><td rowspan="4">楼梯、踏步、护栏</td><td>高度</td><td></td><td></td><td></td><td></td><td></td><td></td><td></td><td></td><td></td><td></td><td></td><td></td><td></td></tr>
<tr><td>宽度</td><td></td><td></td><td></td><td></td><td></td><td></td><td></td><td></td><td></td><td></td><td></td><td></td><td></td></tr>
<tr><td>长度</td><td></td><td></td><td></td><td></td><td></td><td></td><td></td><td></td><td></td><td></td><td></td><td></td><td></td></tr>
<tr><td>扶梯垂直度</td><td></td><td></td><td></td><td></td><td></td><td></td><td></td><td></td><td></td><td></td><td></td><td></td><td></td></tr>
<tr><td>1</td><td rowspan="4">给排水与采暖</td><td colspan="2">管道接口、坡度、支架</td><td></td><td></td><td></td><td></td><td></td><td></td><td></td><td></td><td></td><td></td><td></td><td></td><td></td></tr>
<tr><td>2</td><td colspan="2">卫生器具、支架、阀门</td><td></td><td></td><td></td><td></td><td></td><td></td><td></td><td></td><td></td><td></td><td></td><td></td><td></td></tr>
<tr><td>3</td><td colspan="2">检查口、扫除口、地漏</td><td></td><td></td><td></td><td></td><td></td><td></td><td></td><td></td><td></td><td></td><td></td><td></td><td></td></tr>
<tr><td>4</td><td colspan="2">散热器、支架</td><td></td><td></td><td></td><td></td><td></td><td></td><td></td><td></td><td></td><td></td><td></td><td></td><td></td></tr>
</table>

续表

<table>
<tr><th rowspan="2">序号</th><th colspan="2" rowspan="2">项　目</th><th rowspan="2">抽查质量状况</th><th colspan="3">质量评价</th></tr>
<tr><th>好</th><th>一般</th><th>差</th></tr>
<tr><td>1</td><td rowspan="3">建筑电气</td><td>配电箱、盘、板、接线盒</td><td></td><td></td><td></td><td></td></tr>
<tr><td>2</td><td>设备器具、开关、插座</td><td></td><td></td><td></td><td></td></tr>
<tr><td>3</td><td>防雷、接地</td><td></td><td></td><td></td><td></td></tr>
<tr><td>1</td><td rowspan="3">电梯</td><td>运行、平层、开关门</td><td></td><td></td><td></td><td></td></tr>
<tr><td>2</td><td>层门、信号系统</td><td></td><td></td><td></td><td></td></tr>
<tr><td></td><td>机房</td><td></td><td></td><td></td><td></td></tr>
<tr><td>1</td><td rowspan="2">智能建筑</td><td>机房设备安装及布局</td><td></td><td></td><td></td><td></td></tr>
<tr><td>2</td><td>现场设备安装</td><td></td><td></td><td></td><td></td></tr>
<tr><td colspan="3">观感质量综合评价</td><td colspan="4"></td></tr>
<tr><td rowspan="6">外观质量评定组成员</td><td>单　位</td><td colspan="2">单位名称</td><td colspan="2">职　称</td><td>签　名</td></tr>
<tr><td>项目法人</td><td colspan="2"></td><td colspan="2"></td><td></td></tr>
<tr><td>监　　理</td><td colspan="2"></td><td colspan="2"></td><td></td></tr>
<tr><td>设　　计</td><td colspan="2"></td><td colspan="2"></td><td></td></tr>
<tr><td>施　　工</td><td colspan="2"></td><td colspan="2"></td><td></td></tr>
<tr><td>运行管理</td><td colspan="2"></td><td colspan="2"></td><td></td></tr>
<tr><td colspan="2">工程质量监督机构</td><td colspan="5">核定意见：
核定人：（签名）加盖公章
年　　月　　日</td></tr>
<tr><td colspan="7">注：质量评价为“差”的项目，应进行返修。</td></tr>
</table>

工作任务四　单位工程质量评定

根据 SL 176—2007《水利水电工程施工质量检验与评定规程》的要求，施工单位对单位工程质量等级自评后，监理单位对施工等级进行复核，项目法人对其认定，工程质量监督机构最后核定。

一、单位工程质量评定标准

1. 合格标准

（1）所含分部工程质量全部合格。

（2）质量事故已按要求进行处理。

（3）工程外观质量得分率达到 70%以上。

（4）单位工程施工质量检验与评定资料基本齐全。

（5）工程施工期及试运行期，单位工程观测资料分析结果符合国家和行业技术标准以及合同约定的标准要求。

2. 优良标准

(1) 所含分部工程质量全部合格，其中70%以上达到优良等级，主要分部工程质量全部优良，且施工中未发生过较大质量事故。

(2) 质量事故已按要求进行处理。

(3) 外观质量得分率达到85%以上。

(4) 单位工程施工质量检验与评定资料齐全。

(5) 工程施工期及试运行期，单位工程观测资料分析结果符合国家和行业技术标准以及合同约定的标准要求。

二、单位工程质量评定表的填写方法

根据SL 176—2007《水利水电工程施工质量检验与评定规程》的要求，首先对单位工程施工质量检验资料进行核查，填写“单位工程施工质量检验资料核查表”，再进行单位工程施工质量评定，填报单位工程施工质量评定表，具体如下。

1. 表头填写

同《分部工程施工质量评定表》的填写。

2. 表身填写

(1) 各分部工程名称及其质量等级：将该单位工程中所有分部工程名称及其质量等级填入，以此计算出分部工程个数，其中优良个数、优良率及主要分部工程优良率。

(2) 外观质量：将外观质量应得分值、实得分值、得分率填入。

(3) 施工质量检验资料：主要从完整性、真实性、规范性、及时性和准确性等方面来说明施工质量检验资料。文字要简练、准确。

(4) 质量事故处理情况：工程建设过程中如发生过质量事故，应简要写明事故发生的工程部位、事故发生时间及事故类型；如没有发生过一般以上的质量事故，如果质量缺陷比较严重，应在质量事故栏中予以说明；如没有发生过质量事故，出现过比较轻微的质量缺陷，在质量事故栏中可填“没有发生质量事故”。

(5) 观测资料分析结论：通过观测资料分析主要结论。

3. 表尾填写

(1) 施工单位自评。单位工程完工后，施工单位根据各分部工程的质量检验评定资料，确定各分部工程的合格率和优良率；对反映原材料质量、中间产品质量、金属结构及启闭机制造质量和机电产品质量的各种生产许可证、合格证、试验报告、测量检验记录等资料，分类进行整理和统计，不仅便于自己查阅，还要便于监理单位复核和质量监督机构核定质量等级时查找。

结合外观质量评定得分率，施工质量检验资料的齐全程度及是否发生过重大及以上质量事故等方面的情况，确定该单位工程的质量等级。

“评定人”一般应是直接组织质量评定的专职质检员或质量负责人，主要对评定结果负责。施工单位项目经理签字和单位盖章。最后将评定结果和有关资料报给监理单位。如果一个单位工程是多个施工单位承建时，各施工单位应对自己承建的工程内容进行分析整理，单位工程的质量等级由监理单位统一组织评定。

（2）监理单位复核。监理单位对施工单位的自评结果进行逐项审查核对，并结合自己抽检的资料和监理过程中掌握的施工质量情况，认真进行复核，确定复核等级并签署复核意见。尤其是当复核等级与施工单位自评等级不一致时，应简要说明理由。

监理单位复核人（通常是直接组织进行单位工程质量等级复核的人员）签名，总监理工程师（或副总监理工程师）签名，监理单位盖章。最后将复核结果和相关资料报送项目法人单位。

（3）项目法人认定。项目法人（建设管理）单位在接到监理单位报来的资料后，根据《评定标准》及合同，并结合自己抽检的资料和施工过程中掌握的施工质量情况，认真进行认定。确定工程等级并签署认定意见。尤其是当复核等级与施工单位自评等级不一致时，应简要说明其理由。

认定人（通常是直接组织进行单位工程质量等级认定的人员）签名，单位负责人签名，建设管理单位盖章。最后将复核结果和相关资料报送质量监督机构。

（4）质量监督机构核定。质量监督机构在接到项目法人单位报来的资料后，认真对单位工程施工质量等级进行核定。

核定的内容主要包括：计算是否有误，评定方法是否正确。如在优良率计算正确的前提下，优良分部工程中主要单元工程、重要隐蔽及关键部位的单元工程质量等级是否优良；发生过质量缺陷或质量事故后，经加固补强、局部处理或没有进行处理而认定为合格的工程，是否有被评为优良的现象；是否发生过重大及以上质量事故；原材料质量、中间产品质量、金属结构及启闭机制造质量、机电产品质量状况如何；外观质量得分率多少；施工质量检测资料的完整性、真实性如何，有无缺漏等问题，进行综合分析和认真核对，并根据监督工作中掌握的质量情况，对单位工程的质量等级进行客观、公正的核定。组织进行单位工程质量等级核定的质量监督人员签名，工程项目的质量监督机构核定人或质量监督机构负责人签名并盖上单位公章。

单位工程质量评定具体详见表 4-4-1。

表 4-4-1 **水利水电工程**

单位工程施工质量评定表

工程项目名称				施工单位			
单位工程名称				施工日期	自　年　月　日至　年　月　日		
单位工程量				评定日期	年　月　日		
序号	分部工程名称	质量等级		序号	分部工程名称	质量等级	
		合格	优良			合格	优良
1				8			
2				9			
3				10			
4				11			
5				12			

续表

<table>
<tr><th rowspan="2">序号</th><th rowspan="2">分部工程名称</th><th colspan="2">质量等级</th><th rowspan="2">序号</th><th rowspan="2">分部工程名称</th><th colspan="2">质量等级</th></tr>
<tr><th>合格</th><th>优良</th><th>合格</th><th>优良</th></tr>
<tr><td></td><td></td><td></td><td></td><td></td><td></td><td></td><td></td></tr>
<tr><td>6</td><td></td><td></td><td></td><td>13</td><td></td><td></td><td></td></tr>
<tr><td>7</td><td></td><td></td><td></td><td>14</td><td></td><td></td><td></td></tr>
<tr><td colspan="8">分部工程共　个，全部合格，其中优良　个，优良率　%，主要分部工程优良率　%</td></tr>
<tr><td colspan="2">外观质量</td><td colspan="6">应得　分，实得　分，得分率　%</td></tr>
<tr><td colspan="2">施工质量检验资料</td><td colspan="6"></td></tr>
<tr><td colspan="2">质量事故处理情况</td><td colspan="6"></td></tr>
<tr><td colspan="2">观测资料分析结论</td><td colspan="6"></td></tr>
<tr><td colspan="2">施工单位自评等级：
评定人：
项目经理：
（盖公章）
年　月　日</td><td colspan="2">监理机构复核等级：
复核人：
总监或副总监：
（盖公章）
年　月　日</td><td colspan="2">项目法人认定等级：
认定人：
技术负责人：
（盖公章）
年 月 日</td><td colspan="2">工程质量监督机构核定等级：
核定人：
机构负责人：
（盖公章）
年　月　日</td></tr>
</table>

工作任务五　工程质量的评定

根据 SL 176—2007《水利水电工程施工质量检验与评定规程》，工程项目经过施工期、试运行期后，由监理单位进行统计并评定工程项目质量等级，经项目法人认定后，质量监督机构核定。

一、工程质量评定标准

1. 合格标准

（1）单位工程质量全部合格。

（2）工程施工期及试运行期，各单位工程观测资料分析结果均符合国家和行业技术标准以及合同约定的标准要求。

2. 优良标准

（1）单位工程质量全部合格，其中 70%以上单位工程质量达到优良等级，且主要单位工程质量全部优良。

（2）工程施工期及试运行期，各单位工程观测资料分析结果符合国家和行业技术标准以及合同约定的标准要求。

二、工程项目施工质量评定表的填写方法

根据SL 176—2007《水利水电工程施工质量检验与评定规程》，填报工程项目施工质量评定表，具体如下：

1. *表头填写*

(1) 工程项目名称：工程项目名称应与批准的设计文件一致。

(2) 工程等级：应根据工程项目的规模、作用、类型和重要性等，按照有关规定进行划分，设计文件中一般予以明确。

(3) 建设地点：主要是指工程建设项目所在行政区域或流域（河流）的名称。

(4) 主要工程量：是指建筑、安装工程的主要工程数量，如土方量、石方量、混凝土方量及安装机组（台）套数量。

(5) 项目法人：组织工程建设的单位。对于项目法人自己直接组织建设工程项目，项目法人建设单位的名称与建设单位的名称一般来说是一致的，项目法人名称就是建设单位名称；有的工程项目的项目法人与建设单位是一个机构两块牌子，这时建设单位的名称可填项目法人也可填建设单位的名称；对于项目法人在工程建设现场派驻有建设单位的，可以将项目法人与建设单位的名称一起填上，也可以只填建设单位。

(6) 设计单位：设计单位是指承担工程项目勘测设计任务的单位，若一个工程项目由多个勘测设计单位承担时，一般均应填上，或以完成主要单位工程和完成主要工程建设任务的勘测设计单位。

(7) 监理单位：指承担工程项目监理任务的监理单位。如果一个工程项目由多个监理单位监理时，一般均应填上，或填承担主要单位工程的监理单位和完成主要工程建设任务的监理单位。

(8) 施工单位：施工单位是指直接与项目法人或建设单位签订工程承包合同的施工单位。若一个工程项目由多个施工单位承建时，应填承担主要单位工程和完成主要工程建设任务的施工单位。

(9) 开工、竣工日期：开工日期一般指主体工程正式开工的日期，如开工仪式举行的日期，或工程承包合同中阐明的日期。工程项目的竣工日期是指工程竣工验收鉴定书签订的日期。

(10) 评定日期：评定日期是指监理单位填写工程项目施工质量评定表时的日期。

2. *表身填写*

此表不仅填写施工期施工质量，还应包含试运行期工程质量。

(1) 单位工程名称：指该工程项目中的所有单位工程须逐个填入表中。

(2) 在单元工程质量统计：首先应统计每个单位工程中单元工程的个数，再统计其中每个单位工程中优良单元工程的个数，最后逐个计算每个单位工程的单元工程优良率。

(3) 分部工程质量统计：先统计每个单位工程中分部工程的个数，再统计每个单位工程中优良分部工程的个数，最后计算每个单位工程中分部工程的优良率。

每个单位工程的质量等级应是以单位工程的分部工程的优良率为基础，不仅考虑优良单位工程中的主要分部工程必须优良的条件，同时应考虑到原材料质量、中间产品、金属结构及启闭机、机电设备、重要隐蔽单元工程施工记录，以及外观质量、施工质量检验资

料的完整程度和是否发生过质量事故、观测资料分析结论等情况，来确定单位工程的质量等级。该栏填写的应是经项目法人认定、质量监督机构核定后的单位工程质量等级。对于单位工程中的分部工程优良率达到70%及以上时，若主要分部工程没有达到优良，或因原材料质量、中间产品质量、金属结构、启闭机制造质量和机电产品质量，以及外观质量、施工质量检验资料完整程序没有达到优良标准的要求，或主要分部工程中发生了质量事故或其他分部工程中发生了重大及以上质量事故，应在备注栏内予以简要说明。

3. 表尾的填写

（1）评定结果。统计本工程项目中单位工程的个数，质量全部合格。其中优良工程的个数，计算工程项目单位工程的优良率；再计算主要单位工程的优良率，它是优良等级的主要单位工程的个数与主要单位工程的总个数之比值；最后再计算工程项目的质量等级。

（2）观测资料分析结论：填写通过实测资料提供数据的分析结果。

（3）监理单位意见：水利水电工程项目一般都不止一个施工单位承建，工程项目的质量等级应由各监理单位组织评定，工程项目的总监理工程师根据各单位工程质量评定的结果，确定工程项目的质量等级。总监理工程师签名并盖监理单位公章，将其结果和有关资料报给项目法人（建设单位）。

（4）项目法人意见：若只有一个监理单位监理的工程项目，项目法人对监理单位评定的结果予以审查确认。若由多个监理单位共同监理的工程项目，每一个监理单位只能对其监理的工程建设内容的质量进行评定和复核，整个工程项目的质量评定应由项目法人组织有关人员进行评定，法定代表人或项目法人签名并盖单位公章，将结果和相关资料上报质量监督机构。

（5）质量监督机构核定意见：质量监督机构在接到项目法人（建设单位）报来的工程项目质量评定结果和有关资料后，对照有关标准，认真审查，核定工程项目的质量等级。由工程项目质量监督负责人或质量监督机构负责人签名，并盖相应质量监督机构的公章。

具体详见项目施工质量评定表4-5-1。

表4-5-1　　水利水电工程

工程项目施工质量评定表

<table>
<tr><td colspan="2">工程项目名称</td><td colspan="4"></td><td colspan="2">项目法人</td><td colspan="2"></td></tr>
<tr><td colspan="2">工程等级</td><td colspan="4"></td><td colspan="2">设计单位</td><td colspan="2"></td></tr>
<tr><td colspan="2">建设地点</td><td colspan="4"></td><td colspan="2">监理单位</td><td colspan="2"></td></tr>
<tr><td colspan="2">主要工程量</td><td colspan="4"></td><td colspan="2">施工单位</td><td colspan="2"></td></tr>
<tr><td colspan="2">开工、竣工日期</td><td colspan="4">自　　年　月　日
至　　年　月　日</td><td colspan="2">评定日期</td><td colspan="2">年　月　日</td></tr>
<tr><td rowspan="2">序号</td><td rowspan="2">单位工程名称</td><td colspan="3">单元工程质量统计</td><td colspan="3">分部工程质量统计</td><td rowspan="2">单位工程质量等级</td><td rowspan="2">备注</td></tr>
<tr><td>个数（个）</td><td>其中优良（个）</td><td>优良率（%）</td><td>个数（个）</td><td>其中优良（个）</td><td>优良率（%）</td></tr>
<tr><td>1</td><td></td><td></td><td></td><td></td><td></td><td></td><td></td><td></td><td rowspan="3">加△者为主要单位工程</td></tr>
<tr><td>2</td><td></td><td></td><td></td><td></td><td></td><td></td><td></td><td></td></tr>
<tr><td>3</td><td></td><td></td><td></td><td></td><td></td><td></td><td></td><td></td></tr>
</table>

续表

序号	单位工程名称	单元工程质量统计			分部工程质量统计			单位工程质量等级	备注
		个数（个）	其中优良（个）	优良率（%）	个数（个）	其中优良（个）	优良率（%）		
4									
5									加△者为主要单位工程
6									
7									
8									
9									
10									
11									
12									
13									
14									
15									
单元工程、分部工程合计									
评定结果	本项目有单位工程　个，质量全部合格。其中优良单位工程　个，优良率　%，主要单位工程优良率　%								
观测资料分析结论：									

监理意见	项目法人意见	工程质量监督机构核定意见
工程项目质量等级： 总监理工程师： 监理单位：（盖公章） 年　月　日	工程项目质量等级： 法定代表人： 项目法人：（盖公章） 年　月　日	工程项目质量等级： 负责人： 质量监督机构：（盖公章） 年　月　日

工作任务六　案　例　分　析

一、案例介绍

某公园位于市区北部，城市中轴线北端，规划总用地 1135 hm^2，其中北部森林公园 680hm^2，中区用地 291hm^2，南部地区 114hm^2，民族园及部分北中轴路用地 50hm^2。

公园景观设计突出自然的山形水系，是中区景观通向自然的延伸。以五环路为界，将整个公园划分为南区和北区，公园内分布大面积的水面和绿地，除新建湖及周边水系外，还有仰山大沟和清河导流渠两条市政排水河道纵横向穿过，总水面面积约 67.7hm^2，另外，新建人工湿地 5.6hm^2，总水面面积占全园总面积的 10 %左右。

公园水系是园内的重要景观元素，同时也担负着公园地区的防洪排水任务。清河导流渠自公园西北向东南，全长 4.67 km，在五环路南侧与仰山大沟平交后，向北汇入清河，仰山大沟自南向北全长 2.1 km，公园流域内的雨水分别通过这两条市政河道收集后排入清河。湖总面积约 20hm^2，为新挖的人工湖泊，是龙形水系之首，通过周边景观沟渠与洼里湖、碧玉湖及两条市政河道连通。汛期滞蓄雨洪，减轻下游河道的排水负担。平时，通过闸坝合理调度，维持自然生动的景观水面。

（1）水系供排水及循环水系统。

1）供水系统：新建湖输水方涵，断面尺寸 1.8 m×1.8 m；新建应急备用管线，管径 DN 800mm。

2）排水系统：新建中心区退水闸雨水方涵，断面尺寸 2.0 m×1.95 m；对仰山大沟南段 486.7 m 河道进行疏挖治理。

3）循环水系统：根据《公园水体水质保障设计方案》，南区水体采用循环方案，维护和改善水质。通过新建湖与仰山大沟连通管、湖与清河导流区东段连通管、湖与南区人工湿地循环管线、三条循环水管线，同时利用清河导流渠和仰山大沟上段，形成水体的循环流动。在洼里湖和清河导流渠交会处的西南侧和主山西北侧山脚处，分别布置一座循环泵站，设计流量均为 30000m^3/d，泵房采用地下结构，配三台潜水排污泵，两用一备，地上布置 50m^2 配电及控制用房。

（2）水闸（船闸）工程。为维持湖及洼里湖正常水位及通航要求，实现湖区调蓄雨水的功能，满足汛期水系小循环，保证湖区水质，在湖和洼里湖之间，布置湖—洼里湖连通闸（及船闸），闸室宽 10m，门高 3.5m；在洼里湖和清河导流渠之间新建洼里湖—清河导流渠连通闸，闸室宽 15m，门高 2m。闸型选用简洁美观的气动盾形闸。

（3）水质维护系统。为维护和改善湖水体水质，工程采用生物工程技术作为湖水体水质维护措施，主要包括湖岸生态过滤带、湖体自净系统等。

（4）电气工程。包括公园涉水项目中湿地进出口、水系循环泵站、连通闸、中区退水控制阀和泵、主湖和洼里湖水质净化设施等配电。

（5）自动化监控系统。为实现科学化的管理、调度，有效利用水资源，工程建立自动化监控系统。实现对工程内泵站、闸站、湿地所涉及的机电设备以及与水系有关的若干电动阀门和流量计的自动化监测及控制，包括控制泵组的启停、盾形闸坝带的充泄气、阀门的开闭、泵出口压力、采集闸门开度、管道流量等参量并上传至监控中心。实时监测园区内重点部位的水质、水位等数据上传至中心；建立全线的光缆通信系统，为数据、视频、语音提供可靠的传输平台；建立船闸的视频监视系统，并通过网络上传视频图像。结合监控中心的实际情况，构架本段的计算机局域网，并进行网络布线，通过计算机网络实现设施管理的自动化和日常办公自动化。并预留与相关单位的通信及数据接口。

工程项目：公园涉水工程。

单位工程：船闸工程、泵站工程、管涵工程、主湖与洼里湖工程、筑岛、码头、沟道治理、电气及自动化控制系统，共 9 部分，共计 15 个单位工程。

分部工程：以船闸工程中主湖与洼里湖连通闸工程单位工程为例，分部工程共有 9

个，分别为上游连接段、上闸首、闸室段、下闸首、消能防冲段、下游连接段、金属结构及启闭机安装、管理房、泄水方涵。

单元工程：以船闸工程中主湖与洼里湖连通闸为例，单元工程共122个。

二、工程质量评定表

工程质量评定表：1个。

单位工程评定表：共15个。

以船闸工程中主湖与洼里湖连通闸单元工程为例，分部工程9个，分部工程施工质量评定表9个。

以主湖与洼里湖连通闸单元工程中闸室段分部工程为例，单元工程17个，单元工程施工质量评定表共填写39个，具体详见表4-6-1。

表4-6-1　　单元工程质量评定表

<table>
<tr><th>分部工程名称</th><th>单元工程名称</th><th>单元工程数量（个）</th><th>单元工程质量评定表</th></tr>
<tr><td rowspan="25">闸室段</td><td>土方开挖</td><td>1</td><td>《水利水电工程软基和岸坡开挖单元工程质量评定表》</td></tr>
<tr><td>土方回填</td><td>2</td><td>《水利水电工程回填土单元工程质量评定表》</td></tr>
<tr><td rowspan="4">垫层混凝土浇筑</td><td rowspan="4">1</td><td>《水利水电工程混凝土单元工程质量评定表》</td></tr>
<tr><td>《水利水电工程基础面或混凝土施工缝处理工序质量评定表》</td></tr>
<tr><td>《水利水电工程混凝土模板工序质量评定表》</td></tr>
<tr><td>《水利水电工程混凝土浇筑工序质量评定表》</td></tr>
<tr><td rowspan="6">底板混凝土浇筑</td><td rowspan="6">1</td><td>《水利水电工程混凝土单元工程质量评定表》</td></tr>
<tr><td>《水利水电工程基础面或混凝土施工缝处理工序质量评定表》</td></tr>
<tr><td>《水利水电工程混凝土模板工序质量评定表》</td></tr>
<tr><td>《水利水电工程混凝土钢筋工序质量评定表》</td></tr>
<tr><td>《水利水电工程混凝土止水、伸缩缝和排水管安装工序质量评定表》</td></tr>
<tr><td>《水利水电工程混凝土浇筑工序质量评定表》</td></tr>
<tr><td rowspan="6">墙身混凝土浇筑</td><td rowspan="6">1</td><td>《水利水电工程混凝土单元工程质量评定表》</td></tr>
<tr><td>《水利水电工程基础面或混凝土施工缝处理工序质量评定表》</td></tr>
<tr><td>《水利水电工程混凝土模板工序质量评定表》</td></tr>
<tr><td>《水利水电工程混凝土钢筋工序质量评定表》</td></tr>
<tr><td>《水利水电工程混凝土止水、伸缩缝和排水管安装工序质量评定表》</td></tr>
<tr><td>《水利水电工程混凝土浇筑工序质量评定表》</td></tr>
<tr><td rowspan="6">砂砾料回填</td><td rowspan="6">1</td><td>《水利水电工程回填砂砾料单元工程质量评定表》</td></tr>
<tr><td>《水利水电工程混凝土单元工程质量评定表》</td></tr>
<tr><td>《水利水电工程基础面或混凝土施工缝处理工序质量评定表》</td></tr>
<tr><td>《水利水电工程混凝土模板工序质量评定表》</td></tr>
<tr><td>《水利水电工程混凝土钢筋工序质量评定表》</td></tr>
<tr><td>《水利水电工程混凝土浇筑工序质量评定表》</td></tr>
</table>

续表

分部工程名称	单元工程名称	单元工程数量（个）	单元工程质量评定表
闸室段	电缆井底板浇筑	3	《水利水电工程混凝土单元工程质量评定表》
			《水利水电工程基础面或混凝土施工缝处理工序质量评定表》
			《水利水电工程混凝土模板工序质量评定表》
			《水利水电工程混凝土钢筋工序质量评定表》
			《水利水电工程混凝土浇筑工序质量评定表》
	电缆井墙身浇筑	3	《水利水电工程混凝土单元工程质量评定表》
			《水利水电工程基础面或混凝土施工缝处理工序质量评定表》
			《水利水电工程混凝土模板工序质量评定表》
			《水利水电工程混凝土钢筋工序质量评定表》
			《水利水电工程混凝土浇筑工序质量评定表》
	电缆沟、输油沟垫层浇筑	2	《水利水电工程混凝土单元工程质量评定表》
			《水利水电工程基础面或混凝土施工缝处理工序质量评定表》
			《水利水电工程混凝土模板工序质量评定表》
			《水利水电工程混凝土浇筑工序质量评定表》
	电缆沟、输油沟墙身砌筑	2	《水利水电工程砌砖（挡土墙）单元工程质量评定表》

三、单元工程质量评定表

将闸作为一个单位工程，共分为上游连接段、上闸首、闸室段、下闸首、消能防冲段、下游连接段、金属结构及启闭机安装、管理房、泄水方涵 9 个分部工程。闸室基础开挖是闸室分部工程中的一部分，以其右岸边墩基础开挖单元工程为例，介绍单元工程的质量评定方法。

1. *表头填写*

单位工程名称为“水闸工程”。分部工程名称为“闸室段”。单元工程名称、部位可填“土方开挖”。单元工程量填写该单元工程的主要工程量，即土方开挖 590 m^3。施工单位为“××水务有限公司”。检验日期为“××××年××月××日”。

2. *表身填写*

(1) 检查项目。基础清理和处理：树根、草皮已清理干净，无乱石和坟墓，局部渗水已在基础外挖了集水坑处理，地质情况与原地质勘探报告相符。故此项填写“树根、草皮、乱石已清除，渗水已处理，地质符合设计要求”。

1）取样试验：根据本工程设计文件要求，对基础土壤现场取样，进行了物理力学性能分析，各项指标均符合设计要求，故填写“土壤的物理力学性能指标符合设计要求”。

2）岸坡清理和处理：树根、草皮已清理干净，无乱石和有害裂隙，故填写“树根、草皮已清除，有害裂缝已处理”。

3）岩石岸坡清理坡度：由于本工程基础全为均质壤土，此项不涉及，可填写“无”

或“无此项”，但不能不填写。填写“无”或“无此项”或画“/”，表示这项检查内容该单元工程没有，如果什么都不填，让其空着，会给人一种可能有这项检查内容，而没有进行检查的错觉。

4）黏土、湿陷性黄土清理坡度：闸室基坑开挖边坡已达到设计要求1∶1的坡度，坡上余土已运走，故可填写“基坑边坡清理满足设计边坡1∶1的要求”。

5）截水槽地基处理：截水槽局部渗水已在基础外挖集水坑处理，无泉眼和积水现象，故可填写“局部渗水已挖集水坑处理，无泉眼和积水”。

6）截水槽（墙）基岩面坡度：此项不涉及，画“/”。

（2）检测项目。本工程基础开挖设计尺寸为15m×35m，基础开挖完成后，经验收浇筑混凝土垫层，垫层上就是钢筋混凝土闸底板，故此单元工程对应标准是有结构要求、有配筋预埋件项，基坑（槽）长或宽在15 m以上的栏目。本单元施工是先用挖掘机开挖，底部留有50m的保护层，人工开挖。

1）坑（槽）长或宽允许偏差：在闸基中心线与底板中心线吻合的前提下，长度方向测量了5个点：30.1m、30.2m、30.2m、29.9m和30.6m；宽度方向测量了5个点：15.2m、14.8m、15.4m、15.8m和14.9m。

2）坑（槽）底部标高：设计开挖基础面高程为22.5m，实测值为22.49m、22.55m、22.48m、22.75m、22.52m、22.38m、22.52m、22.60m、22.49m和22.52m。

3）垂直或斜面平整度：用5m拉线测量，斜面平整度分别为25cm、6cm、8cm、16cm、30cm、8cm、10cm、14cm、16cm和15cm。

3. 表尾填写

（1）检测结果：共检测30个点，其中有25个点合格，合格率为83.3%。

（2）评定意见：主要检查项目全部符合质量标准。一般检查项目也都符合质量标准。检测项目实测点合格率为83.3%。

（3）评定等级：虽然主要检查项目全部符合质量标准。一般检查项目也都符合质量标准。检测项目实测点合格率为83.3%。但根据SL 176—2007总体说明的有关规定，尽管检查项目都符合规定要求，但检测项目实测点合格率为83.3%，大于合格标准的70%，但小于优良标准的90%，故只能评为合格。评定结果见表4-6-2。

表4-6-2　　软基和岸坡开挖单元工程质量评定表

单位工程名称	水闸工程	单元工程量	土方开挖590m^3
分部工程名称	闸室段	施工单位	××水务有限公司
单元工程名称、部位	土方开挖	检验日期	年　月　日

项次	检查项目	质量标准	检验记录
1	地基清理和处理	无树根、草皮、乱石、坟墓，水井泉眼已处理，地质符合设计	树根、草皮、乱石已清除，渗水已处理地质符合设计要求
2	△取样检验	符合设计要求 $\rho \geqslant 1.55g/cm^3$	土壤的物理力学性能指标符合设计要求 $\rho = 1.62g/cm^3$
3	岸坡清理和处理	无树根、草皮、乱石，有害裂缝及洞穴已处理	树根、草皮已清除，有害裂缝已处理

续表

项次	检查项目	质量标准	检验记录
4	岩石岸坡清理坡度	符合设计要求	—
5	△黏土、湿陷性黄土清理坡度	符合设计要求	基坑边坡清理满足设计边坡 1∶1 的要求
6	截水槽地基处理	泉眼、渗水已处理，岩石冲洗洁净，无积水	局部渗水已挖集水坑处理，无泉眼和积水
7	△截水槽(墙)基岩面坡度	符合设计要求	—

项次	检测项目			设计值	允许偏差（cm）	实测值（m）	合数（点）	合格率（%）
1	无结构要求，无配筋	坑（槽）长或宽	5m 以内		+20～−10	—		
2			5～10m		+30～−20	—		
3			10～15m		+40～−30	—		
4			15m 以上	15m×30m	+50～−30	15.2、14.8、15.4、15.8、14.9 30.1、30.2、30.2、29.9、30.6	8	80.0
5		坑（槽）底部标高		22.5m	+20～−10	22.49、22.55、22.48、22.75、22.52 22.38、22.52、22.60、22.49、22.52	9	90.0
6		垂直或斜面平整度			20	25、6、8、16、30、8、10、14、16、15	8	80.0
1	有结构要求，有配筋预埋件	基坑(槽)长或宽	5m 以内		+20～−10	—		
2			5～10m		+30～−20	—		
3			10～15m		+40～−30	—		
4			15m 以上	15	+50～−30	—		
5		坑（槽）底部标高			+20～−0	—		
6		垂直或斜面平整度			15	—		
检测结果	共检测 30 点，其中合格 25 点，合格率 83.3%							

评定意见	单元工程质量等级
主要检查项目全部符合质量标准。一般检查项目符合质量标准。检测项目实测点合格率 83.3%	合格

施工单位	年 月 日	建设(监理)单位	年 月 日

注 “+”为超挖，“−”为欠挖。

四、分部工程质量评定表

以该进水闸的闸室土建分部工程为例。

1. 表头填写

单位工程名称、分部工程名称和施工单位同表 3-6-2。

分部工程量：挖一般土方：590m^3，填方：1255m^3，C25W4F150 混凝土浇筑：425m^3，砂砾料回填：202m^3。

施工日期： 年 月 日

评定日期： 年 月 日

2. *表身填写*

本分部工程共分为土方开挖、土方回填、垫层混凝土浇筑、底板混凝土浇筑、墙身混凝土浇筑、砂砾料回填、电缆井底板浇筑、电缆井墙身浇筑、电缆沟（输油沟）垫层浇筑、电缆沟（输油沟）墙身砌筑，10类单元工程，单元工程17个，合格14个，质量均为优良。

3. *表尾填写*

（1）本分部工程的单元工程质量全部合格。优良单元工程为82.4%。

（2）主要单元工程、重要隐蔽单元工程及关键部位单元工程质量：优良。

（3）质量事故情况：施工中未发生质量事故。

（4）原材料质量。

1）M10砂浆试块自检2组，分别为18.2MPa、18.4MPa，全部合格。C25F150W4混凝土试块自检5组，其中见证3组，试验最大强度值为38.5MPa、最小强度值28.8MPa、平均值33.72MPa，全部合格；抗冻试块1组、抗渗试块1组，检验结果满足设计要求。

2）钢筋原材自检4组，其中见证4组，全部合格。

3）钢筋焊接自检4组，其中见证4组，全部合格。

4）回填土取样共40个点，压实度均大于95%，符合设计要求。

闸室段质量检测统计见表4-6-3。

表4-6-3　　闸室段质量检测统计表

原材料	自检			试验结果
	强度	抗冻	抗渗	
砂浆试块	2	—	—	合格
砂子	1	—	—	合格
砖	1	—	—	合格
混凝土试块 C25F150W4	5	1	1	合格
钢筋原材	4	—	—	合格
钢筋焊接	4	—	—	合格
回填土	40	—	—	合格

分部工程质量等级：根据上述评定结果，单元工程的优良率为82.4%，且关键部位单元工程质量全部优良；施工中未发生过质量事故；原材料质量合格；中间产品质量只有合格标准的达到了合格标准，有合格标准又有优良标准的达到了优良标准，故评定中间产品质量优良。对照SL 176—2007，评定该分部工程质量等级为优良。详见表4-6-4。

表4-6-4　　分部工程质量评定表

单位工程名称	连通闸			施工单位	××水务有限公司	
分部工程名称	闸室段			施工日期	自　年　月　日至　年　月　日	
分部工程量	混凝土 425 m^3，土方开挖 590 m^3			评定日期	年　月　日	
项次	单元工程种类	工程量	单元工程个数	合格个数	其中优良个数	备注
1	土方开挖	590m^3	1	1	1	

续表

项次	单元工程种类	工程量	单元工程个数	合格个数	其中优良个数	备 注
2	土方回填	1255m^3	2	2	2	
3	垫层混凝土浇筑	65m^3	1	1	1	
4	底板混凝土浇筑	96m^3	1	1	1	
5	墙身混凝土浇筑	88m^3	1	1	1	
6	砂砾料回填	202m^3	1	1	1	
7	电缆井底板浇筑	53m^3	3	2	1	
8	电缆井墙身浇筑	36m^3	3	2	2	
9	电缆沟、输油沟垫层浇筑	34m^3	2	1	1	
10	电缆沟、输油沟墙身砌筑	53m^3	2	1	1	
合计			17	14	12	
重要隐蔽单元工程、关键部位单元工程		150m^3	6	6	6	关键部位单元工程

施工单位自评意见	监理单位复核意见	项目法人认定意见
本分部工程的单元工程质量全部合格。优良率为82.4%，重要隐蔽单元工程及关键部位单元工程6个，优良率100.0%。原材料质量/，中间产品质量/，金属结构及启闭机质量/，机电产品质量/。施工中未发生过任何质量事故。 分部工程质量等级：　优良 评定人： 项目技术负责人：　（盖公章） 年　月　日	复核意见：经现场旁站监理和抽查结果显示，该部分工程优良的单元工程为82.4%，但主要单元工程全部优良 分部工程质量等级：优良 监理工程师： 年　月　日 总监或副总监： （盖公章） 年　月　日	认定意见：同意监理单位的意见。 分部工程质量等级：优良 现场代表： 年　月　日 技术负责人： （盖公章） 年　月　日

工程质量监督机构	核定（备）意见： 核定等级：　核定（备）人：（签名）　负责人：（签名） 年　月　日　　年　月　日

注　分部工程验收的质量结论，由项目法人报工程质量监督机构核备。大型枢纽工程主要建设物的分部工程验收的质量结论，由项目法人报工程质量监督机构核定。

五、单位工程质量评定表

1. *表头填写*

单位工程名称和施工单位同表4-6-2。

单位工程量：土方开挖6000m^3，土方回填4800m^3，混凝土浇筑2080m^3。

施工日期：　　年　　月　　日至　　　年　　月　　日

评定日期：　　年　　月　　日

2. *表身填写*

本单位工程共划分为上游连接段、上闸首、闸室段、下闸首、消能防冲段、下游连接段、金属结构及启闭机安装、管理房、泄水方涵，9 个分部工程，其中闸室段为主要分部工程。每个分部工程都按前面介绍的方法，逐个进行了认真评定。

经评定，该工程外观质量应得 112 分，实得 104.2 分，得分率 93.0%。

施工质量检验资料：经过施工过程抽查和完工后的全面检查，认为该单位工程质量检验记录填写规范，记录完整，数据真实可信，审签完备，但有些地方文字表述不够准确具体，有待今后进一步改齐全，施工中未发生质量事故，观测资料分析结果显示均符合规范要求。

3. *表尾填写*

根据上述评定情况，对照 SL 176—2007 的相应条款，评定该单位工程的质量等级为优良。

该单位工程质量评定的总体情况，详见表 4-6-5。

表 4-6-5　　　单位工程施工质量评定表

<table>
<tr><td colspan="2">工程项目名称</td><td colspan="2">公园涉水工程</td><td>施工单位</td><td colspan="3">××水务有限公司</td></tr>
<tr><td colspan="2">单位工程名称</td><td colspan="2">连通闸</td><td>施工日期</td><td colspan="3">自　年　月　日至　年　月　日</td></tr>
<tr><td colspan="2">单位工程量</td><td colspan="2">土石方 6000m³，混凝土浇筑 2080m³</td><td>评定日期</td><td colspan="3">年　月　日</td></tr>
<tr><td rowspan="2">序号</td><td rowspan="2">分部工程名称</td><td colspan="2">质量等级</td><td rowspan="2">序号</td><td rowspan="2">分部工程名称</td><td colspan="2">质量等级</td></tr>
<tr><td>合格</td><td>优良</td><td>合格</td><td>优良</td></tr>
<tr><td>1</td><td>上游连接段</td><td>优良</td><td>8</td><td></td><td>管理房</td><td></td><td>优良</td></tr>
<tr><td>2</td><td>上闸首</td><td>合格</td><td>9</td><td></td><td>泄水方涵（108.6m）</td><td></td><td>优良</td></tr>
<tr><td>3</td><td>闸室段</td><td></td><td>优良</td><td>10</td><td></td><td></td><td></td></tr>
<tr><td>4</td><td>下闸首</td><td></td><td>优良</td><td>11</td><td></td><td></td><td></td></tr>
<tr><td>5</td><td>消能防冲段</td><td></td><td>优良</td><td>12</td><td></td><td></td><td></td></tr>
<tr><td>6</td><td>下游连接段</td><td></td><td>优良</td><td>13</td><td></td><td></td><td></td></tr>
<tr><td>7</td><td>金属结构及启闭机安装</td><td></td><td>优良</td><td>14</td><td></td><td></td><td></td></tr>
<tr><td colspan="8">分部工程共 9 个，其中优良 8 个，优良率 88.9%，主要分部工程优良率 100.0%</td></tr>
<tr><td colspan="2">外 观 质 量</td><td colspan="6">应得 112 分，实得 104.2 分，得分率 93.0%</td></tr>
<tr><td colspan="2">施工质量检验资料</td><td colspan="6">齐全</td></tr>
<tr><td colspan="2">质量事故处理情况</td><td colspan="6">施工中未发生质量事故</td></tr>
<tr><td colspan="2">观测资料分析结论</td><td colspan="6">符合规范要求</td></tr>
<tr><td colspan="2">施工单位自评等级：
优良

评定人：

项目经理：

（盖公章）

年　月　日</td><td colspan="2">监理单位复核等级：

复核人：

总监或副总监：

（盖公章）

年　月　日</td><td colspan="2">项目法人认定等级：

认定人：

单位负责人：

（盖公章）

年　月　日</td><td colspan="2">工程质量监督机构
核定等级：

核定人：

机构负责人：

（盖公章）

年　月　日</td></tr>
</table>

技 能 训 练

1. 单元工程质量评定标准是什么？

2. 分部工程质量评定标准是什么？

3. 单位工程质量评定标准是什么？

4. 单元工程、分部工程、单位工程评定标准的区别是什么？

5. 简述如何填写单元工程、分部工程、单位工程质量评定表。

6. 下面是混凝土模板单元工程质量评定表中的部分内容，按单元工程评定标准，完善下表的内容，确定工程质量等级，并说明原因。

单元工程质量评定表

单位工程名称	混凝土大坝	单元工程量	混凝土 788M3，模板面积 $145.8m^2$
分部工程名称	溢流坝段	施工单位	×××水利水电第二工程局
单元工程名称、部位	5 号 坝段，▽ 2.5∽▽ 4.0 m	检验日期	×年×月×日

项次	检 查 项 目	质 量 标 准	检 验 记 录
1	△稳定性、刚度和强度	符合设计要求（支撑牢固，稳定）	采用钢模板，钢支撑和方木、稳定性、刚度和强度满足设计要求
2	模板表面	光洁、无污物、接缝严密	模板表面光洁、无污物、接缝严密

项次	检测项目	设计值	允许偏差（mm） 外露表面 √钢模	允许偏差（mm） 外露表面 木模	允许偏差（mm） 隐蔽内面	实测值（单位：项次 1∽3mm；项次 6m）	合格数（点）	合格率（%）
1	模板平整度：相邻两板面高差		2	3	5	0.3，1.2，2.0，0.7，0.2，0.7，0.9，1.5		
2	局部不平（用 2m 直尺检查）		2	5	10	1.7，2.3，0.2，0.4，1.0，1.2，0.7，2.0		
3	板面缝隙		1	2	2	0.2，0.5，0.7，0.2，1.1，0.4，0.5，0.9，0.3，0.7		
4	结构物边线与设计边线	8.75m×15.5m	10		15	8.747，8.749，8.752，8.75，1.551，15.508，15.5，15.409		
5	结构物水平断面内部尺寸		±20			/		
6	承重模板标高	2.5m	±5			2.500，2.500，2.500，2.510		
7	预留孔、洞尺寸及位置		±10			/		
检测结果		共测　点，其中合格　点，合格率　%						

评 定 意 见	单元工程质量等级
主要检查项目全部符合质量标准。一般检查项目　质量标准。检测项目实测点合格率　%。	

7. 下面是某岩石边坡开挖单元工程质量评定表中的部分内容，按单元工程评定标准，完善下表的内容，确定工程质量等级，并说明原因。

岩石边坡开挖单元工程质量评定表

<table>
<tr><td>项次</td><td colspan="2">检查项目</td><td colspan="3">质量标准</td><td colspan="3">检验记录</td></tr>
<tr><td rowspan="3">主控项目</td><td colspan="2">△保护层开挖</td><td colspan="3">浅孔、密孔、少药量、火炮爆破</td><td colspan="3">已按质量标准完成</td></tr>
<tr><td colspan="2">△平均坡度</td><td colspan="3">小于或等于设计坡度（设计边坡1∶0.5）</td><td colspan="3">抽查6个断面，坡度为1∶0.52—1∶0.76</td></tr>
<tr><td colspan="2">开挖坡面</td><td colspan="3">稳定、无松动岩块</td><td colspan="3">坡面稳定，无松动岩块</td></tr>
<tr><td>项次</td><td colspan="2">检测项目</td><td>设计值</td><td>允许偏差（CM）</td><td colspan="2">实测值
（单位：项次1M，项次2CM）</td><td>合格数（点）</td><td>合格率（%）</td></tr>
<tr><td rowspan="3">一般项目</td><td colspan="2">坡脚标高</td><td>−10M</td><td>+20
−10</td><td colspan="2">−16.000，−9.950，−10.000，−10.110，−10.170，−9.900，−10.080，−10.010，−9.860，−10.100，−10.100，−9.930</td><td></td><td></td></tr>
<tr><td rowspan="2">坡面局部超欠挖</td><td>斜长小于等于15M</td><td></td><td>+30
−20</td><td colspan="2">14.900，15.300，14.885，15.220，15.310，15.120，15.000，14.980，15.310，15.120，16.000，14.980，</td><td></td><td></td></tr>
<tr><td>斜长大于15M</td><td></td><td>+50
−30</td><td colspan="2"></td><td></td><td></td></tr>
<tr><td colspan="3">检测结果</td><td colspan="6">共检测　　点，其中合格　　点，合格率　　%</td></tr>
<tr><td colspan="5">评　定　意　见</td><td colspan="4">单元工程质量等级</td></tr>
<tr><td colspan="5">主要检查项目全部符合质量标准。一般检查项目　质量标准。检测项目实测点合格率　%。</td><td colspan="4"></td></tr>
</table>

学习情境五　土石方工程施工质量评定标准

【学习目标】

1. 熟悉土石方工程中土石方开挖、土石方填筑、砌石等工程的施工工序
2. 熟悉土石方工程中表土及土质岸坡清理、软基或土质岸坡开挖等工序施工检验方法及其质量评定标准
3. 熟悉土石方填筑工程的主要填筑料及土料、砂砾料、堆石料、反滤料等填筑工序施工质量评定标准
4. 熟悉砌石工程中干砌石、水泥砂浆砌石体、混凝土砌石体、水泥砂浆勾缝等工序施工质量评定标准
5. 掌握土石方开挖、土石方填筑工序施工质量验收评定表的填写

工作任务一　土石方开挖

土石方开挖系指以人工方式，无需采用爆破技术可直接使用手工工具或土方机械开挖的工程。土石方开挖工程包括土方开挖、岩石岸坡开挖、岩石地基开挖、洞室开挖。

一、土方开挖

土方开挖施工工序分为表土及岸坡清理、软基或土质岸坡开挖两个工序。

（一）表土及岸坡清理

1. 项目分类

（1）主控项目。表土及岸坡清理施工工序主控项目分为表土清理，不良地质土的处理，地质坑、孔处理。

（2）一般项目。表土及岸坡清理施工工序一般项目分为清理范围和土质岸边坡度。

2. 检查方法及数量

（1）主控项目。观察、查阅施工记录（录像或摄影资料收集备查）等方法，进行全数检查。

（2）一般项目。

1）清理范围：采用量测方法，每边线测点不少于5点，且点间距不大于20m。

2）土质岸边坡度：采用量测方法，每10延米量测一点；高边坡需测定断面，每20延米测一个断面。

3. 质量验收评定标准

（1）表土清理。树木、草皮、树根、乱石、坟墓以及各种建筑物全部清除；水井、泉

眼、地道、坑窖等洞穴的处理符合设计要求。

（2）不良地质土的处理。淤泥、腐殖质土、泥炭土全部清除；对风化岩石、坡积物、残积物、滑坡体、粉土、细砂等处理符合设计要求。

（3）地质坑、孔处理。构筑物基础区范围内的地质探孔、竖井、试坑的处理符合设计要求；回填材料质量满足设计要求。

（4）清理范围。满足设计要求。长、宽边线允许偏差：人工施工 0～50cm，机械施工 0～100cm。

（5）岸边坡度。岸边坡度不陡于设计边坡。

一般情况下主体工程施工场地地表的植被清理，应延伸至构筑物最大开挖边线或建筑物基础边线（或填筑坡脚线）外侧至少 5m 的距离；挖除树根的范围应延伸到最大开挖边线、填筑线或建筑物基础外侧至少 3m 的距离；原坝体加高培厚工程，其清理范围应包括原坝顶及坝坡。

（二）软基或土质岸坡开挖

1. 项目分类

（1）主控项目。软基或土质岸坡开挖施工工序主控项目分为保护层开挖、建基面处理、渗水处理。

（2）一般项目。软基或土质岸坡开挖施工工序一般项目为基坑断面尺寸和开挖面平整度。

2. 检查方法及数量

（1）主控项目。采用观察、测量与查阅施工记录等方法进行全数检查。

（2）一般项目。采用观察、测量、查阅施工记录等方法，检测点采用横断面控制，断面间距不大于 20m，各横断面点数间距不大于 2m，局部突出或凹陷部位（面积在 $0.5m^2$ 以上者）应增设检测点。

3. 质量验收评定标准

（1）保护层开挖。保护层开挖方式应符合设计要求，在接近建基面时，宜使用小型机具或人工挖除，不应扰动建基面以下的原地基。

（2）建基面处理。构筑物地基及岸坡开挖面平顺。软基或土质岸坡与土质构筑物接触时，采用斜面连接，无台阶、急剧变坡及反坡。

（3）渗水处理。构筑物基础区及岸坡渗水（含泉眼）妥善引排或封堵，建基面清洁无积水。

（4）基坑断面尺寸及开挖面平整度。

1）无结构要求或无配筋。

①长或宽不大于 10m：符合设计要求，允许偏差为－10～20cm。

②长或宽大于 10m：符合设计要求，允许偏差为－20～30cm。

③坑（槽）底部标高：应符合设计要求，允许偏差为－10～20cm。

④垂直或斜面平整度：应符合设计要求，允许偏差为 20cm。

2）有结构要求，有配筋预埋件。

①长或宽不大于 10m：符合设计要求，允许偏差为 0～20cm。

②长或宽大于 10m：符合设计要求，允许偏差为 0～30cm。

③坑（槽）底部标高：应符合设计要求，允许偏差为 0～20cm。

④斜面平整度：应符合设计要求，允许偏差为 15cm。

二、岩石岸坡开挖

岩石岸坡开挖施工分为岸坡开挖、地质缺陷处理两个工序。

（一）岸坡开挖

1. 项目分类

（1）主控项目。岸坡开挖主控项目分为保护层开挖、开挖坡面、岩体的完整性。

（2）一般项目。岸坡开挖一般项目分为开挖坡面、坡角标高、坡面局部超欠挖、炮孔痕迹保存率。

2. 检查方法及数量

（1）主控项目。

1）保护层开挖：观察、量测、查阅施工记录，每个单元抽测 3 处，每处不少于 $10m^2$。

2）开挖坡面：观察、仪器测量、查阅施工记录，进行全数检查。

3）岩体的完整性：观察、声波检测（需要时采用），符合设计要求。

（2）一般项目。开挖坡面采用观察、仪器测量、查阅施工记录，总检测点数量采用横断面控制，断面间距不大于 10m，各横断面沿坡面斜长方向测点间距不大于 5m，且点数不少于 6 点；局部突出或凹陷部位（面积在 $0.5m^2$ 以上者）应增设检测点。

3. 质量验收评定标准

（1）保护层开挖。浅孔、密孔、小药量、控制爆破。

（2）开挖坡面。稳定，无松动岩块、悬挂体和尖角。

（3）岩体的完整性。爆破未损害岩体的完整性，开挖面无明显爆破裂隙，声波降低率小于 10%或满足设计要求。

（4）平均坡面。开挖坡面不陡于设计坡度，台阶（平台、马道）符合设计要求。

（5）坡角标高。允许偏差±20cm。

（6）坡面局部超欠挖。允许偏差；欠挖不大于 20cm，超挖不大于 30cm。

（7）炮孔痕迹保存率。

1）节理裂隙不发育的岩体大于 80%。

2）节理裂隙发育的岩体大于 50%。

3）节理裂隙极发育的岩体大于 20%。

（二）地质缺陷处理

1. 项目分类

（1）主控项目。地质缺陷处理工序主控项目分为地质探孔、竖井、平洞、试坑处理和地质缺陷处理，缺陷处理采用材料，渗水处理。

（2）一般项目。地质缺陷处理工序一般项目为地质缺陷处理范围。

2. 检查方法及数量

（1）主控项目。

1）地质探孔、竖井、平洞、试坑处理和地质缺陷处理：采用观察、量测、查阅施工记录等方法，进行全数检查。

2）缺陷处理采用材料：采用查阅施工记录、取样试验等方法，进行全数检查。

3）渗水处理：采用观察、查阅施工记录等方法，进行全数检查。

（2）一般项目。主要采用测量、观察、查阅施工记录方法，对检测点采用横断面或纵断面控制，各断面点数不小于5点，局部突出或凹陷部位（面积在$0.5m^2$以上者）应增设检测点。

3．质量验收评定标准

（1）地质探孔、竖井、平洞、试坑处理。符合设计要求。

（2）地质缺陷处理。节理、裂隙、断层、夹层或构造破碎带的处理符合设计要求。

（3）缺陷处理采用材料。材料质量满足设计要求。

（4）渗水处理。地基及岸坡的渗水（含泉眼）已引排或封堵，岩面整洁无积水。

（5）地质缺陷处理范围。地质缺陷处理的宽度和深度符合设计要求。地基及岸坡岩石断层、破碎带的沟槽开挖边坡稳定，无反坡、无浮石，节理、裂隙内的充填物冲洗干净。

三、岩石地基开挖

岩石地基开挖施工分为地基开挖、地质缺陷处理两个工序。

（一）地基开挖

1．项目分类

（1）主控项目。地基开挖施工工序主控项目有保护层开挖、建基面处理、多组切割的不稳定岩体开挖和不良地质开挖处理、岩体的完整性。

（2）一般项目。地基开挖施工工序一般项目有无结构要求或无配筋的基坑断面尺寸及开挖平整度、有结构要求或有配筋的基坑断面尺寸及开挖平整度。

2．检查方法及数量

（1）主控项目。

1）保护层开挖：采用观察、量测、查阅施工记录，每个单元抽测3处，每处不少于$10m^2$。

2）建基面处理、多组切割的不稳定岩体开挖和不良地质开挖处理：采用观察、量测、查阅施工记录，进行全数检查。

3）岩体的完整性：采用观察、声波检测（需要时采用），符合设计要求。

（2）一般项目。采用观察、仪器测量、查阅施工记录方法，检测点采用横断面控制，断面间距不大于20m，各横断面点数间距不大于2m，局部突出或凹陷部位（面积在$0.5m^2$以上者）应增设检测点。

3．质量验收评定标准

（1）保护层开挖。浅孔、密孔、小药量、控制爆破。

（2）建基面处理。开挖后岩面应满足设计要求。

（3）多组切割的不稳定岩体开挖和不良地质开挖处理。满足设计处理要求。

（4）岩体的完整性。爆破未损害岩体的完整性，开挖面无明显爆破裂隙，声波降低率小于10％或满足设计要求。

(5) 无结构要求或无配筋的基坑断面尺寸及开挖面平整度。

1) 长或宽不大于10m，符合设计要求，允许偏差为－10～20cm。

2) 长或宽大于10m，符合设计要求，允许偏差为－20～30cm。

3) 坑（槽）底部标高，符合设计要求，允许偏差为－10～20cm。

4) 垂直或斜面平整度，符合设计要求，允许偏差为20cm。

(6) 有结构要求或有配筋的基坑断面尺寸及开挖面平整度。

1) 长或宽不大于10m，符合设计要求，允许偏差为0～10cm。

2) 长或宽大于10m，符合设计要求，允许偏差为0～20cm。

3) 坑（槽）底部标高，符合设计要求，允许偏差为0～20cm。

4) 垂直或斜面平整度，符合设计要求，允许偏差为15cm。

(二) 地质缺陷处理

地质缺陷处理施工质量标准同岩石岸坡地质缺陷处理工序。

四、洞室开挖

石质洞室开挖是指对岩体中的隧洞、竖（斜）井、地下厂房、调压井、水下岩塞等地下建筑物的开挖。

洞室开挖方法与地下建筑物的规模和地质条件密切相关，开挖期间应对揭露的各种地质现象进行编录，预测预报可能出现的地质问题，修正围岩工程地质分段分类以研究改进围岩支护方案。

施工中应按施工组织设计要求在指定地点出渣，不得任意弃渣。

洞室开挖壁（坡）面必须稳定，无松动岩块，且满足设计结构要求。主体建筑物的建基面在处理完成后下道工序开工前，均应进行联合验收。

(一) 岩石洞室开挖

1. 项目分类

(1) 主控项目。岩石洞室开挖主控项目有光面爆破和预裂爆破效果，洞、井轴线，不良地质处理和爆破效果。

(2) 一般项目。岩石洞室开挖一般项目有洞室壁面清撬、岩石壁面局部超、欠挖及平整度。

2. 检查方法及数量

(1) 主控项目。

1) 光面爆破和预裂爆破效果：采用观察、量测、统计等方法，每个单元抽测3处，每处不少于2～5m^2。

2) 洞、井轴线：采用量测、查阅施工记录方法，进行全数检查。

3) 不良地质处理：查阅施工记录方法，进行全数检查。

4) 爆破效果：观察、声波检测（需要时采用），符合设计要求。

(2) 一般项目。

1) 洞室壁面清撬：采用观察、查阅施工记录方法，进行全数检查。

2) 岩石壁面局部超、欠挖及平整度：通过测量方法，横断面控制，间距不大于5m，各横断面点数间距不大于 2m，局部突出或凹陷部位（面积在 0.5m^2 以上者）应增设检测点。

3. 质量验收评定标准

（1）光面爆破和预裂爆破效果。

1）残留炮孔痕迹分布均匀，预裂爆破后的裂缝连续贯穿。相邻两孔间的岩面平整，孔壁无明显的爆震裂隙，两茬炮之间的台阶或预裂爆破孔的最大外斜值不宜大于 10cm。

2）炮孔痕迹保存率：完整岩石在 90%以上，较完整和完整性差的岩石不少于 60%，较破碎和破碎岩石不宜小于 20%。

（2）洞、井轴线。符合设计要求，允许偏差为－5～5cm。

（3）不良地质处理。符合设计要求。

（4）爆破控制。爆破未损害岩体的完整性，开挖面无明显爆破裂隙，声波降低率小于 10%，或满足设计要求。

（5）洞室壁面清撬。洞室壁面上无残留的松动岩块和可能塌落危石碎块，岩石面干净，无岩石碎片、尘埃、爆破泥粉等。

（6）岩石壁面局部超、欠挖及平整度。洞轴线符合设计要求，允许偏差为－5～5cm。

1）无结构要求、无配筋预埋件。

①底部标高：符合设计要求，允许偏差为－10～20cm。

②径向尺寸：符合设计要求，允许偏差为－10～20cm。

③侧向尺寸：符合设计要求，允许偏差为－10～20cm。

④开挖面平整度，符合设计要求，允许偏差为 15cm。

2）有结构要求或有配筋。

①底部标高：符合设计要求，允许偏差为 0～15cm。

②径向尺寸：符合设计要求，允许偏差为 0～15cm。

③侧向尺寸：符合设计要求，允许偏差为 0～15cm。

④开挖面平整度，符合设计要求，允许偏差为 10cm。

（二）土质洞室开挖

1. 项目分类

（1）主控项目。土质洞室开挖施工工序主控项目有超前支护，初期支护，洞、井轴线。

（2）一般项目。土质洞室开挖施工工序一般项目有洞面清理、底部标高、径向尺寸、侧向尺寸、开挖面平整度、洞室变形监测。

2. 检查方法及数量

（1）主控项目。

1）超前支护：通过观察、量测、查阅施工记录，每个单元抽检 3 处，每处每项不少于 3 点。

2）初期支护：通过观察、量测、喷射面插标尺，每个单元抽检 3～5 处。

3）洞、井轴线：采用测量、查阅施工记录方法，进行全数检查。

（2）一般项目。

1）洞面清理：采用测量、查阅施工记录方法，进行全数检查。

2）底部标高、径向尺寸、侧向尺寸、开挖面平整度：采用激光指向仪、断面仪、经纬仪、水准仪以及拉线检查方法，对横断面控制，间距不大于5m，各横断面点数间距不大于2m，局部突出或凹陷部位（面积在0.5m^2以上者）应增设检测点。

3）洞室变形监测：采用观察、测量、查阅施工记录，全数观测，根据围岩变形稳定情况，确定观测频次，但每天不少于2次。

3．质量验收评定标准

（1）超前支护。钻孔安装位置、倾斜角度准确。注浆材料配比与凝胶时间、灌浆压力、次序等符合设计要求。

（2）初期支护。安装位置准确。初喷、喷射混凝土、回填注浆材料配比与凝胶时间、灌浆压力、次序以及喷混厚度等符合设计要求。喷射混凝土密实、表面平整，平整度应满足±5cm。

（3）洞、井轴线。符合设计要求，允许偏差为－5～5cm。

（4）洞面清理。洞壁围岩无松土、尘埃。

（5）底部标高、径向尺寸、侧向尺寸。符合设计要求，允许偏差为0～10cm。

（6）开挖面平整度。符合设计要求，允许偏差为10cm。

（7）洞室变形监测。土质洞室的地面、洞室壁面变形监测点埋设符合设计或有关规范。

工作任务二 土石方填筑工程

土石方填筑工程施工中为自下而上分层进行，并分层检查和检测。

土料填筑材料分区应满足设计结构要求，主体建筑物的建基面在处理完成后下道工序开工前，均应进行联合验收。

土石方填筑料（如土料、砂砾料、堆石料、反滤料等）的质量指标应符合设计要求。

一、土料填筑

土料填筑施工分为结合面处理、卸料及铺筑、压实、接缝处理4个工序。

（一）结合面处理

1．项目分类

（1）主控项目。结合面处理工序主控项目有建基面地基压实、土质建基面刨毛、无黏性土建基面的处理、岩面和混凝土面处理。

（2）一般项目。结合面处理工序一般项目有层间结合面、涂刷浆液质量。

2．检查方法及数量

（1）主控项目。

1）建基面地基压实：采用方格网布点检查，坝轴线方向50m，上下游方向20m范围内布点。检验深度应深入地基表面1.0m，对地质条件复杂的地基，应加密布点取样检验。

2）土质建基面刨毛：采用方格网布点检查，每验收单元不少于30点。

3）无黏性土建基面的处理：采用观察、查阅施工记录，进行全数检查。

4）岩面和混凝土面处理：采用方格网布点检查，每验收单元不少于30点。

（2）一般项目。

1）层间结合面：采用观察方法，进行全数检查。

2）涂刷浆液质量：采用观察、抽测方法，每拌和一批至少取样抽测1次。

3. 质量验收评定标准

（1）建基面地基压实。黏性土、砾质土地基土层的压实度等指标符合设计要求。无黏性土地基土层的相对密实度符合设计要求。

（2）土质建基面刨毛。土质地基表面刨毛2～3cm，层面刨毛均匀细致，无团块、空白。

（3）无黏性土建基面的处理。反滤过渡层材料的铺设应满足设计要求。

（4）岩面和混凝土面处理。与土质防渗体结合的岩面或混凝土面，无浮渣、污染杂物，无乳皮粉尘、油垢，无局部积水等。铺填前涂刷浓泥浆或黏土水泥砂浆，涂刷均匀，无空白，混凝土面涂刷厚度为3～5mm；裂隙岩面涂刷厚度为5～10mm；且回填及时，无风干现象，铺浆厚度允许偏差0～2mm。

（5）层间结合面。上下层铺土的结合层面无砂砾、杂物，表面松土，湿润均匀，无积水。

（6）涂刷浆液质量。浆液稠度适宜、均匀，无团块，材料配比误差不大于10%。

（二）卸料及铺筑

1. 项目分类

（1）主控项目。卸料及铺筑施工工序中主控项目有卸料、铺填。

（2）一般项目。卸料及铺筑施工工序中一般项目有结合部土料填筑、铺土厚度、铺填边线。

2. 检查方法及数量

（1）主控项目。卸料、铺填中采用观察方法，进行全数检查。

（2）一般项目。

1）结合部土料填筑：采用观察方法，进行全数检查。

2）铺土厚度：采用测量方法，网格控制，每100m^2一个测点。

3）铺填边线：采用测量方法，每条边线，每10延米一个测点。

3. 质量验收评定标准

（1）卸料。卸料、平料符合设计要求，均衡上升。施工面平整、土料分区清晰，上下层分段位置错开。

（2）铺填。上下游坝坡填筑应有富余量，防渗铺盖在坝体以内部分应与心墙或斜墙同时铺筑。铺料表面应保持湿润，符合施工含水量。

（3）结合部土料填筑。防渗体与地基（包括齿槽）、岸坡、溢洪道边墙、坝下埋管及混凝土齿墙等结合部位的土料填筑，无架空现象。土料厚度均匀，表面平整，无团块、无粗粒集中，边线整齐。

（4）铺土厚度。厚度均匀，符合设计要求，允许偏差为0～－5cm。

（5）铺填边线。铺填边线应有一定富余度，压实削坡后坝体铺填边线满足0～10cm（人工施工）或0～30cm（机械施工）要求。

（三）土料压实

1. 项目分类

（1）主控项目。土料压实工序主控项目有碾压参数、压实质量、压实土料的渗透系数。

（2）一般项目。土料压实工序一般项目有碾压搭接带宽度、碾压面处理。

2. 检查方法及数量

（1）主控项目。

1）碾压参数：查阅试验报告、施工记录，每班至少检查2次。

2）压实质量：取样试验，黏性土宜采用环刀法、核子水分密度仪。砾质土采用挖坑灌砂（灌水）法，土质不均匀的黏性土和砾质土的压实度检测也可采用三点击实法。黏性土1次/（100～200m^3）；砾质土1次/（200～500m^3）。

3）压实土料的渗透系数：渗透试验，满足设计要求。

（2）一般项目。

1）碾压搭接带宽度：采用观察、量测方法，每条搭接带每一单元抽测3处。

2）碾压面处理：通过现场观察、查阅施工记录，进行全数检查。

3. 质量验收评定标准

（1）碾压参数。压实机具的型号、规格，碾压遍数、碾压速度、碾压振动频率、振幅和加水量应符合碾压试验确定的参数值。

（2）压实质量。压实度和最优含水率符合设计要求。1级、2级坝和高坝的压实度不小于98%；3级中低坝及3级以下低坝的压实度不小于96%；土料的含水量应控制在最优量的－2%～3%。取样合格率不小于90%，不合格试样不应集中，且不低于压实度设计值的98%。

（3）压实土料的渗透系数。符合设计要求。

（4）碾压搭接带宽度。分段碾压时，相邻两段交接带碾压迹应彼此搭接，垂直碾压方向搭接带宽度应不小于0.3～0.5m；顺碾压方向搭接带宽度应为1～1.5m。

（5）碾压面处理。碾压表面平整，无漏压，个别弹簧、起皮、脱空，剪力破坏部分处理符合设计要求。

（四）接缝处理

1. 项目分类

（1）主控项目。接缝处理工序主控项目有接合坡面和接合坡面碾压。

（2）一般项目。接缝处理工序一般项目有接合坡面填土、接合坡面处理。

2. 检查方法及数量

（1）主控项目。采用观察及测量检查方法，接合坡面项目每一结合坡面抽测3处；接合坡面碾压项目，每10延米取试样1个，如一层达不到20个试样，可多层累积统计；但每层不得少于3个试样。

（2）一般项目。

1）接合坡面填土：采用观察、取样检验方法，进行全数检查。

2）接合坡面处理：采用观察、布置方格网量测方法，每验收单元不少于30点。

3. 质量验收评定标准

（1）接合坡面。斜墙和心墙内不应留有纵向接缝，防渗体及均质坝的横向接坡不应陡于1：3，其高差符合设计要求，与岸坡接合坡度应符合设计要求。

均质土坝纵向接缝斜坡坡度和平台宽度应满足稳定要求，平台间高差不大于15m。

（2）接合坡面碾压。接合坡面填土碾压密实，层面平整，无拉裂和起皮现象。

（3）接合坡面填土。填土质量符合设计要求，铺土均匀、表面平整，无团块、无风干。

（4）接合坡面处理。纵横接缝的坡面削坡、润湿、刨毛等处理符合设计要求。

二、砂砾料填筑

砂砾料填筑施工分为铺填、压实两个工序。

（一）砂砾料铺填

1. 项目分类

（1）主控项目。砂砾料铺填施工工序主控项目有铺料厚度、岸坡接合处铺填。

（2）一般项目。砂砾料铺填工序施工一般项目有铺填层面外观、富余铺填宽度。

2. 检查方法及数量

（1）主控项目。

1）铺料厚度：按 20m×20m 方格网的角点为测点，定点测量，每单元不少于 10 点。

2）岸坡接合处铺填：采用观察、量测，每条边线，每 10 延米量测 1 组。

（2）一般项目。

1）铺填层面外观：采用观察方法，进行全数检查。

2）富余铺填宽度：采用观察、量测，每条边线，每 10 延米量测 1 组。

3. 质量验收评定标准

（1）铺料厚度。铺料层厚度均匀，表面平整，边线整齐。允许偏差不大于铺料厚度的 10%，且不应超厚。

（2）岸坡接合处铺填。纵横向接合部应符合设计要求；岸坡接合处的填料不得分离、架空。检测点允许偏差 0～10cm。

（3）铺填层面外观。砂砾料填筑力求均衡上升，无团块、无粗粒集中。

（4）富余铺填宽度。富余铺填宽度满足削坡后压实厚质量要求。检测点允许偏差 0～10cm。

（二）砂砾料压实

1. 项目分类

（1）主控项目。砂砾料压实工序主控项目有碾压参数、压实质量。

（2）一般项目。砂砾料压实工序一般项目有压层表面质量、断面尺寸。

2. 检查方法及数量

（1）主控项目。

1）碾压参数：查阅试验报告、施工记录，每班至少检查 2 次。

2）压实质量：查阅施工记录，取样试验，按填筑 1000～5000m^3 取 1 个试样，每层测点不少于 10 个，渐至坝顶处每层或每单元不宜少于 5 个；测点中应至少于有 1～2 个点分布在设计边坡线以内 30cm 处，或与岸坡接合处附近。

（2）一般项目。

1）压层表面质量：采用观察方法，进行全数检查。

2）断面尺寸：采用尺量检查，每层不少于 10 处。

3. 质量验收评定标准

(1) 碾压参数。压实机具的型号、规格，碾压遍数、碾压速度和加水量应符合碾压试验确定的参数值。

(2) 压实质量。相对密实度不低于设计要求。

(3) 压层表面质量。表面平整，无漏压、欠压。

(4) 断面尺寸。压实削坡后上、下游设计边坡超填值允许偏差±20cm，坝轴线与相邻坝料接合面尺寸允许偏差±30cm。

三、堆石料填筑

堆石料填筑施工分为铺填、压实两个工序。

(一) 堆石料铺填

1. 项目分类

(1) 主控项目。堆石料铺填施工工序主控项目有铺料厚度、接合部铺筑。

(2) 一般项目。堆石料铺填施工工序一般项目有铺填层面外观。

2. 检查方法及数量

(1) 主控项目。

1) 铺料厚度：方格网定点测量，每个单元的有效检测点总数不少于20点。

2) 接合部铺筑：采用观察、查阅施工记录，进行全数检查。

(2) 一般项目。铺填层面外观：采用观察、查阅施工记录，进行全数检查。

3. 质量验收评定标准

(1) 铺料厚度。铺料厚度应符合设计要求，允许偏差为铺料厚度的－10%～0，且每一层应有90%的测点达到规定的铺料厚度。

(2) 接合部铺料。堆石料纵横向接合部位宜采用台阶收坡法，台阶宽度应符合设计要求，接合部位的石料无分离、架空现象。

(3) 铺填层面外观。外观平整，分区均衡上升，大粒径料无集中现象。

(二) 堆石料压实

1. 项目分类

(1) 主控项目。堆石料压实工序主控项目有碾压参数、压实质量。

(2) 一般项目。堆石料压实工序一般项目有压层表面质量、断面尺寸。

2. 检查方法及数量

(1) 主控项目。

1) 碾压参数：查阅实验报告、施工记录，每班至少检查2次。

2) 压实质量：采用试坑法，主堆石区每5000～50000m^3取样1次；过渡层区每1000～5000m^3取样1次。

(2) 一般项目。

1) 压层表面质量：采用观察方法，进行全数检查。

2) 断面尺寸：采用观察法，进行全数检查。

3. 质量验收评定标准

(1) 碾压参数。压实机具的型号、规格，碾压遍数、碾压速度、碾压振动频率、振幅和加水量应符合碾压试验确定的参数值。

(2) 压实质量。孔隙率不大于设计要求。

(3) 压层表面质量。表面平整，无漏压、欠压。

(4) 断面尺寸。

1) 下游坡填筑边线距坝轴线距离。

①有护坡要求：符合设计要求，允许偏差为±20cm。

②无护坡要求：符合设计要求，允许偏差为±30cm。

2) 过渡层与主堆石区分界线距坝轴线距离，符合设计要求，允许偏差为±30cm。

3) 垫层与过渡层分界线距坝轴线距离，符合设计要求，允许偏差为－10～0cm。

四、反滤（过渡）料填筑

反滤（过渡）料填筑施工分为铺填、压实两个工序。

（一）反滤（过渡）料铺填

1. 项目分类

(1) 主控项目。反滤（过渡）料铺填施工工序主控项目有铺料厚度、铺筑位置、接合部。

(2) 一般项目。反滤（过渡）料铺填施工工序一般项目有铺填层面外观、层间结合面。

2. 检查方法及数量

(1) 主控项目。

1) 铺料厚度：方格网定点测量，每个单元不少于10点。

2) 铺筑位置：采用观察、测量，每条边线，每10延米检测1组，每组2个点。

3) 接合部：采用观察、查阅施工记录，进行全数检查。

(2) 一般项目。铺填层面外观及层间结合面项目，采用观察方法，进行全数检查。

3. 质量验收评定标准

(1) 铺料厚度。铺料厚度均匀，不超厚，表面平整，边线整齐。检测点允许偏差不大于铺料厚度的10%，且不应超厚。

(2) 铺筑位置。铺筑位置准确，摊铺边线整齐，边线偏差为±5cm。

(3) 接合部。纵横向符合设计要求，岸坡接合处的填料无分离、架空。

(4) 铺填层面外观。填筑力求均衡上升，无团块、无粗粒集中。

(5) 层间结合面。上下层间的结合面无撒入泥土、杂物等。

（二）反滤（过渡）料压实

1. 项目分类

(1) 主控项目。反滤（过渡）料压实施工工序主控项目有碾压参数、压实质量。

(2) 一般项目。反滤（过渡）料压实施工工序一般项目有压层表面质量、结构尺寸。

2. 检查方法及数量

(1) 主控项目。

1) 碾压参数：查阅实验报告、施工记录，每班至少检查2次。

2）压实质量：试坑法，每 200～400m^3 检测 1 次，每个取样断面每层所取的样品不应少于 1 组。

（2）一般项目。

1）压层表面质量：采用观察方法，进行全数检查。

2）结构尺寸：查阅施工记录、测量，每 100～200m^3 检测 1 组，或每 10 延米检测 1 组，每组不少于 2 个点。

3. 质量验收评定标准

（1）碾压参数。压实机具的型号、规格，碾压遍数、碾压速度、碾压振动频率、振幅和加水量应符合碾压试验确定的参数值。

（2）压实质量。压实料相对密实度不小于设计要求。

（3）压层表面质量。表面平整，无漏压、欠压和弹簧土现象。

（4）结构尺寸。压实后的反滤层、过渡层的断面尺寸偏差值不大于设计厚度的 10%。

五、垫层工程

垫层料填筑施工分为垫层料铺填、垫层料压实两个工序。

（一）垫层料铺填

1. 项目分类

（1）主控项目。垫层料铺填施工工序主控项目有铺料厚度、铺筑位置、接合部。

（2）一般项目。垫层料铺填施工工序一般项目有铺填层面外观、接缝重叠宽度、层间接合面。

2. 检查方法及数量

（1）主控项目。

1）铺料厚度：方格网定点测量，铺料厚度按 10m×10m 网格布置测点，每单元不少于 4 点。

2）铺填位置：用尺量，每验收单元不少于 10 处。

3）接合部：通过观察、查阅施工记录，进行全数检查。

（2）一般项目。

1）铺填层面外观：通过观察，进行全数检查。

2）接缝重叠宽度：查阅施工记录、量测，每 10 延米检测一组，每组 2 个点。

3）层间接合面：通过观察，进行全数检查。

3. 质量验收评定标准

（1）铺料厚度。铺料厚度均匀，不超厚。表面平整，边线整齐。检查点允许偏差为±3cm。

（2）铺填位置。

1）垫层与过渡分界线与坝轴线距离：符合设计要求，允许偏差为－10～0m。

2）垫层外坡线距坝轴线（碾压层）：符合设计要求，允许偏差为±5cm。

（3）接合部。垫层摊铺顺序、纵横向接合部符合设计要求。岸坡接合处的填料不得分离、架空。

（4）铺填层面外观。填筑力求均衡上升，无团块、无粗粒集中。

（5）接缝重叠宽度。接缝重叠宽度应符合设计要求。

（6）层间接合面。上下层间的接合面无撒入泥土、杂物等。

（二）垫层料压实

1. 项目分类

（1）主控项目。垫层料压实施工工序主控项目有碾压参数、压实质量。

（2）一般项目。垫层料压实施工工序一般项目有压层表面质量、垫层坡面保护。

2. 检查方法及数量

（1）主控项目。

1）碾压参数：查阅实验报告、施工记录，每班至少检查2次。

2）压实质量：查阅施工记录、观察，试坑法测定，试坑均匀分布于断面。水平面按每500～1000m^3检测1次，但每单元取样不得少于3次；斜坡面按每1000～2000m^3检测1次。

（2）一般项目。

1）压层表面质量：采用观察方法，进行全数检查。

2）垫层坡面保护：检查方法与数量见“垫层坡面防护层检验项目及偏差标准”。

3. 质量验收评定标准

（1）碾压参数。压实机具的型号、规格，碾压遍数、碾压速度、碾压振动频率、振幅和加水量应符合碾压试验确定的参数值。

（2）压实质量。压实度（或相对密实度）不低于设计要求。

（3）压层表面质量。层面平整，无漏压、欠压，各碾压段之间的搭接不小于1.0m。

（4）垫层坡面防护。保护形式、采用材料及其配合比应满足设计要求。坡面防护层应做到喷、摊均匀密实，无空白、鼓色，表面平整、洁净。

（三）垫层坡面防护层

1. 检验项目

垫层坡面防护层检验项目共有保护层材料、配合比、碾压水泥砂浆、喷射混凝土或水泥砂浆及阳离子乳化沥青。

2. 检验方法及数量

（1）保护层材料。取样抽验，每批次或每单位工程取样3组。

（2）配合比。取样抽验，每种配合比至少取样1组。

（3）碾压水泥砂浆。

1）铺料厚度：拉线测量，沿坡面按20m×20m网格布置测点。

2）摊铺每条幅宽度不小于4m：拉线测量，每10延米检测2组。

3）碾压方法及遍数：观察、查阅施工记录，进行全数检查。

4）碾压后砂浆表面平整度：拉线测量，沿坡面按20m×20m网格布置测点。

5）砂浆初凝前应碾压完毕，终凝后洒水养护：采用观察、查阅施工记录，进行全数检查。

（4）喷射混凝土或水泥砂浆。

1）碾压后砂浆表面偏离设计线：拉线测量，沿坡面按20m×20m网格布置测点。

2）喷层施工工艺：查阅施工记录，进行全数检查。

3）喷层表面平整度：拉线测量，沿坡面按20m×20m网格布置测点。

4）喷层终凝后洒水养护：查阅施工记录，进行全数检查。

（5）阳离子乳化沥青。查阅施工记录检查喷涂层数、涂间隔时间、喷涂前应清除坡面浮尘，喷涂后随即均匀撒砂。

3. 质量验收评定标准

（1）保护层材料。满足设计要求。

（2）配合比。满足设计要求。

（3）碾压水泥砂浆。

1）铺料厚度：设计厚度允许偏差±3cm。

2）摊铺每条幅宽度不小于4m：设计厚度允许偏差0～10cm。

3）碾压方法及遍数：满足设计要求。

4）碾压后砂浆表面平整度：允许偏差＋5～－8cm。

5）砂浆初凝前应碾压完毕，终凝后洒水养护：满足设计要求。

（4）喷射混凝土或水泥砂浆。

1）碾压后砂浆表面偏离设计线：允许偏差±5cm。

2）喷层施工工艺：满足设计要求。

3）喷层表面平整度：允许偏差±3cm。

4）喷层终凝后洒水养护：满足设计要求。

（5）阳离子乳化沥青。

1）喷涂层数：满足设计要求。

2）喷涂间隔时间：不少于24h。

3）喷涂前应清除坡面浮尘，喷涂后随即均匀撒砂：满足设计要求。

六、排水工程

1. 项目分类

（1）主控项目。排水工程施工工序主控项目有结构型式、压实质量。

（2）一般项目。排水工程施工工序一般项目有排水设施位置、接合面处理、排水材料摊铺、排水体结构外轮廓尺寸、排水体外观。

2. 检查方法及数量

（1）主控项目。

1）结构型式：通过观察、查阅施工记录，进行全数检查。

2）压实质量：试坑法测定，按每200～400m^3检测1次，每个取样断面每层所取的样品不得少于1个。

（2）一般项目。

1）排水设施位置：测量，基底高程、每中（边）线每10延米检测1组，每组不少于3点。

2）接合面处理：观察，查阅施工记录，每 $100m^2$ 检查1处，每处检查面积为 $10m^2$；排水管路按每50延米检查1处，每处检查长度为5m（含一个管路接头）。

3）排水材料摊铺：观察，水准仪或拉线量测，铺料厚度按10m×10m网格布置测点，每单元不少于4点。

4）排水体结构外轮廓尺寸：查阅施工记录，测量，每 $50m^2$ 或20延米检测6点，检测点采用横断面或纵断面控制，各断面点数不小于3点，局部突出或凹陷部位（面积在 $0.5m^2$ 以上者）应增设检测点。

5）排水体外观：

①表面平整度：用2m靠尺测量，每单元工程不少于10点。

②顶标高：水准仪测，每10延米测1点。

3. 质量验收评定标准

（1）结构型式。排水体结构型式，纵横向接头处理，排水体的纵坡及防冻保护措施等应满足设计要求。

（2）压实质量。无漏压、欠压，相对密实度或孔隙率应满足设计要求。

（3）排水设施位置。排水体位置准确，基底高程、中（边）线偏差应控制在±3cm之内。

（4）接合面处理。层面接合良好，与岸坡接合处的填料无分离、架空现象，无水平通缝。靠近反滤层的石料为内小外大，堆石接缝为逐层错缝，不得垂直相接，表面的砌石为平砌，平整美观。

（5）排水材料摊铺。摊铺边线整齐，厚度均匀，表面平整，无团块、粗粒集中现象；检测点允许偏差为±3cm。

（6）排水体结构外轮廓尺寸。压实后排水体结构外轮廓尺寸应不小于设计尺寸的10%。

（7）排水体外观。

1）表面平整度：符合设计要求。干砌：允许偏差为±5cm；浆砌：允许偏差为±3cm。

2）顶标高：符合设计要求。干砌：允许偏差为±3cm；浆砌：允许偏差为±5cm。

工作任务三　砌　石　工　程

一、干砌石

1. 项目分类

（1）主控项目。干砌石施工工序主控项目有石料表面质量、砌筑。

（2）一般项目。干砌石施工工序一般项目有基面处理、基面碎石垫层铺筑质量、干砌石体的断面尺寸。

2. 检查方法及数量

（1）石料表面质量。采用量测、取样试验，根据料源情况抽验1～3组，但每一种材料至少抽验1组。

（2）砌筑。通过观察、翻撬或铁钎插检，对砌墙（坝）必要时采用试坑法检查孔隙率，网格布置测点，上游面护坡工程每单元的有效检测点总数不少于30点，其他护坡工程每单元的有效检测点总数不少于20点。

（3）基面处理。通过观察、查阅施工验收记录，进行全数检查。

（4）基面碎石垫层铺筑质量。量测、取样试验，每个单元检测点总数不少于20点。

（5）干砌石体的断面尺寸。

1）表面平整度：用2m靠尺量测，每单元检测点数不少于25～30点。

2）厚度：测量，每100m^2测3个点。

3）坡度：坡尺及垂线，每单元实测断面不少于2个。

3. 质量验收评定标准

（1）石料表面质量。石料规格应符合设计要求。

（2）砌筑。自下而上错缝竖砌，石块紧靠密实，垫塞稳固，大块压边；采用水泥砂浆勾缝时，应预留排水孔。砌体应咬扣紧密、错缝。

（3）基面处理。基面处理方法、基础埋置深度应符合设计要求。

（4）基面碎石垫层铺筑质量。碎石垫层料的颗粒级配、铺料方法、铺填厚度及压实度应满足设计要求。

（5）干砌石体的断面尺寸。

1）表面平整度：符合设计要求，允许偏差为5cm。

2）厚度：符合设计要求，允许偏差为±5cm。

3）坡度：符合设计要求，允许偏差为±2%。

二、水泥砂浆砌石体

水泥砂浆砌石体施工工序分为浆砌石体层面处理、砌筑、伸缩缝。

（一）浆砌石体层面处理

1. 项目分类

（1）主控项目。浆砌石体层面处理工序主控项目有砌体仓面清理、表面处理。

（2）一般项目。浆砌石体层面处理工序一般项目有垫层混凝土。

2. 检查方法及数量

（1）砌体仓面清理。通过观察、查阅验收记录，进行全数检查。

（2）表面处理。通过观察、方格网法量测，进行整个砌筑面检查。

（3）垫层混凝土。通过观察、查阅验收记录，进行全数检查。

3. 质量验收评定标准

（1）砌体仓面清理。仓面干净，表面湿润均匀。无浮渣，无杂物，无积水，无松动石块。

（2）表面处理。垫层混凝土表面、砌石体表面局部光滑的砂浆表面必须凿毛，毛面面积不小于95%的总面积。

（3）垫层混凝土。已浇垫层混凝土，在抗压强度未达到设计要求前，不得在其面层上进行上层砌石的准备工作。

（二）水泥砂浆砌石体砌筑

1. 项目分类

（1）主控项目。砌石体砌筑工序主控项目有石料表面质量，普通砌石体砌筑，墩、墙砌石体砌筑，墩、墙砌筑型式，砌石体质量、抗渗性能、砌缝饱满度与密实度。

（2）一般项目。砌石体砌筑工序一般项目有水泥砂浆沉入度、砌缝宽度、浆砌石坝体的外轮廓尺寸、浆砌石墩、墙砌体尺寸、位置、浆砌石溢洪道溢流面砌筑结构尺寸和位置。

2. 检查方法及数量

（1）石料表面质量。通过观察、量测，逐块观察、测量，根据料源情况抽验 1～3 组，但每一种材料至少抽验 1 组。

（2）普通砌石体砌筑。观察、翻撬观察，翻撬抽检每单元不少于 3 块。

（3）墩、墙砌石体砌筑。观察、尺量，进行全数检查。

（4）墩、墙砌筑型式。观察、尺量，每 20 延米抽查 l 处，每处 3 延米，但每个单元工程不应少于 3 处。

（5）砌石体质量。采用试坑法，坝高 1/3 以下，每砌筑 10m 高挖试坑 1 组；坝高 l/3～2/3，每砌筑 15m 高挖试坑 1 组；坝高 2/3 以上，每砌筑 20m 高挖试坑 1 组。

（6）抗渗性能。压水试验，每砌筑 2 层高，进行一次钻孔压水试验，每 100～200m^2 坝面钻孔 3 个，每次试验不少于 3 孔。

（7）砌缝饱满度与密实度。压水试验，每砌筑 2 层高，进行 1 次钻孔压水试验，每 100～200m^2 坝面钻孔 3 个，每孔试验不少于 3 孔。

（8）水泥砂浆沉入度。现场抽检，每班不少于 3 次。

（9）砌缝宽度。通过观察、尺量，每砌筑表面 10m^2 抽检 1 处，每单元工程不少于 10 处，每处检查缝长不少于 1m。

（10）浆砌石坝体的外轮廓尺寸。浆砌石坝体的外轮廓尺寸检查同浆砌石坝体外轮廓尺寸偏差。

（11）浆砌石墩、墙砌体尺寸、位置。浆砌石墩、墙砌体尺寸、位置检查同浆砌石墩、墙砌体位置、尺寸偏差。

（12）浆砌石溢洪道溢流面砌筑结构尺寸和位置。浆砌石溢洪道溢流面砌筑结构尺寸和位置检查同浆砌石溢洪道溢流面砌筑结构尺寸偏差。

3. 质量验收评定标准

（1）石料质量。石料规格应符合设计要求，表面湿润，无泥垢、油渍等污物。

（2）普通砌石体砌筑。铺浆均匀，无裸露石块；灌浆、塞缝饱满，砌缝密实，无架空等现象。

（3）墩、墙砌石体砌筑。先砌筑角石，再砌筑镶面石，最后砌筑填腹石。镶面石的厚度应不小于 30cm。临时间断处的高低差应不大于 1.0m，并留有平缓阶台。

（4）墩、墙砌筑型式。内外搭砌，上下错缝；丁砌石分布均匀，面积不少于墩、墙砌体全部面积的 1/5，且长度大于 60cm；毛块石分层卧砌，无填心砌法；每砌筑 70～120cm 高度找平一次；砌缝宽度基本一致。

（5）砌石体质量。密度、空隙率应符合设计要求。

（6）抗渗性能。对有抗渗要求的部位，砌体透水率应符合设计要求。

（7）砌缝饱满度与密实度。饱满且密实。

（8）水泥砂浆沉入度。符合设计要求，允许偏差不大于±1cm。

（9）砌缝宽度。水泥砂浆砌体表面砌缝宽度检验标准具体详见表5-3-1。

表5-3-1　　水泥砂浆砌体表面砌缝宽度标准

砌缝类别	砌缝宽度（mm）		
	粗料石	预制块	块石
平缝	15～20	10～15	20～25
竖缝	20～30	15～20	20～40
允许偏差	10%		

每砌筑表面10m² 抽验1处，每个单元工程不少于10处，每处检查不少于1m。

（10）浆砌石坝体的外轮廓尺寸。浆砌石坝体的外轮廓尺寸应符合表5-3-2的质量要求。

表5-3-2　　浆砌石坝体外轮廓尺寸偏差

项目			允许偏差（mm）	检查方法及数量
坝体轮廓线	平面		±40	
	高程	重力坝	±30	沿坝轴线方向每10～20m校核1点，每单元工程不少于10点
		拱坝、支墩坝	±20	沿坝轴线方向每3～5m校核1点，每单元工程不少于20点
浆砌石（混凝土预制块）护坡		表面平整度	≤30	每单元检测点数不少于25～30点
		厚度	±30	每100m² 测3点
		坡度	±2%	每单元实测断面不少于2个

（11）浆砌石墩、墙砌体尺寸、位置。浆砌石墩、墙砌体尺寸、位置应符合表5-3-3的质量要求。

表5-3-3　　浆砌石墩、墙砌体位置、尺寸偏差

类　别		允许偏差（mm）	检查方法及数量
轴线位置偏移		10	经纬仪、拉线测量，每10延米检查1点
顶面标高		±15	水准仪测量，每10延米检查1点
厚度	设闸门部位	±10	测量检查，每1延米检查1点
	无闸门部位	±20	测量检查，每5延米检查1点

（12）浆砌石溢洪道溢流面砌筑结构尺寸和位置。浆砌石溢洪道溢流面砌筑结构尺寸和位置应符合表5-3-4的质量要求。

表5-3-4　　浆砌石溢洪道溢流面砌筑结构尺寸偏差

类别	项目	允许偏差（mm）	检查方法及数量
砌缝类别	平缝宽15mm	±2	每 $100m^2$ 抽查一处，每处 $10m^2$，每单元不少于3处
	竖缝宽15～20mm	±2	
平面控制	堰顶	±10	经纬仪、水准仪测量，每 $100m^2$ 抽查20点
	轮廓线	±20	
竖向控制	堰顶	±10	
	其他位置	±20	
表面平整度		20	2m靠尺检查，每 $100m^2$ 抽查20点

三、混凝土砌石体

混凝土砌石体施工工序分为砌石体层面处理、砌筑、伸缩缝。

（一）层面处理

混凝土砌石体层面处理验收评定标准同水泥砂浆砌石体层面施工质量标准。

（二）混凝土砌石砌筑

1. 项目分类

（1）主控项目。混凝土砌石体工序主控项目有石料表观质量、砌石体砌筑、腹石砌筑型式、砌石体质量。

（2）一般项目。混凝土砌石体工序一般项目有混凝土维勃稠度或坍落度、表面砌缝宽度及混凝土砌石体的外轮廓尺寸。

2. 检查方法及数量

（1）石料表观质量。通过观察、测量，根据料源情况抽验1～3组，每一组材料至少抽验1组。

（2）砌石体砌筑。观察、翻撬检查，翻撬抽检每单元不少于3块。

（3）腹石砌筑型式。现场观察，每 $100m^2$ 坝面抽查1处，每处面积不小于 $10m^2$，每单元不得少于3处。

（4）混凝土稠度、坍落度。现场抽检，每班不少于3次。

（5）表面砌缝宽度。观察、尺量，每砌筑表面 $10m^2$ 抽检一处，每单元工程不少于10处，每处检查缝长不少于1m。

3. 质量验收评定标准

（1）石料表观质量。石料材质及标号应符合设计要求，表面湿润，无泥垢、油渍等污物。

(2) 砌石体砌筑。混凝土铺设均匀，无裸露石块；砌石体灌注、塞缝混凝土饱满，砌缝密实，无架空现象。

(3) 腹石砌筑型式。粗料石砌筑，宜一丁一顺或一丁多顺；毛石砌筑，石块之间不得出现线或面接触。

(4) 砌石体质量。抗渗性、密度、空隙率应符合设计要求。

(5) 混凝土稠度、坍落度。稠度基本均匀，坍落度偏离设计中值不大于2cm。

(6) 表面砌缝宽度。砌体表面砌缝宽度应满足表5-3-5的要求。

表5-3-5　　混凝土砌石体表面砌缝宽度标准

砌缝类别	砌缝宽度（mm）		
	粗料石	预制块	块石
平缝	25～30	20～25	40～35
竖缝	30～40	25～30	30～50
允许偏差	10%		

四、水泥砂浆勾缝

勾缝采用的水泥砂浆必须单独拌制，不得与砌筑砂浆混用。

1. 项目分类

(1) 主控项目。水泥砂浆勾缝工序主控项目有水泥砂浆质量、清缝、勾缝、养护。

(2) 一般项目。水泥砂浆勾缝工序一般项目水泥砂浆沉入度。

2. 检查方法及数量

(1) 清缝。观察、测量，每10m^2砌体表面抽检不少于5处，每处不少于1m缝长。

(2) 勾缝。砂浆初凝前通过压触对比抽检勾缝的密实度。抽检压触深度不应大于0.5cm，每100m^2砌体表面至少抽检10处，每处不少于1m长。

(3) 养护。观察，检查施工记录，进行全数检查。

(4) 水泥砂浆沉入度。现场抽检，每班不少于3次。

3. 质量验收评定标准

(1) 清缝。清缝宽度不小于砌缝宽度，水平缝清缝深度不小于4cm，竖缝清缝深度不小于5cm。

(2) 勾缝。勾缝型式符合设计要求，分次向缝内填充、压实，密实度达到要求，砂浆初凝后不得扰动。

(3) 养护。有效及时，一般砌体养护28d，对有防渗要求的砌体养护时间应满足设计要求。养护期内表面保持湿润，无时干时湿现象。

(4) 水泥砂浆沉入度。符合设计要求，允许偏差不大于±1cm。

工作任务四　案　例　分　析

选取学习情境一中案例 1，连通闸工程中土方开挖及砂石料填筑工序，具体详见表 5-4-1 和表 5-4-2。

表 5-4-1　　**工序施工质量验收评定表**

单位工程名称			连通闸工程	工序编号	A4-B1-C1	
分部工程名称			上游连接段	施工单位	××水务建设有限公司	
单元工程名称、部位			上游连接段、土方开挖	施工日期	年　月　日至年　月　日	
项次		检查项目	质量标准	检查（测）记录	合格数	合格率（%）
主控项目	1	表土清理	树木、草皮、树根、乱石、坟墓以及各种建筑物全部清除；水井、泉眼、地道、坑窖等洞穴的处理符合设计要求	无树木、草皮、树根、乱石，符合设计要求	9	100
	2	不良地质土的处理	淤泥、腐殖质土、泥炭土全部清除；对风化岩石、坡积物、残积物、滑坡体、粉土、细砂等处理符合按设计要求	符合按设计要求	8	100
	3	地质坑、孔处理	构筑物基础区范围内的地质探孔、竖井、试坑的处理符合设计要求；回填材料质量满足设计要求	质量满足设计要求	5	100
一般项目	1	清理范围	满足设计要求。长、宽边线允许偏差：人工施工 0～50cm，机械施工 0～100cm	52、67、22、35、56、63	6	100
	2	岸边坡度	不陡于设计边坡（1∶1）	1∶1.2、1∶1.13、1∶1.15	3	100
	3					
施工单位自评意见		主控项目检验点 100%合格，一般项目逐项检验点的合格率 100%，且不合格点不集中分布。 工序质量等级评定为：优良 （签字，加盖公章）　年　月　日				
监理单位复核意见		经复核，主控项目检验点 100%合格，一般项目逐项检验点的合格率 100%，且不合格点不集中分布。 工序质量等级评定为：优良 （签字，加盖公章）　年　月　日				

表 5-4-2 **工序施工质量验收评定表**

<table>
<tr><td colspan="3">单位工程名称</td><td>连通闸工程</td><td>工序编号</td><td colspan="2">A4-B3-C6</td></tr>
<tr><td colspan="3">分部工程名称</td><td>闸室段</td><td>施工单位</td><td colspan="2">××水务建设有限公司</td></tr>
<tr><td colspan="3">单元工程名称、部位</td><td>上游连接段、砂石料填筑</td><td>施工日期</td><td colspan="2">年 月 日至 年 月 日</td></tr>
<tr><td colspan="2">项次</td><td>检查项目</td><td>质量标准</td><td>检查（测）记录</td><td>合格数</td><td>合格率（%）</td></tr>
<tr><td rowspan="4">主控项目</td><td>1</td><td>铺料厚度</td><td>铺料层厚度均匀，不得超厚，且表面平整，边线整齐</td><td>0.310、0.295、0.297、0.289、0.306、0.308、0.311、0.312、0.298、0.289（m）</td><td>10</td><td>100</td></tr>
<tr><td>2</td><td>岸坡接合处填筑</td><td>纵横向接合部应符合设计要求；岸坡接合处的填料不得分离、架空。检测点允许偏差0～10cm</td><td>5.2、6.7、2.3（cm）</td><td>3</td><td>100</td></tr>
<tr><td>3</td><td></td><td></td><td></td><td></td><td></td></tr>
<tr><td></td><td></td><td></td><td></td><td></td><td></td></tr>
<tr><td rowspan="4">一般项目</td><td>1</td><td>填筑层面外观</td><td>砂砾料填筑力求均衡上升，无团块、无粗粒集中</td><td>无</td><td>5</td><td>100</td></tr>
<tr><td>2</td><td>富余填筑宽度</td><td>富余填筑宽度满足压实厚质量要求。检测点允许偏差0～10cm</td><td>4.2、3.5、2.8、8.2、5.6（cm）</td><td>5</td><td>100</td></tr>
<tr><td>3</td><td></td><td></td><td></td><td></td><td></td></tr>
<tr><td></td><td></td><td></td><td></td><td></td><td></td></tr>
<tr><td colspan="2">施工单位
自评意见</td><td colspan="5">主控项目检验点100%合格，一般项目逐项检验点的合格率100%，且不合格点不集中分布。
工序质量等级评定为：优良
（签字，加盖公章） 年 月 日</td></tr>
<tr><td colspan="2">监理单位
复核意见</td><td colspan="5">经复核，主控项目检验点100%合格，一般项目逐项检验点的合格率100%，且不合格点不集中分布。
工序质量等级评定为：优良
（签字，加盖公章） 年 月 日</td></tr>
</table>

技 能 训 练

1. 简述土方开挖工程工序及其检查方法及数量。

2. 列表陈述土方开挖、岩石地基开挖工程中主控项目及一般项目的质量检验与验收标准。

3. 通过课堂学习，你认为在土方填筑工程中质量检验与验收中内容是什么？

4. 简述干砌石施工工序中质量检验与验收标准。

5. 如何填写水泥砂浆勾缝工序施工质量验收评定表？

学习情境六　混凝土工程施工质量评定标准

【学习目标】

1. 熟悉普通混凝土、碾压混凝土、混凝土面板、沥青混凝土等工程的施工工序 2. 熟悉普通混凝土工程中基础面、施工缝处理、模板制作及安装、钢筋制作及安装、预埋件制作及安装、混凝土浇筑、外观质量检查等工序的施工检验方法及其质量评定标准
3. 熟悉碾压混凝土工程中层面处理、模板制作及安装、混凝土浇筑、碾压混凝土、成缝等工序的施工检验方法及其质量评定标准
4. 熟悉工程中基面清理、模板、钢筋制安及安装、预埋件制安及安装、混凝土浇筑及外观质量等工序的施工检验方法及其质量评定标准
5. 熟悉沥青混凝土工程中混凝土心墙、沥青混凝土面板等工序的施工检验方法及其质量评定标准
6. 掌握普查混凝土浇筑工序施工质量验收评定表的填写

工作任务一　普通混凝土工程

普通混凝土施工分为基础面、施工缝处理，模板制作及安装，钢筋制作及安装，预埋件制作及安装，混凝土浇筑，外观质量检查6个工序。

一、基础面、施工缝处理

基础面、施工缝处理包括基础面及施工缝两个工序。

(一) 基础面

1. 项目分类

(1) 主控项目。基础面施工工序主控项目有基础面、地表水和地下水、施工缝。

(2) 一般项目。基础面施工工序一般项目有岩面清理。

2. 检查方法及数量

(1) 主控项目。

1) 基础面(岩基)：观察、查阅设计图样或地质报告，进行全仓检查。

2) 基础面(软基)：观察、查阅测量断面图及设计图样，进行全仓检查。

3) 地表水和地下水：观察，进行全仓检查。

(2) 一般项目。岩面清理：观察，进行全仓检查。

3. 质量验收评定标准

(1) 基础面(岩基)：符合设计要求；基础面(软基)：预留保护层已挖除。

(2) 地表水和地下水。妥善引排或封堵。

(3) 岩面清理。符合设计要求，清洗洁净，无积水，无积渣杂物。

(二) 施工缝

1. 项目分类

(1) 主控项目。施工缝施工工序主控项目有施工缝的留置位置、施工缝面凿毛。

(2) 一般项目。施工缝施工工序一般项目有缝面清理。

2. 检查方法及数量

通过观察，进行全数检查。

3. 质量验收评定标准

(1) 施工缝的留置位置。符合设计或有关施工规范规定。

(2) 施工缝面凿毛。基面无乳皮、成毛面、微露粗砂。

(3) 缝面清理。符合设计要求；清洗洁净，无积水、无积渣杂物。

二、模板制作及安装

1. 项目分类

(1) 主控项目。模板制作及安装施工工序主控项目有稳定性、刚度和强度，承重模板底面高程，排架、梁板、柱、墙，结构物边线与设计边线，预留孔、洞尺寸及位置。

(2) 一般项目。模板制作及安装施工工序一般项目有模板平整度、相邻两板面错台，局部平整度，板面缝隙，结构物水平断面内部尺寸，脱模剂涂刷，模板外观。

2. 检查方法及数量

(1) 稳定性、刚度和强度。对照设计图样检查，进行全部检查。

(2) 承重模板底面高程。仪器测量，模板面积在 100m^2 以内，不少于 10 点；每增加 100m^2，增加检查点数不少于 10 点。

(3) 排架、梁板、柱、墙。

1) 结构断面尺寸：钢尺测量，模板面积在 100m^2 以内，不少于 10 点；每增加 100m^2，增加检查点数不少于 10 点。

2) 轴线位置偏差：仪器测量，模板面积在 100m^2 以内，不少于 10 点；每增加 100m^2，增加检查点数不少于 10 点。

3) 垂直度：2m 靠尺量测或仪器测量，模板面积在 100m^2 以内，不少于 10 点；每增加 100m^2，增加检查点数不少于 10 点。

(4) 结构物边线与设计边线。钢尺测量，模板面积在 100m^2 以内，不少于 10 点；每增加 100m^2，增加检查点数不少于 10 点。

(5) 预留孔、洞尺寸及位置。测量、查看图样，模板面积在 100m^2 以内，不少于 10 点；每增加 100m^2，增加检查点数不少于 10 点。

(6) 模板平整度、相邻两板面错台。2m 靠尺量测或拉线检查，模板面积在 100m^2 以内，不少于 10 点；每增加 100m^2，增加检查点数不少于 10 点。

(7) 局部平整度。按水平线（或垂直线）布置检测点，2m 靠尺量测，模板面积在

100m^2 以上，不少于 20 点。每增加 100m^2，增加检查点数不少于 10 点。

(8) 板面缝隙。量测，100m^2 以上，检查 3～5 点；100m^2 以内，检查 1～3 点。

(9) 结构物水平断面内部尺寸。测量，100m^2 以上，不少于 10 点；100m^2 以内，不少于 5 点。

(10) 脱模剂涂刷。查阅产品质检证明，进行全面检查。

(11) 模板外观。观察，全面检查。

3. 质量验收评定标准

(1) 稳定性、刚度和强度。满足混凝土施工荷载要求，符合模板设计要求。

(2) 承重模板底面高程。允许偏差±5mm。

(3) 排架、梁板、柱、墙。

1) 结构断面尺寸：允许偏差±10mm。

2) 轴线位置偏差：允许偏差±10mm。

3) 垂直度：允许偏差±5mm。

(4) 结构物边线与设计边线。

1) 外露表面：内模板：允许偏差－10～0mm；外模板：允许偏差 0～10mm。

2) 隐蔽内面：允许偏差 15mm。

(5) 预留孔、洞尺寸及位置。

1) 孔、洞尺寸：允许偏差±10mm。

2) 孔、洞位置：允许偏差±10mm。

(6) 模板平整度、相邻两板面错台。

1) 外露表面：钢模：允许偏差 2mm；木模：允许偏差 3mm。

2) 隐蔽内面：允许偏差 5mm。

(7) 局部平整度。

1) 外露表面：钢模：允许偏差 3mm；木模：允许偏差 5mm。

2) 隐蔽内面：允许偏差 10mm。

(8) 板面缝隙。

1) 外露表面：钢模：允许偏差 1mm；木模：允许偏差 2mm。

2) 隐蔽内面：允许偏差 2mm。

(9) 结构物水平断面内部尺寸。允许偏差±20mm。

(10) 脱模剂涂刷。产品质量符合标准要求，涂刷均匀，无明显色差。

(11) 模板外观。表面光洁、无污物。

三、钢筋制作及安装

钢筋制作及安装包括钢筋制作与安装及钢筋连接两个施工工序。

(一) 钢筋制作与安装

1. 项目分类

(1) 主控项目。钢筋制作与安装施工工序主控项目有钢筋的数量、规格尺寸、安装位置，钢筋接头的力学性能，焊接接头和焊缝外观，钢筋连接，钢筋间距、保护层。

(2) 一般项目。钢筋制作与安装施工工序一般项目有钢筋长度方向，同一排受力钢筋间距，双排钢筋的排与排间距，梁与柱中箍筋间距，保护层厚度。

2. 检查方法及数量

(1) 主控项目。

1) 钢筋的数量、规格尺寸、安装位置：对照设计文件，进行全数检查。

2) 钢筋接头的力学性能：对照仓号在结构上取样测试，焊接 200 个接头检查 1 组，机械连接 500 个接头检查 1 组。

3) 焊接接头和焊缝外观：观察并记录，不少于 10 点。

4) 钢筋连接：参照钢筋连接施工质量标准。

5) 钢筋间距、保护层：观察、量测，不少于 10 点。

(2) 一般项目。

1) 钢筋长度方向：观察、量测，不少于 5 点。

2) 同一排受力钢筋间距：观察、量测，不少于 5 点。

3) 双排钢筋的排与排间距：观察、量测，不少于 5 点。

4) 梁与柱中箍筋间距：观察、量测，不少于 10 点。

5) 保护层厚度：观察、量测，不少于 5 点。

3. 质量验收评定标准

(1) 钢筋的数量、规格尺寸、安装位置。符合质量标准和设计的要求。

(2) 钢筋接头的力学性能。符合规范要求和国家及行业有关规定。

(3) 焊接接头和焊缝外观。不允许有裂缝、脱焊点、漏焊点，表面平顺，没有明显的咬边、凹陷气孔等。

(4) 钢筋连接。参照钢筋连接施工质量标准。

(5) 钢筋间距、保护层。符合质量标准和设计的要求。

(6) 钢筋长度方向。局部偏差±1/2 净保护层厚。

(7) 同一排受力钢筋间距。

1) 排架、柱、梁：允许偏差±0.5d。

2) 板、墙：允许偏差±0.1 倍间距。

(8) 双排钢筋的排与排间距。允许偏差±0.1 倍排距。

(9) 梁与柱中箍筋间距。允许偏差±0.1 倍箍筋间距。

(10) 保护层厚度。局部偏差±1/4 净保护层厚。

(二) 钢筋连接

1. 项目分类

钢筋连接施工工序检验项目有点焊及电弧焊、对焊及熔槽焊、绑扎连接、机械连接。

2. 检查方法及数量

(1) 点焊及电弧焊。观察、量测，每项不少于 10 点。

（2）对焊及熔槽焊。观察、量测，每项不少于10点。

（3）绑扎连接。

1）缺扣、松扣：观察、量测，每项不少于10点。

2）弯钩朝向正确：观察、量测，每项不少于10点。

3）搭接长度：量测，每项不少于10个点。

（4）机械连接。观察、量测，每项不少于10点。

3. 质量验收评定标准

（1）点焊及电弧焊。

1）帮条对焊接头中心：纵向偏移差不大于0.5d。

2）接头处钢筋轴线的曲折：≤4°。

3）焊缝：长度：允许偏差－0.05d；高度：允许偏差－0.05d；表面气孔夹渣：在2d长度上数量不多于2个；气孔、夹渣的直径不大于3mm。

（2）对焊及熔槽焊。

1）焊接接头根部未焊透深度。ϕ25～40mm钢筋：≤0.15d；ϕ40～70mm钢筋：≤0.10d。

2）接头处钢筋中心线的位移：0.10d且不大于2mm。

3）焊缝表面（长为2d）和焊缝截面上蜂窝、气孔、非金属杂质：不大于1.5d。

（3）绑扎连接。

1）缺扣、松扣：≤20%且不集中。

2）弯钩朝向正确：符合设计图样。

3）搭接长度：允许偏差－0.05设计值。

（4）机械连接。

1）带肋钢筋冷挤压连接接头。

①压痕处套筒外形尺寸：挤压后套筒长度应为原套筒长度的1.10～1.15倍，或压痕处套筒的外径波动范围为原套筒外径的0.8～0.9倍。

②挤压道次：符合型式检验结果。

③接头弯折：≤4°。

④裂缝检查：挤压后肉眼观察无裂缝。

2）直（锥）螺纹连接接头。

①丝头外观质量：保护良好，无锈蚀和油污，牙型饱满光滑。

②套头外观质量：无裂纹或其他肉眼可见缺陷。

③外露丝扣：无1扣以上完整丝扣外露。

④螺纹匹配：丝头螺纹与套筒螺纹满足连接要求，螺纹结合紧密，无明显松动，以及相应处理方法得当。

四、预埋件制作及安装

预埋件制作及安装包括止水片（带）、伸缩缝（填充材料）施工、排水系统施工、冷却及灌浆管路施工、铁件施工5个施工工序。

（一）止水片（带）

1. 项目分类

（1）主控项目。预埋件制作及安装施工工序主控项目有片（带）外观、基座、片（带）插入深度、沥青井（柱）、接头。

（2）一般项目。预埋件制作及安装施工工序一般项目有片（带）偏差、搭接长度、止水片（带）中心线与接缝中心线安装偏差。

2. 检查方法及数量

（1）主控项目。

1）片（带）外观：观察，所有外露止水片（带）。

2）基座：观察，不少于5点。

3）片（带）插入深度：观察，不少于1点。

4）沥青井（柱）：观察，不少于1点。

5）接头：全数检查。

（2）一般项目。

1）片（带）偏差：量测，检查3～5点。

2）搭接长度。

①金属止水片：量测，每个焊接点。

②橡胶、PVC止水带：量测，每个连接处。

③金属止水片与PVC止水带接头栓接长度：量测，每个连接带。

3）止水片（带）中心线与接缝中心线安装偏差：量测，检查1～2点。

3. 质量验收评定标准

（1）片（带）外观。表面平整，无浮皮、锈污、油渍、砂眼、钉孔、裂纹等。

（2）基座。符合设计要求（按建基面要求验收合格）。

（3）片（带）插入深度。符合设计要求。

（4）沥青井（柱）。位置准确、牢固，上下层衔接好，电热元件及绝热材料埋设准确，沥青填塞密实。

（5）接头。符合工艺要求。

（6）片（带）偏差。

1）宽：允许偏差±5mm。

2）高：允许偏差±2mm。

3）长：允许偏差±20mm。

（7）搭接长度。

1）金属止水片：≥20mm，双面焊接。

2）橡胶、PVC止水带：≥100mm。

3）金属止水片与PVC止水带接头栓接长度：≥350mm（螺栓栓接法）。

（8）止水片（带）中心线与接缝中心线安装偏差。允许偏差±5mm。

(二) 伸缩缝 (填充材料) 施工

1. 项目分类

(1) 主控项目。伸缩缝 (填充材料) 施工工序主控项目有伸缩缝缝面。

(2) 一般项目。伸缩缝 (填充材料) 施工工序一般项目有涂敷沥青料、粘贴沥青油毛毡、铺设预制油毡板或其他闭缝板。

2. 检查方法及数量

采用观察方法，进行全数检验。

3. 质量验收评定标准

(1) 伸缩缝缝面。平整、顺直、干燥，外露铁件应割除，确保伸缩有效。

(2) 涂敷沥青料。涂刷均匀平整、与混凝土黏接紧密，无气泡及隆起现象。

(3) 粘贴沥青油毛毡。铺设厚度均匀平整、牢固、搭接紧密。

(4) 铺设预制油毡板或其他闭缝板。铺设厚度均匀平整、牢固，相邻块安装紧密平整无缝。

(三) 排水系统施工

1. 项目分类

(1) 主控项目。排水系统施工工序主控项目有孔口装置、排水管通畅性。

(2) 一般项目。排水系统施工工序一般项目有排水孔倾斜度、排水孔 (管) 位置、基岩排水孔。

2. 检查方法及数量

采用量测，进行全数检验。

3. 质量验收评定标准

(1) 孔口装置。按设计要求加工、安装，并进行防锈处理，安装牢固，不得有渗水、漏水现象。

(2) 排水管通畅性。通畅。

(3) 排水孔倾斜度。允许偏差不大于4%。

(4) 排水孔 (管) 位置。允许偏差不大于100mm。

(5) 基岩排水孔。

1) 倾斜度偏差：孔深不大于8m，允许偏差不大于1%；孔深小于8m，允许偏差不大于2%。

2) 深度偏差：允许偏差±0.5%。

(四) 冷却及灌浆管路施工

1. 项目分类

(1) 主控项目。冷却及灌浆管路施工工序主控项目有管路安装。

(2) 一般项目。冷却及灌浆管路施工工序一般项目有管路出口。

2. 检查方法及数量

(1) 管路安装。通气、通水，检验所有接头。

(2) 管路出口。观察，进行全数检验。

3. 质量验收评定标准

(1) 管路安装。安装牢固、可靠，接头不漏水、不漏气，无堵塞。

(2) 管路出口。露出模板外300～500mm，妥善保护，有识别标志。

(五) 铁件施工

1. 项目分类

(1) 主控项目。铁件施工工序主控项目有高程、方位、埋入深度及外露长度等。

(2) 一般项目。铁件施工工序一般项目有铁件外观、锚筋钻孔位置、钻孔底部的孔径、钻孔深度、钻孔的倾斜度相对设计轴线。

2. 检查方法及数量

(1) 主控项目。对照图样，现场观察、查阅施工记录、量测。

(2) 一般项目。采用观察、量测，进行全数检验。

3. 质量验收评定标准

(1) 高程、方位、埋入深度及外露长度等。符合设计要求。

(2) 铁件外观。表面无锈皮、油污等。

(3) 锚筋钻孔位置。

1) 梁、柱的锚筋：允许偏差不大于20mm。

2) 钢筋网的锚筋：允许偏差≤50mm。

(4) 钻孔底部的孔径。锚筋直径加20mm。

(5) 钻孔深度。符合设计要求。

(6) 钻孔的倾斜度相对设计轴线。允许偏差不大于5%（在全孔深度范围内）。

五、混凝土浇筑

1. 项目分类

(1) 主控项目。混凝土浇筑施工工序主控项目有入仓混凝土料、平仓分层、混凝土振捣、铺筑间歇时间、浇筑温度（指有温控要求的混凝土）、混凝土养护。

(2) 一般项目。混凝土浇筑施工工序一般项目有砂浆铺筑、积水和泌水、插筋、管路等埋设件以及模板的保护、混凝土表面保护、脱模。

2. 检查方法及数量

(1) 入仓混凝土料：观察，不少于入仓总次数的50%。

(2) 平仓分层：观察、量测，进行全部检验。

(3) 混凝土振捣：在混凝土浇筑过程中进行全部检查。

(4) 铺筑间歇时间：在混凝土浇筑过程中进行全部检查。

(5) 浇筑温度（指有温控要求的混凝土）：温度计测量。

(6) 混凝土养护：观察，进行全部检验。

(7) 砂浆铺筑：观察，进行全部检验。

(8) 积水和泌水：观察，进行全部检验。

(9) 插筋、管路等埋设件以及模板的保护：观察、量测，进行全部检验。

(10) 混凝土表面保护：观察，进行全部检验。

(11) 脱模：观察或查阅施工记录，不少于脱模总次数的30%。

3. 质量验收评定标准

(1) 入仓混凝土料。无不合格料入仓，如有少量不合格入仓，应及时处理至达到要求。

(2) 平仓分层。厚度不大于振捣棒有效长度的90%，铺设均匀，分层清楚，无骨料集中现象。

(3) 混凝土振捣。振捣器垂直插入下层5cm，有次序，无漏振、无超振。

(4) 铺筑间歇时间。符合设计要求，无初凝现象。

(5) 浇筑温度（指有温控要求的混凝土）。满足设计要求。

(6) 混凝土养护。表面保持湿润，连续养护时间基本满足设计要求。

(7) 砂浆铺筑。厚度不大于3cm，均匀平整，无漏铺。

(8) 积水和泌水。无外部水流入，泌水排除及时。

(9) 插筋、管路等埋设件以及模板的保护。保护好，符合设计要求。

(10) 混凝土表面保护。保护时间、保温材料质量符合设计要求。

(11) 脱模。脱模的时间符合施工技术规范或设计文件的要求。

六、外观质量检查

1. 项目分类

(1) 主控项目。混凝土外观质量检查主控项目有表面平整度、形体尺寸、重要部位缺损。

(2) 一般项目。混凝土外观质量检查一般项目有麻面、蜂窝、孔洞、错台、跑模、掉角、表面裂缝。

2. 检查方法及数量

(1) 主控项目。

1) 表面平整度：2m靠尺检查，100m^2以上的表面检查点数6～10点；100m^2以下的表面检查点数3～5点。

2) 形体尺寸：钢尺测量，抽查15%。

3) 重要部位缺损：观察、仪器检测，进行全部检验。

(2) 一般项目。观察、量测，进行全部检验。

3. 质量验收评定标准

(1) 表面平整度。符合设计要求。

(2) 形体尺寸。符合设计要求或±20mm。

(3) 重要部位缺损。不允许，应修复符合设计要求。

(4) 麻面、蜂窝。麻面、蜂窝累计面积不超过0.5%，经处理符合设计要求。

(5) 孔洞。单个面积不超过0.01m^2，深度不超过骨料最大粒径，经处理后符合设计要求。

(6) 错台、跑模、掉角。经处理后符合设计要求。

(7) 表面裂缝。短小、不跨层的表面裂缝经处理符合设计要求。

工作任务二　碾压混凝土工程

碾压混凝土施工分为层面处理、模板制作及安装、预埋件制作及安装、混凝土浇筑、成缝、外观质量检查六个工序。

一、层面处理

1. 项目分类

(1) 主控项目。碾压混凝土层面处理施工工序主控项目有施工层面凿毛。

(2) 一般项目。碾压混凝土层面处理施工工序一般项目有施工层面清理。

2. 检查方法及数量

采用观察，进行全仓检验。

3. 质量验收评定标准

(1) 施工层面凿毛。刷毛或冲毛，无乳皮、表面成毛面。

(2) 施工层面清理。符合设计要求，清理清洁，无积水，无渣杂物。

二、模板制作及安装

1. 项目分类

(1) 主控项目。模板制作及安装工序主控项目有稳定性、刚度和强度、结构物边线与设计边线、结构物水平断面内部尺寸、承重模板标高。

(2) 一般项目。模板制作及安装工序一般项目有模板平整度，相邻两板面错台，局部不平整度，板面缝隙，模板外观，预留孔、洞尺寸边线，预留孔、洞中心位置，脱模剂。

2. 检查方法及数量

(1) 主控项目。

1) 稳定性、刚度和强度：对照图样检查，全部检验。

2) 结构物边线与设计边线：量测，不少于5点。

3) 结构物水平断面内部尺寸：量测，不少于5点。

4) 承重模板标高：量测，不少于5点。

(2) 一般项目。

1) 模板平整度、相邻两板面错台：按照水平方向布点2m靠尺量测，模板面积在$100m^2$以内，不少于10点；$100m^2$以上，不少于20点。

2) 局部不平整度：2m靠尺量测，不少于5点。

3) 板面缝隙：量测，不少于5点。

4) 模板外观：查阅图样及目视检查，定型钢模板应抽查同一类型、同一规格模板的10%，且不少于3件，其他逐件检查。

5）预留孔、洞尺寸边线：查阅图样、测量，进行全数检验。

6）预留孔、洞中心位置：查阅图样、测量，进行全数检验。

7）脱模剂：观察，进行全数检验。

3. 质量验收评定标准

（1）稳定性、刚度和强度。符合模板设计要求。

（2）结构物边线与设计边线。钢模：允许偏差 10mm；木模：允许偏差 15mm。

（3）结构物水平断面内部尺寸。允许偏差±20mm。

（4）承重模板标高。允许偏差±5mm。

（5）模板平整度、相邻两板面错台。

1）外露表面。钢模：允许偏差 2mm；木模：允许偏差 3mm。

2）隐蔽内面。允许偏差 5mm。

（6）局部不平整度。

1）外露表面。钢模：允许偏差 2mm；木模：允许偏差 5mm。

2）隐蔽内面。允许偏差 10mm。

（7）板面缝隙。

1）外露表面。钢模：允许偏差 1mm；木模：允许偏差 2mm。

2）隐蔽内面。允许偏差 2mm。

（8）模板外观。规格符合设计要求，表面光洁、无污物。

（9）预留孔、洞尺寸边线。钢模：允许偏差±10mm；木模：允许偏差±15mm。

（10）预留孔、洞中心位置。允许偏差±10mm。

（11）脱模剂。质量符合标准要求，涂抹均匀。

三、混凝土浇筑

混凝土浇筑包括混凝土铺筑碾压、变态混凝土。

（一）混凝土铺筑碾压

1. 项目分类

（1）主控项目。混凝土铺筑碾压施工工序主控项目有碾压参数，运输、平仓（卸料）和碾压，层间允许间隔时间，控制碾压厚度，混凝土压实密度。

（2）一般项目。混凝土铺筑碾压施工工序一般项目有碾压条带边缘的处理、碾压搭接宽度、碾压层表面、混凝土养护。

2. 检查方法及数量

（1）主控项目。

1）碾压参数：查阅试验报告、施工记录，每班至少检查 2 次。

2）运输、平仓（卸料）和碾压：观察、记录间隔时间，全部检验。

3）层间允许间隔时间：观察、记录间隔时间，全部检验。

4）控制碾压厚度：使用插尺、直尺量测，每个仓号均检测 2～3 点。

5）混凝土压实密度：密度检测仪测试或钻取混凝土岩心试验，每 100～200m^2 碾压层测试1次，每层至少有3点。

（2）一般项目。

1）碾压条带边缘的处理：观察、量测，每个仓号均检测1～2点。

2）碾压搭接宽度：观察，每个仓号抽查1～2点。

3）碾压层表面：观察，全部检验。

4）混凝土养护：观察，全部检验。

3. 质量验收评定标准

（1）碾压参数。应符合碾压试验确定的参数值。

（2）运输、平仓（卸料）和碾压。符合设计要求，卸料高度不大于1.5m；平仓方向不允许垂直坝轴线碾压，间隔时间不宜超过2h。

（3）层间允许间隔时间。符合允许间隔时间要求。

（4）控制碾压厚度。满足试验参数要求。

（5）混凝土压实密度。符合规范要求或设计要求。

（6）碾压条带边缘的处理。搭接20～30cm宽度与下一条同时碾压。

（7）碾压搭接宽度。条带间搭接10～20cm；端头部位搭接不少于100cm。

（8）碾压层表面。不允许出现骨料分离。

（9）混凝土养护。仓面保持湿润，养护时间符合要求，水平面养护到上层碾压混凝土铺筑为止。

（二）变态混凝土

1. 项目分类

（1）主控项目。变态混凝土施工工序主控项目有灰浆拌制、灰浆铺洒、振捣。

（2）一般项目。变态混凝土施工工序一般项目有与碾压混凝土振碾搭接宽度、铺层厚度、施工层面。

2. 检查方法及数量

（1）主控项目。

1）灰浆拌制：查阅试验报告、施工及记录或比重计量测，进行全部检验。

2）灰浆铺洒：观察、记录间隔时间，进行全部检验。

3）振捣：浇筑过程中随时检查，进行全部检验。

（2）一般项目。

1）与碾压混凝土振碾搭接宽度：观察，每个仓号抽查1～2点。

2）铺层厚度：量测，进行全部检验。

3）施工层面：观察，进行全部检验。

3. 质量验收评定标准

（1）灰浆拌制：水泥与粉煤灰并掺，用外加剂拌制，水胶比宜大于碾压混凝土水胶比，保证浆体均匀。

（2）灰浆铺洒：加浆量满足设计要求，铺洒方式符合设计及规范要求，间歇时间低于规定时间。

（3）振捣：符合规定要求，间隔时间符合规定标准。

（4）与碾压混凝土振碾搭接宽度：应大于20cm。

（5）铺层厚度：符合设计要求。

（6）施工层面：无积水，不允许出现骨料分离；特殊地区施工时空气温度应满足施工层面需求。

四、碾压混凝土成缝

1. 项目分类

（1）主控项目。碾压混凝土成缝施工工序主控项目有缝面位置、结构形式及填充材料、有重复灌浆要求横缝。

（2）一般项目。碾压混凝土成缝施工工序一般项目有切缝工艺、成缝面积。

2. 检查方法及数量

（1）主控项目。

1）缝面位置：观察、量测，全部检验。

2）结构形式及填充材料：量测，全部检验。

3）有重复灌浆要求横缝：观察，全部检验。

（2）一般项目。量测，全部检验。

3. 质量验收评定标准

（1）缝面位置。应满足设计要求。

（2）结构形式及填充材料。应满足设计要求。

（3）有重复灌浆要求横缝。制作与安装应满足设计要求。

（4）切缝工艺。应满足设计要求。

（5）成缝面积。应满足设计要求。

工作任务三　混凝土面板工程

混凝土面板工程施工分为基面清理，模板、钢筋制作及安装，预埋件制作及安装，混凝土浇筑及外观质量6个工序。

一、基面清理

1. 项目分类

（1）主控项目。混凝土基面清理施工工序主控项目有垫层坡面、地表水和地下水。

（2）一般项目。混凝土基面清理施工工序一般项目有基础清理、混凝土基础面。

2. 检查方法及数量

（1）垫层坡面：观察、查阅设计图样，进行全数检验。

（2）地表水和地下水：观察，进行全数检验。

(3) 基础清理：观察、查阅测量断面图，进行全数检验。

(4) 混凝土基础面：观察，进行全数检验。

3. 质量验收评定标准

(1) 垫层坡面：符合设计要求，预留保护层已挖除，坡面保护完成。

(2) 地表水和地下水：妥善引排或封堵。

(3) 基础清理：符合设计要求，清洗洁净、无积水、无积渣杂物。

(4) 混凝土基础面：洁净、无乳皮、表面成毛色；无积水；无积渣杂物。

二、模板、钢筋制作及安装

模板、钢筋制作及安装包括模板滑模制作及安装、钢筋制作及安装工序。

(一) 模板滑模制作及安装

1. 项目分类

(1) 主控项目。模板滑模制作及安装施工工序主控项目有滑模结构及其牵引系统、模板及其支架。

(2) 一般项目。模板滑模制作及安装施工工序一般项目有模板表面、脱模剂、滑模制作及安装、滑模轨道制作及安装。

2. 检查方法及数量

(1) 滑模结构及其牵引系统。观察、试运行，全数检验。

(2) 模板及其支架。观察、查阅设计文件，全数检验。

(3) 模板表面。观察，全数检验。

(4) 脱模剂。观察，全数检验。

(5) 滑模制作及安装。

1) 外形尺寸：量测，每 $100m^2$ 不少于 8 点。

2) 对角线长度：量测，每 $100m^2$ 不少于 4 点。

3) 扭曲：挂线检查，每 $100m^2$ 不少于 16 点。

4) 表面局部不平度：2m 靠尺量测，每 $100m^2$ 不少于 20 点。

5) 滚轮及滑道间距：量测，每 $100m^2$ 不少于 4 点。

(6) 滑模轨道制作及安装。

1) 轨道安装高程：量测，每 10 延米各测 1 点，总检测各不少于 20 点。

2) 轨道安装中心线：量测，每 10 延米各测 1 点，总检测各不少于 20 点。

3) 轨道接头处轨面错位：量测，每处接头检测 2 点。

3. 质量验收评定标准

(1) 滑模结构及其牵引系统。应牢固可靠，便于施工，并应设有安全装置。

(2) 模板及其支架。满足设计稳定性、刚度和强度要求。

(3) 模板表面。处理干净，无任何附着物，表面光滑。

(4) 脱模剂。涂抹均匀。

(5) 滑模制作及安装。

1）外形尺寸：允许偏差±10mm。

2）对角线长度：允许偏差±6mm。

3）扭曲：允许偏差4mm。

4）表面局部不平度：允许偏差3mm。

5）滚轮及滑道间距：允许偏差±10mm。

（6）滑模轨道制作及安装。

1）轨道安装高程：允许偏差±5mm。

2）轨道安装中心线：允许偏差±2mm。

3）轨道接头处轨面错位：允许偏差2mm。

（二）钢筋制作及安装

施工质量符合普通混凝土工程要求。

三、预埋件制作及安装

预埋件制作及安装包括止水片（带）及伸缩缝两个工序。

（一）止水片（带）

1. 项目分类

（1）主控项目。止水片（带）施工工序主控项目有止水片（带）连接。

（2）一般项目。止水片（带）施工工序一般项目有止水片（带）外观、PVC（或橡胶）垫片、制作（成型）、安装。

2. 检查方法及数量

（1）止水片（带）连接：观察、量测、工艺试验、取样检测，每种焊接工艺不少于3组。

（2）止水片（带）外观：观察，全数检验。

（3）PVC（或橡胶）垫片：观察、量测，每5延米检测1点。

（4）制作（成型）：量测，每5延米检测1点。

（5）安装：仪器测量，每5延米检测1点。

3. 质量验收评定标准

（1）止水片（带）连接。

1）铜止水片连（焊）接表面光滑、无孔洞、无裂缝；对缝焊应为单面双层焊接；搭接焊应为双面焊接，搭接长度应大于20mm。拼接处的抗拉强度应不小于母材强度。

2）PVC止水带采用热黏接或热焊接，搭接长度不小于150mm；橡胶止水带硫化连接牢固。接头内不得有气泡、夹渣或渗水。拼接处的抗拉强度应不小于母材强度。

（2）止水片（带）外观。表面浮皮、锈污、油漆、油渍等清除干净；止水片（带）无变形、变位。

（3）PVC（或橡胶）垫片。平铺或粘贴在砂浆垫（或沥青垫）上，中心线应与缝中心线重合；允许偏差±5mm。

（4）制作（成型）。

1）宽度：铜止水片±5mm；PVC或橡胶止水带±5mm。

2）鼻子或立腿高度：铜止水片±2mm。

3）中心部分直径：PVC或橡胶止水带±2mm。

（5）安装。

1）中心线与设计：铜止水片允许偏差±5mm；PVC或橡胶止水带允许偏差±5mm。

2）两侧平段倾斜：铜止水片允许偏差±5mm；PVC或橡胶止水带允许偏差±10mm。

（二）伸缩缝

1. 项目分类

（1）主控项目。伸缩缝施工工序主控项目有柔性料填充、无黏性料填充。

（2）一般项目。伸缩缝施工工序一般项目有面板接缝顶部预留填塞柔性填料的V形槽、预留槽表面处理、砂浆垫层、柔性填料表面。

2. 检查方法及数量

（1）柔性料填充：抽样检测，每50～100m为1个检测段。

（2）无黏性料填充：观察、量测，每10延米抽检1个断面。

（3）面板接缝顶部预留填塞柔性填料的V形槽：观察、量测，每5延米测1个横断面，每断面不少于3个测点。

（4）预留槽表面处理：观察，全数检验。

（5）砂浆垫层：2m靠尺量测，平整度，每5延米检测1点；宽度每5延米检测1个断面。

（6）柔性填料表面：自下而上观察，每5延米检测1点。

3. 质量验收评定标准

（1）柔性料填充。满足设计断面要求，边缘允许偏差±10mm；面板按设计结构设置，与混凝土面应黏结紧密，锚压牢固，形成密封腔。

（2）无黏性料填充。填料填塞密实，保护罩的外形尺寸符合设计要求，安装锚固用的角钢、膨胀螺栓规格、间距符合设计要求，并经防腐处理。位置偏差不大于30mm，螺栓孔距允许误差不大于50mm，螺栓孔深允许误差不大于5mm。

（3）面板接缝顶部预留填塞柔性填料的V形槽。位置准确，规格、尺寸满足符合设计要求。

（4）预留槽表面处理。清洁、干燥，黏结剂涂刷均匀、平整，不得漏涂，涂料应与混凝土面黏结紧密。

（5）砂浆垫层。平整度、宽度符合设计要求，宽度每5延米检测1个断面，允许偏差不大于5mm，平整度允许偏差±2mm。

（6）柔性填料表面。混凝土表面应平整、密实；无松动混凝土块，无露筋、蜂窝、麻面、起皮、起砂现象。

四、混凝土浇筑及外观质量

混凝土浇筑包括混凝土面板浇筑和趾板混凝土浇筑。

（一）混凝土面板浇筑

1. 项目分类

（1）主控项目。混凝土面板浇筑施工工序主控项目有滑模施工速度控制、混凝土振捣、施工缝处理、裂缝。

（2）一般项目。混凝土面板浇筑施工工序一般项目有铺筑厚度、面板厚度、混凝土养护。

2. 检查方法及数量

（1）滑模施工速度控制：观察、查阅施工记录，全部检验。

（2）混凝土振捣：观察，全部检验。

（3）施工缝处理：观察、量测，全部检验。

（4）裂缝：检查、统计描述裂缝情况的位置、深度、宽度、长度等，全部检验。

（5）铺筑厚度：量测，每10延米测1点。

（6）面板厚度：测量，每10延米测1点。

（7）混凝土养护：观察、查阅施工记录，全部检验。

3. 质量验收评定标准

（1）滑模施工速度控制。混凝土需连续浇筑，不允许仓面混凝土出现初凝现象。脱模后无鼓胀及表面拉裂现象，外观光滑平整。

（2）混凝土振捣。有序振捣均匀、密实。

（3）施工缝处理。按设计要求处理。

（4）裂缝。无贯穿性裂缝，出现裂缝按设计要求处理。

（5）铺筑厚度。符合规范要求。

（6）面板厚度。符合设计要求。允许偏差－50～100mm。

（7）混凝土养护。符合规范要求。

（二）趾板混凝土浇筑

趾板混凝土浇筑施工质量标准参照混凝土浇筑。

工作任务四　沥青混凝土工程

一、沥青混凝土心墙

沥青混凝土心墙施工分为基座结合面处理及沥青混凝土结合层面处理、模板制作及安装（心墙底部及两岸接坡扩宽部分采用人工铺筑时有模板制作及安装）、沥青混凝土的铺筑3个工序。

(一) 基座结合面处理及沥青混凝土结合层面处理

1. 项目分类

(1) 主控项目。基座结合面处理及沥青混凝土结合层面处理施工工序主控项目有沥青涂料和沥青胶配料比、基座接合面处理、层面清理。

(2) 一般项目。基座结合面处理及沥青混凝土结合层面处理施工工序主控项目有沥青涂料、沥青胶涂刷、心墙上下层施工间歇时间。

2. 检查方法及数量

(1) 沥青涂料和沥青胶配料比：查阅配合比试验报告、原材料出厂合格证明，每种配合比至少抽检1组。

(2) 基座接合面处理：观察、阅查施工记录，全数检验。

(3) 层面清理：观察、测量，查阅施工记录，每 $10m^2$ 量测1点，每单元温度测量点数不少于10点。

(4) 沥青涂料、沥青胶涂刷：观察、量测，每 $10m^2$ 量测1点，每验收单元不少于10点。

(5) 心墙上下层施工间歇时间：观察、查阅施工记录，全数检验。

3. 质量验收评定标准

(1) 沥青涂料和沥青胶配料比。配料比准确，所用原材料符合国家相应标准。

(2) 基座接合面处理。结合面干净、平整、粗糙，无浮皮、浮渣、无积水。

(3) 层面清理。层面干净、平整，无杂物、水珠，返油均匀，层面下1cm处温度不低于70℃，且各点温差不大于20℃。

(4) 沥青涂料、沥青胶涂刷。涂刷厚度符合设计要求，均匀一致，与混凝土贴附牢靠，无鼓包、流淌，表面平整光顺。

(5) 心墙上下层施工间歇时间。不宜超过48h。

(二) 模板制作及安装

1. 项目分类

(1) 主控项目。模板制作及安装施工工序主控项目有稳定性、刚度和强度，模板安装，结构物边线与设计边线，预留孔、洞尺寸及位置。

(2) 一般项目。模板制作及安装施工工序一般项目有模板平整度、相邻两板面错台、局部平整度、板块间缝隙、结构物水平断面内部尺寸、脱模剂涂刷。

2. 检查方法及数量

(1) 稳定性、刚度和强度：对照设计图纸检查，全部检验。

(2) 模板安装：观察、查阅设计图纸，抽查同一类型、同一规格模板数量的10%，且不少于3件。

(3) 结构物边线与设计边线：钢尺测量，模板面积在 $100m^2$ 以内，不少于10点；$100m^2$ 以上，不少于20点。

(4) 预留孔、洞尺寸及位置：测量、核对图纸，抽查不少于总数的30%。

（5）模板平整度、相邻两板面错台：尺量（靠尺）测或拉线检查，逐件检验，模板面积在 100m^2 以内，不少于 10 点；100m^2 以上，不少于 20 点。

（6）局部平整度：按水平线（或垂直线）布置检测点，靠尺检查，100m^2 以上，不少于 10 点；100m^2 以内，不少于 5 点。

（7）板块间缝隙：尺量，100m^2 以上，检查 3～5 点；100m^2 以内，检查 1～3 点。

（8）结构物水平断面内部尺寸：尺量或仪器测量，100m^2 以上，不少于 10 点；100m^2 以内，不少于 5 点。

（9）脱模剂涂刷：查阅产品质检证明，目视检查，全数检查。

3. 质量验收评定标准

（1）稳定性、刚度和强度。符合设计要求。

（2）模板安装。符合设计要求，牢固、不变形、拼接严密。

（3）结构物边线与设计边线。符合设计要求，允许偏差±15mm。

（4）预留孔、洞尺寸及位置。位置准确，尺寸允许偏差±10mm。

（5）模板平整度、相邻两板面错台。允许偏差 5mm。

（6）局部平整度。允许偏差 10mm。

（7）板块间缝隙。允许偏差 3mm。

（8）结构物水平断面内部尺寸。符合设计要求，允许偏差±2mm。

（9）脱模剂涂刷。产品质量符合标准要求，涂抹均匀，无明显色差。

（三）沥青混凝土铺筑

1. 项目分类

（1）主控项目。沥青混凝土铺筑施工工序主控项目有碾压参数、铺筑宽度（沥青混凝土心墙厚度）、压实系数、与刚性建筑物的连接。

（2）一般项目。沥青混凝土铺筑施工工序一般项目有铺筑厚度、铺筑速度（采用铺筑机）、碾压错距、特殊部位的碾压、施工接缝处及碾压带处理、平整度、降温或防冻措施、层间铺筑间隔时间。

2. 检查方法及数量

（1）碾压参数：测量温度，查阅试验报告、施工记录，每班 2～3 次。

（2）铺筑宽度（沥青混凝土心墙厚度）：观察、尺量、查阅施工记录；每 10 延米检测 1 组，每组不少于 2 点，每一验收单元不少于 10 组。

（3）压实系数：量测，每 100～150m^3 检测 1 组。

（4）与刚性建筑物的连接：观察，全部检验。

（5）铺筑厚度：观察、量测，每班 2～3 次。

（6）铺筑速度（采用铺筑机）：观察、量测、查阅施工记录，每班 2～3 次。

（7）碾压错距：观察、量测，全部检验。

（8）特殊部位的碾压：观察、量测、查阅施工记录，全部检验。

（9）施工接缝处及碾压带处理：观察、量测，全部检验。

(10) 平整度：观察、靠尺量测；每 10 延米测 1 组，每组不少于 2 点。

(11) 降温或防冻措施：观察、量测，全部检验。

(12) 层间铺筑间隔时间：观察、量测、查阅施工记录，全部检验。

3. 质量验收评定标准

(1) 碾压参数。应符合碾压试验确定的参数值。

(2) 铺筑宽度（沥青混凝土心墙厚度）。符合设计要求，表面光洁、无污物；允许偏差不大于 10%的心墙厚度。

(3) 压实系数。质量符合标准要求，取值 1.2～1.35。

(4) 与刚性建筑物的连接。符合规范和设计要求。

(5) 铺筑厚度。符合设计要求。

(6) 铺筑速度（采用铺筑机）。规格符合设计要求或 1～3m/min。

(7) 碾压错距。符合规范和设计要求。

(8) 特殊部位的碾压。符合规范和设计要求。

(9) 施工接缝处及碾压带处理。符合规范和设计要求；重叠碾压 10～15cm。

(10) 平整度。符合设计要求，或在 2m 范围内起伏高度差小于 10mm。

(11) 降温或防冻措施。符合规范和设计要求。

(12) 层间铺筑间隔时间。一般不少于 12h。

二、沥青混凝土面板

沥青混凝土面板包括沥青混凝土面板整平胶结层（含排水层）、防渗层施工两个工序。

(一) 沥青混凝土面板整平胶结层（含排水层）施工

1. 项目分类

(1) 主控项目。沥青混凝土面板整平胶结层（含排水层）施工工序主控项目有碾压参数，整平层、排水层的铺筑。

(2) 一般项目。沥青混凝土面板整平胶结层（含排水层）施工工序一般项目有铺筑厚度、层面平整度、摊铺碾压温度。

2. 检查方法及数量

(1) 碾压参数：测量温度，查阅试验报告、施工记录，每班 2～3 次。

(2) 整平层、排水层的铺筑：查阅施工记录、验收报告，全数检验。

(3) 铺筑厚度：观察、尺量、查阅施工记录，摊铺厚度每 $10m^2$ 量测 1 点，但每单元不少于 20 点。

(4) 层面平整度：摊铺层面平整度用 2m 靠尺量测，每 $10m^2$ 量测 1 点，各点允许偏差不大于 10mm。

(5) 摊铺碾压温度：温度计量测，坝面每 30～$50m^2$ 量测 1 点。

3. 质量验收评定标准

(1) 碾压参数。应符合碾压试验确定的参数值。

（2）整平层、排水层的铺筑。应在垫层（含防渗底层）质量验收后，并须待喷涂的乳化沥青（或稀释沥青）干燥后进行。

（3）铺筑厚度。符合设计要求。

（4）层面平整度。符合设计要求。

（5）摊铺碾压温度。初碾压温度110～140℃，终碾压温度80～120℃。

（二）防渗层施工

1. 项目分类

（1）主控项目。防渗层施工工序主控项目有碾压参数、防渗层的铺筑及层间处理。

（2）一般项目。防渗层施工工序一般项目有摊铺厚度、层面平整度、沥青混凝土防渗层表面、铺筑层的接缝错距、摊铺碾压温度。

2. 检查方法及数量

（1）碾压参数：测量温度，查阅试验报告、施工记录，每班2～3次。

（2）防渗层的铺筑及层间处理：查阅施工记录、验收报告，全数检验。

（3）摊铺厚度：观察、尺量、查阅施工记录，摊铺厚度每$10m^2$量测1点，但每验收单元不少于10点。

（4）层面平整度：摊铺层面平整度用2m靠尺量测，每$10m^2$量测1点，各点允许偏差不大于10mm。

（5）沥青混凝土防渗层表面：观察，全数检验。

（6）铺筑层的接缝错距：观测、查阅检测记录，各项测点均不少于10点。

（7）摊铺碾压温度：现场量测，坝面每$30～50m^2$量测1点。

3. 质量验收评定标准

（1）碾压参数。符合碾压试验确定的参数值。

（2）防渗层的铺筑及层间处理。应在整平层质量检测合格后进行；上层防渗层的铺筑应在下层防渗层检测合格后进行。各铺筑层间的坡向或水平接缝应相互错开。

（3）摊铺厚度。符合设计要求。

（4）层面平整度。符合设计要求。

（5）沥青混凝土防渗层表面。不得出现裂缝、流淌与鼓包。

（6）铺筑层的接缝错距。上下层水平接缝错距1.0m，允许偏差0～20cm；上下层条幅坡向接缝错距（以$1/n$条幅宽计，n为铺筑层数）允许偏差0～20cm。

（7）摊铺碾压温度。初碾压温度110～140℃，终碾压温度80～120℃。

工作任务五　案　例　分　析

选取学习情境一中案例1，连通闸工程中垫层混凝土浇筑——《普通混凝土浇筑工序施工质量验收评定表》、垫层混凝土浇筑——《普通混凝土工程基础面处理工序施工质量验收评定表》，具体详见表6-5-1和表6-5-2。

表 6-5-1　　普通混凝土浇筑工序施工质量验收评定表

单位工程名称	连通闸工程	工序编号	A4-B3-C3
分部工程名称	闸室段	施工单位	××水务建设有限公司
单元工程名称、部位	垫层混凝土浇筑、混凝土	施工日期	年　月　日至　年　月　日

项次		检查项目	质量标准	检查(测)记录	合格数	合格率(%)
主控项目	1	入仓混凝土料	无不合格入仓，如有少量不合格料入仓，应及时处理达到要求	入仓料合格	优良	100
	2	平仓分层	厚度不大于振捣棒有效长度的90%，铺设均匀，分层清楚，无骨料集中现象	混凝土铺设厚度小于振捣棒长度，均匀，分层清楚	优良	100
	3	混凝土振捣	振捣器垂直插入下层5cm，有次序，无漏振、无超振	振捣器均匀，无漏振，控制入下层深度5cm	优良	100
	4	铺筑间歇时间	在上游迎水面15m以内无初凝现象，其他部位初凝累计面积不超过1%，并经处理合格	符合要求，无初凝	优良	100
	5	浇筑温度（指有温控要求的混凝土）	满足设计要求	满足设计要求	优良	100
	6	混凝土养护	表面保持湿润；连续养护时间基本满足设计要求	养护及时，表面保持湿润	优良	100
一般项目	1	砂浆铺筑	厚度不大于3cm、均匀平整，无漏铺	厚度小于3cm、均匀、平整，无漏铺	优良	100
	2	积水和泌水	无外部水流入，泌水排除及时	积水和泌水及时排除	优良	100
	3	插筋、管路等埋设件以及模板的保护	保护好，符合设计要求	有少量位移，基本符合设计要求	优良	100
	4	混凝土表面保护	保护时间、保温材料质量符合设计要求	符合设计要求	优良	100
	5	脱模	脱模的时间符合施工技术规范或设计文件的要求	基本满足设计要求	优良	100

施工单位自评意见	主控项目检验点100%合格，一般项目逐项检验点的合格率100%，且不合格点不集中分布。 工序质量等级评定为：优良 （签字，加盖公章）　　年　月　日
监理单位复核意见	经复核，主控项目检验点100%合格，一般项目逐项检验点的合格率100%，且不合格点不集中分布。 工序质量等级评定为：优良 （签字，加盖公章）　　年　月　日

表 6-5-2　　普通混凝土工程基础面处理工序施工质量验收评定表

单位工程名称	连通闸工程	工序编号	A4-B3-C3
分部工程名称	闸室段	施工单位	××水务建设有限公司
单元工程名称、部位	垫层混凝土浇筑、混凝土	施工日期	年　月　日至　年　月　日

项次		检查项目	质量标准	检查（测）记录	合格数	合格率（%）
主控项目	1	基础面	符合设计要求	√		100
	2	地表水和地下水	妥善引排或封堵	√		100
	3					
一般项目	1	岩面清理	符合设计要求；清洗洁净、无积水、无积渣杂物	√		100
	2					
	3					

施工单位自评意见	主控项目检验点100%合格，一般项目逐项检验点的合格率100%，且不合格点不集中分布。 工序质量等级评定为：优良 （签字，加盖公章）　　年　月　日
监理单位复核意见	经复核，主控项目检验点100%合格，一般项目逐项检验点的合格率100%，且不合格点不集中分布。 工序质量等级评定为：优良 （签字，加盖公章）　　年　月　日

技　能　训　练

1. 简述普通混凝土基础面工序质量检验与验收标准。

2. 设计15m宽、50m长的闸底板浇筑中混凝土模板工序施工质量验收评定表。

3. 简述钢筋制作及安装工序主控项目与一般项目的质量检验与验收标准。

4. 设计100m长、6m宽路面施工中碾压混凝土层面处理检验方法、标准及数量，并填写《碾压混凝土层面处理工序施工质量验收评定表》。

学习情境七 工 程 质 量 验 收

【学习目标】

1. 了解水利工程验收分类及其验收条件、验收资料
2. 熟悉隐蔽工程验收程序及其验收内容，掌握隐蔽工程验收需要成果
3. 掌握单元工程、分部工程、单位工程、合同工程完工的验收程序，验收内容

工作任务一 工 程 质 量 验 收 管 理

一、水利工程质量验收分类及其意义

水利工程质量验收是工程建设进入某一阶段的重要程序，藉以全面考核该阶段工程是否符合已批复的设计文件要求，以此确定工程能否进入到下一施工阶段或投入运行，并履行相关的签证和交接验收手续。

水利工程验收通常分为中间验收和竣工验收两个阶段。中间验收又包括了隐蔽工程验收、分部工程验收、阶段工程验收和单位工程验收等几种。

（1）隐蔽工程验收是指基础开挖或地下建筑物开挖完毕未覆盖以前所进行的验收。

（2）分部工程验收是指已完工的分部工程所进行的验收签证。

（3）阶段工程验收是指施工到一定的关键阶段（如截流、蓄水等）所进行的验收。

（4）单位工程验收是指在水利工程中某单位工程（如电站、船闸、灌溉引水建筑物等）已完工，具备提前投入运用条件进行的验收。

（5）竣工验收是指整个工程项目已经完工，具备了投产、运用条件，可以正式办理工程交付使用手续的最终验收。

验收工作依据有关法律、规章和技术标准，主管部门有关文件，已批复的设计文件及相应设计变更修改文件，施工合同，监理签发的施工图样和说明，设备技术说明书等。此外还要符合国家现行有关的规定，利用外资的工程项目还必须符合外资项目管理的有关规定。

通过对工程的验收，可以检查工程是否按照已批复的设计进行建设，检查已完工程在设计、施工、设备安装等方面的质量是否符合技术标准、设计文件和合同的要求，并对验收遗留问题提出处理要求，检查工程是否具备运行或下一阶段建设的条件，总结工程建设中的经验教训，为管理和今后的工程建设服务，使工程及时移交，尽早发挥投资效益。

二、工程质量验收管理

（1）水利部负责全国水利工程建设项目验收的监督管理工作，水利部所属流域管理机

构（以下简称流域管理机构）按照水利部授权，负责该流域内水利工程建设项目验收的监督管理工作。

县级以上地方人民政府水行政主管部门按照规定、权限负责本行政区域内水利工程建设项目验收的监督管理工作。

项目法人验收监督管理机关应对工程的法人验收工作实施监督管理。

（2）水行政主管部门或者流域管理机构组建的项目法人，该水行政主管部门或者流域管理机构是本工程的法人验收监督管理机关；由地方人民政府组建的项目法人，该地方人民政府水行政主管部门是本工程的法人验收监督管理机关。

（3）工程验收监督管理方式包括现场检查、参加验收活动、对验收工作计划与验收成果性文件进行备案等，验收提供资料目录见表 7－1－1。

表 7－1－1　　验收提供资料目录

序号	资料名称	分部工程验收	单位工程验收	合同工程完工验收	机组启动验收	阶段验收	技术预验收	竣工验收	提供单位
1	工程建设管理工作报告		√	√	√	√	√	√	项目法人
2	工程建设大事记						√	√	项目法人
3	①拟验工程清单 ②未完工程清单	①	①	① ②	①	①	① ②	① ②	项目法人
4	技术预验收工作报告					*		√	专家组
5	验收鉴定书（初稿）					*	√		项目法人
6	度汛方案				*	√	√	√	项目法人
7	工程调度运用方案					√	√	√	项目法人
8	工程建设监理工作报告		√	√	√	√	√	√	监理机构
9	工程设计工作报告		√	√	√	√	√	√	设计单位
10	工程施工管理工作报告		√	√	√	√	√	√	施工单位
11	运行管理工作报告						√	√	运行管理单位
12	工程质量和安全监督报告				√	√	√	√	质安监督机构
13	竣工验收技术鉴定报告						*	*	技术鉴定单位
14	机组启动试运行计划文件				√				施工单位
15	机组试运行工作报告				√				施工单位
16	重大技术问题专题报告					*	*	*	项目法人

注　符号“√”表示“应提供”，符号“*”表示“宜提供”或“根据需要提供”。

（4）水行政主管部门、流域管理机构以及法人验收监督管理机关可根据工作需要，到工程现场检查工程建设、验收等工作开展情况以及对接到的举报进行调查处理。验收准备的备查档案资料目录见表 7－1－2。

表 7-1-2　　　　验收备查档案资料目录

序号	资料名称	分部工程验收	单位工程验收	合同工程完工验收	机组启动验收	阶段验收	技术预验收	竣工验收	提供单位
1	前期工作文件及批复文件		√	√	√	√	√	√	项目法人
2	主管部门批文		√	√	√	√	√	√	项目法人
3	招标投标文件		√	√	√	√	√	√	项目法人
4	合同文件		√	√	√	√	√	√	项目法人
5	工程项目划分资料	√	√	√	√	√	√	√	项目法人
6	单元工程质量评定资料	√	√	√	√	√	√	√	施工单位
7	分部工程质量评定资料		√	*	√	√	√	√	项目法人
8	单位工程质量评定资料		√	*			√	√	项目法人
9	工程外观质量评定资料		√				√	√	项目法人
10	工程质量管理有关文件	√	√	√	√	√	√	√	参建单位
11	工程安全管理有关文件	√	√	√	√	√	√	√	参建单位
12	工程施工质量检验文件	√	√	√	√	√	√	√	施工单位
13	工程监理资料	√	√	√	√	√	√	√	监理单位
14	施工图设计文件		√	√	√	√	√	√	设计单位
15	工程设计变更资料	√	√	√	√	√	√	√	设计单位
16	竣工图样		√	√		√	√	√	施工单位
17	征地移民有关文件		√			√	√	√	承担单位
18	重要会议记录	√	√	√	√	√	√	√	项目法人
19	质量缺陷备案表	√	√	√	√	√	√	√	监理机构
20	安全、质量事故资料	√	√	√	√	√	√	√	项目法人
21	阶段验收鉴定书						√	√	项目法人
22	竣工决算及审计资料						√	√	项目法人
23	工程建设中使用的技术标准	√	√	√	√	√	√	√	参建单位
24	工程建设标准强制性条文	√	√	√	√	√	√	√	参建单位
25	专项验收有关文件						√	√	项目法人
26	安全、技术鉴定报告					√	√	√	项目法人
27	其他档案资料	根据需要由有关单位提供							

（5）工程验收监督管理应包括以下内容：

1）验收工作是否及时。

2）验收条件是否具备。

3）验收人员组成是否符合规定。

4）验收程序是否规范。

5）验收资料是否齐全。

6）验收结论是否明确。

（6）当发现工程验收不符合有关规定时，验收监督管理机关应及时要求验收主持单位予以纠正，必要时可要求暂停验收或重新验收，同时上报竣工验收主持单位。

（7）验收监督管理机关应对收到的验收备案文件进行检查，不符合有关规定的备案文件应要求有关单位进行修改、补充、完善。

(8) 项目法人应在开工报告批准后60个工作日内，制订法人验收工作计划，报验收监督管理机关备案。当工程建设计划进行调整时，法人验收工作计划也应进行相应地调整并重新备案。法人验收工作计划格式见表7-1-3。

表7-1-3　　法人验收工作计划格式

××××××工程 **法人验收工作计划** 项目法人： 年　月　日 前　言 一、工程概况 （一）工程位置 （二）工程主要建设内容 （三）工程建设有关单位 （四）合同签订情况 二、工程项目划分 三、工程建设总进度计划 四、法人验收工作计划

(9) 法人验收过程中发现的技术性问题原则上应按合同约定进行处理。合同约定不明确的，按国家或行业技术标准规定处理。当国家或行业技术标准暂无规定时，由法人验收监督管理机关负责协调解决。

工作任务二　隐 蔽 工 程 验 收

一、隐蔽工程验收程序

隐蔽工程施工完毕后，将被下一道施工工序所遮盖，无法或很难对其再进行检查，如基础工程，地基开挖、处理及排水工程，地下建筑工程，等等。这些隐蔽工程对水利建筑物的工程质量使用功能、安全结构有着直接的影响。所以，做好水利工程建设项目隐蔽工程的质量控制工作尤为重要，尤其是在实际工程建设过程中，隐蔽工程中的不可预见性因素众多，给水利工程建设企业在质量问题的实际推断、制定决策方案等方面带来了巨大难度。一旦水利工程建设项目隐蔽工程出现质量问题，势必会严重影响水利工程建设项目的整体效益，甚至造成巨大的施工事故，威胁人们的生命安全。所以，认识到水利工程建设项目隐蔽工程的重要性，确保隐蔽工程的施工质量则具有十分重要的现实意义，需要水利工程建设单位给予高度重视。

隐蔽工程验收程序一般为：工程达到验收条件后，施工单位应进行自检自评，自评合格后，向项目法人、监理单位提出验收申请，并同时提交设计图纸，设计说明或设计变更说明和施工要求，施工原始记录，工程质量检查、试验、测量、观测记录和地质资料等有关图纸和技术资料。项目法人、监理单位在收到验收申请后，应立即组织测量人员进行复测，地质人员检查地质资料和报告，由项目法人、监理单位主持，组织设计、地质、测量、试验、运行管理和质量监督部门的人员进行隐蔽工程验收。

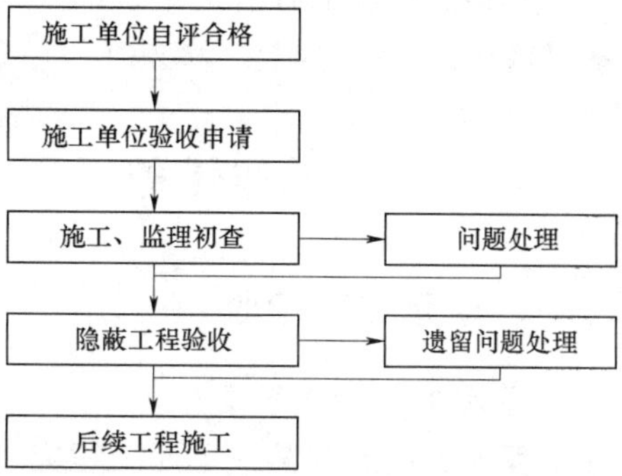

图 7-2-1　隐蔽工程验收流程图

隐蔽工程验收程序如图 7-2-1 所示。

二、隐蔽工程验收准备资料

质量评定资料，施工记录，各种试验资料，测量记录，地质资料和设计文件等。

三、隐蔽工程验收内容

隐蔽工程验收的主要内容包括：基础断面尺寸，标高，边坡状况及稳定情况，基础处理状况，基础排水，地质条件，试桩及其他试验资料，以及原材料质量证明，原材料复验报告，施工记录，质量检查记录和质量评定等。

四、隐蔽工程验收过程中应坚持的原则

（1）隐蔽工程的施工企业必须进行自检，没有进行自检的施工单位与监理单位不得验收。

（2）隐蔽工程必须要先上交材料，之后再进行现场核查，没有申报自检材料的不得验收。

（3）没有经过检查的隐蔽工程，或者检查没有合格的隐蔽工程，不得进行下一道施工工序。

五、隐蔽工程验收成果

隐蔽工程验收的成果主要是《重要隐蔽工程验收签证》，它是质量检测资料的一种重要的质量记录，是竣工技术文件资料的重要组成部分。《重要隐蔽工程验收签证》对今后工程的维修、改建、扩建，以及对工程交工前后发生质量事故的原因分析、事故处理等都可以提供详细、准确的原始技术依据。对于重要的隐蔽工程，质量监督部门不仅参与验收，还应在《重要隐蔽工程验收签证》中签字。

隐蔽工程验收签证记录中一般应填写如下内容：

（1）施工依据。包括设计图样、设计修改通知单、工程洽商（联络）单编号。

（2）物资使用情况。包括物资名称、规格、材质、数量、代用情况、器材质量合格证或复验报告编号等。

（3）施工情况及质量水平。必要时，应绘制简图加以直观说明。

（4）参加验收的各有关单位的代表应在《重要隐蔽工程验收签证》中签字，对验收结果予以确认。

工作任务三　单元工程和分部工程验收

一、单元工程验收

1. 单元工程验收程序

工程施工进展到某一单元工程完工阶段时，施工单位应按照《水利水电基本建设工程单元工程质量等级评定标准》及有关规定，对单元工程的主要检查项目（或保证项目）、一般检查项目（或基本项目）和检测项目（或允许偏差项目）进行质量检验与评定。

首先由施工班组做好施工记录，并填写相应的《水利水电工程单元工程施工质量评定表》，施工单位项目部的质量检查人员对其填写结果进行复查验收，再交施工单位（一般是公司级的）专职质量检查人员进行最终检查与验收。

施工单位将经过“三检”后的单元工程质量检验评定表及有关的施工记录报项目法人、监理单位，项目法人、监理单位根据自己在施工现场掌握的情况和抽查的资料，核定该单元工程的质量等级。如项目法人、监理单位核定合格，该单元工程通过了验收，可以批准后续单元工程施工。如经项目法人、监理单位核定的单元工程质量等级与施工单位自检的等级一致，可以直接对施工单位的质量等级进行认可，如还有保留意见，可在“评定意见”栏内注明，在“项目法人（监理）单位”栏内签上核定人员的姓名。若项目法人、监理单位核定的单元工程质量等级与施工单位自检的等级不一致，可在“评定意见”栏内注明其理由，并在“单元工程质量等级”栏内填写核定等级，在“项目法人（监理）单位”栏内签上核定人员的姓名。如发现有不合格的单元工程，项目法人、监理单位应不予核验，并督促其按设计要求及时进行处理，经再次核验合格后才能进行后续单元工程施工，经处理后合格的单元工程，在“评定意见”栏内注明“处理”字样或盖上刻有“处理”字样的章。对于按“合格处理”的单元工程，应在“评定意见”栏内对质量缺陷进行记录。对于返工重做的单元工程，可重新进行质量检验与评定。单元工程验收是整个水利建筑安装工程质量验收的基础。所有单元工程都要逐个进行质量评定与验收。

对于关键部位的单元工程，由于其质量的好坏，直接关系到工程结构安全和效益的发挥，因此，对于关键部位的单元工程，除按上述要求施工单位进行自检自评，项目法人、监理单位复核外，项目法人、监理单位应组织设计、地质、运行管理和质量监督部门的人员共同参加联合小组，对其质量进行检查验收。关键部位单元工程的确定一般在质量监督计划中予以明确。关键部位单元工程验收成果是《关键部位单元工程质量等级签证表》。

单元工程验收程序如图 7－3－1 所示。

2. 单元工程验收准备资料

单元工程验收需要准备的资料是单元工程质量检验评定表和有关的施工原始记录，原材料检验复试报告等。对于关键部位的单元工程，还应准备关键部位单元工程验收签证记录表。

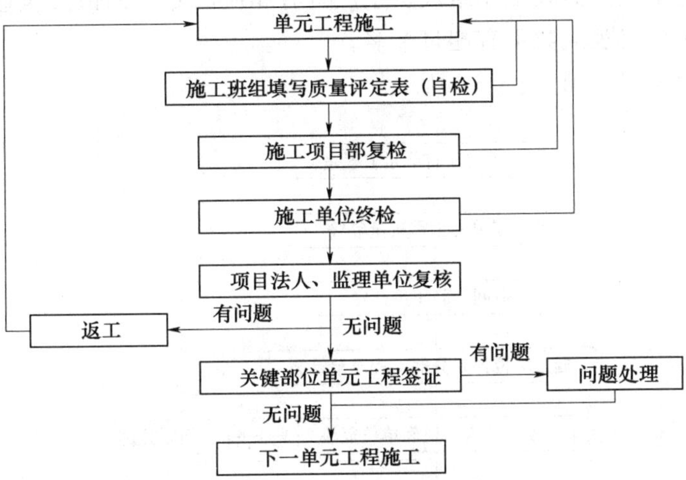

图 7-3-1　单元工程验收流程图

3. 单元工程验收内容

(1) 使用的材料是否符合规定要求。

(2) 鉴定单元工程施工质量是否达到设计标准。

(3) 评定单元工程的质量等级是否符合按现行国家和行业标准。

(4) 对验收遗留问题提出处理意见。

4. 单元工程验收成果

单元工程验收成果是单元工程质量等级评定表。

二、分部工程验收

1. 分部工程验收程序

工程施工进展到某一分部工程时，所有的单元工程都已完工，施工单位质量检验部门应填写分部工程质量等级评定表，评定分部工程质量等级。

施工单位应将自评的分部工程质量等级评定表连同该分部工程中所有单元工程质量等级评定资料、重要隐蔽工程及关键部位的单元工程验收签证以及其他有关记录，如有原材料、中间产品、金属结构及启闭机、机电产品等反映其质量记录的资料，一并报给项目法人、监理单位审查复核。对于一般的分部工程质量等级，首先是施工单位自评，项目法人、监理单位复核，并将评定结果及有关记录报质量监督部门核备。但对于大型枢纽主体建筑物分部工程的质量等级，施工单位自评，项目法人、监理单位复核外，还应报质量监督部门进行分部工程质量等级核定。

分部工程验收应由项目法人（或委托监理单位）主持。验收工作组由项目法人、勘测、设计、监理、施工、主要设备制造（供应）商等单位的代表组成。运行管理单位可根据具体情况决定是否参加，大型工程，质量监督机构宜派代表列席参加主要建筑物的分部工程验收会议。

分部工程验收是专业技术性的验收，验收工作组成员应具有中级及以上技术职称或相应执业资格；其他工程的验收工作组成员也应具有相应的专业知识或执业资格。参加分部工程验收的每个单位代表人数不宜超过 2 名。

分部工程验收程序如图 7－3－2 所示。

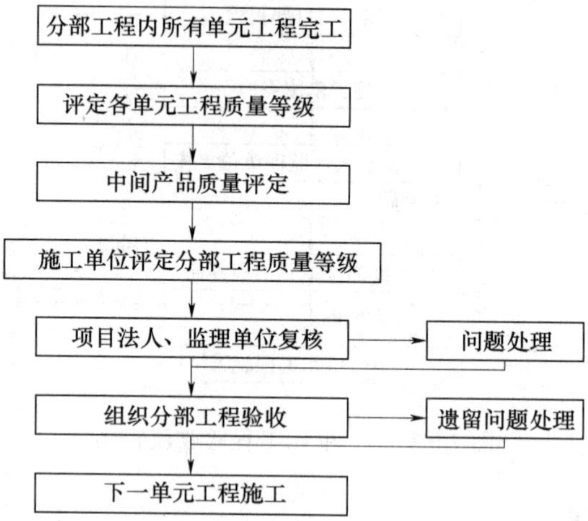

图 7－3－2　分部工程验收流程图

分部工程具备验收条件时，施工单位应向项目法人提交验收申请报告，其格式见表 7－3－1。项目法人应在收到验收申请报告之日起 10 个工作日内决定是否同意进行验收。

表 7－3－1　　法人验收申请报告格式

封面：

××××××工程

法人验收申请报告

施工单位：

年　月　日

内容：

一、验收范围

二、工程验收条件检查结果

三、后续工程施工计划

四、历次验收遗留问题处理情况

五、建议验收时间

监理机构初步审查意见：

监理机构：（单位名称）

总监理工程师：（签字）

监理机构初审时间：

综上所述，分部工程验收应按以下程序进行：

（1）听取施工单位工程建设和单元工程质量评定情况的汇报。

（2）现场检查工程完成情况和工程质量。

（3）检查单元工程质量评定及相关档案资料。

（4）讨论并通过分部工程验收鉴定书。

2. 分部工程验收准备资料

分部工程验收一般应按表7-1-1的要求提供相应资料，供验收时有关人员查阅。

3. 分部工程验收内容

（1）分部工程验收应具备以下条件：

1）所有单元工程已完成。

2）经评定已完单元工程施工质量全部合格，有关质量缺陷已处理完毕或有监理机构批准的处理意见。

3）已完成合同约定的其他条件。

（2）分部工程验收应包括以下主要内容：

1）检查工程是否达到设计标准或合同约定标准的要求。

2）评定工程施工质量等级。

3）对验收中发现的问题提出处理意见。

4. 分部工程验收成果

分部工程验收工作由分部工程验收工作组负责，分部工程验收的成果是《分部工程验收签证》，其验收结论必须经2/3以上验收工作组成员同意。对验收过程中发现的问题，通常是由验收工作组协商确定。组长对争议问题有裁决权。若有1/3以上组员不同意组长裁决意见时，应报请项目法人或其上级主管部门决定。

验收工作组成员必须在《分部工程验收签证》文件上签字。验收工作组成员如有保留意见，应在《分部工程验收签证》的保留意见栏内明确记载。分部工程验收中提出的遗留问题，各有关单位应按验收工作组的要求，按期进行处理。

分部工程验收是竣工验收的基础，分部工程验收的图样、资料和成果是竣工验收资料的组成部分，应按《水利基本建设项目（工程）档案资料管理规定》（水利部水办〔1997〕275号）的有关规定和竣工验收的有关标准进行整理。

质量监督部门为了掌握工程建设情况，熟悉工程建设过程，一般来说应参加分部工程验收，尤其是重要分部工程的验收，以便为日后对工程质量等级进行核定。但质量监督部门不参加分部工程验收工作组，不提出分部工程质量评价意见，也不在《分部工程验收签证》文件上签字。

项目法人应在分部工程验收通过之日后10个工作日内，将验收质量结论（其格式见表7-3-2）和相关资料报质量监督机构核备。大型枢纽工程主要建筑物分部工程的验收质量结论应报质量监督机构核定。

质量监督机构应在收到验收质量结论之日后20个工作日内，将核备（定）意见书面反馈项目法人。

表 7-3-2　　法人验收质量结论格式

封面： ××××××工程 **法人验收质量结论** 单位工程名称： 分部工程名称： 项目法人： 年　月　日
注　1. 页面不够时，可加页。 2. 签章应是现场机构，无现场机构时，由单位盖章。
项目法人意见：
监理机构意见：
设计单位意见：
施工单位意见：
验收工作组意见：
质量监督机构核备（定）意见： 质量监督机构：（盖章） 质量监督机构项目负责人：（签字）

当质量监督机构对验收质量结论有异议时，项目法人应组织参加验收单位进一步研究，并将研究意见报质量监督机构。当双方对质量结论仍然有分歧意见时，应报上一级质量监督机构协调解决。

分部工程验收遗留问题处理情况应有书面记录并有相关责任单位代表签字，书面记录应随分部工程验收鉴定书一并归档。

分部工程验收鉴定书格式见表 7-3-3。正本数量可按参加验收单位、质量和安全监督机构各一份以及归档所需要的份数确定。自验收鉴定书通过之日起30个工作日内，由项目法人发送有关单位，并报送法人验收监督管理机关备案。

表7-3-3　　分部工程验收鉴定书格式

编号： ××××××工程 **××××分部工程验收鉴定书** 单位工程名称： ××××分部工程验收工作组 年　月　日
填表说明： 一、本表由项目法人或监理机构负责填写。 二、本表所填内容均为本分部工程相关资料。 三、本表书写材料应符合档案管理的有关规定，可使用打印件。
前言（包括验收依据、组织机构、验收过程等） 一、分部工程开工完工日期 二、分部工程建设内容 三、施工过程及完成的主要工程量 四、质量事故及质量缺陷处理情况 五、拟验工程质量评定（包括单元工程、主要单元工程个数、合格率和优良率；施工单位自评结果；监理单位复核意见；分部工程质量等级评定意见） 六、验收遗留问题及处理意见 七、结论 八、保留意见（保留意见人签字） 九、分部工程验收工作组成员签字表 十、附件 遗留问题处理记录

工作任务四　单 位 工 程 验 收

一、单位工程验收程序

当一个单位工程中所有分部工程完工之后，应对所有分部工程履行分部工程验收签证手续；施工单位应根据各分部工程的质量等级评定结果，单位工程的原材料、中间产品、金属结构及启闭机、机电设备安装质量和质量检验等资料，认真评定单位工程的质量等级。施工单位将自评的结果连同相关资料报送项目法人、监理单位复核；项目法人、监理单位应将复核结果和相关资料上报质量监督部门，质量监督站在组织外观质量等级评定的同时，根据质量监督情况和相关资料，核定单位工程的质量等级。质量监督部门核定单位工程达到合格及以上质量等级后，施工单位就可申请单位工程验收。项目法人、监理单位应根据施工单位的申请内容进行初查，如发现有遗留问题可督促其进行处理。如项目法人、监理单位认为达到验收要求，可请求有关方面进行单位工程验收。

单位工程验收的程序如图 7-4-1 所示。

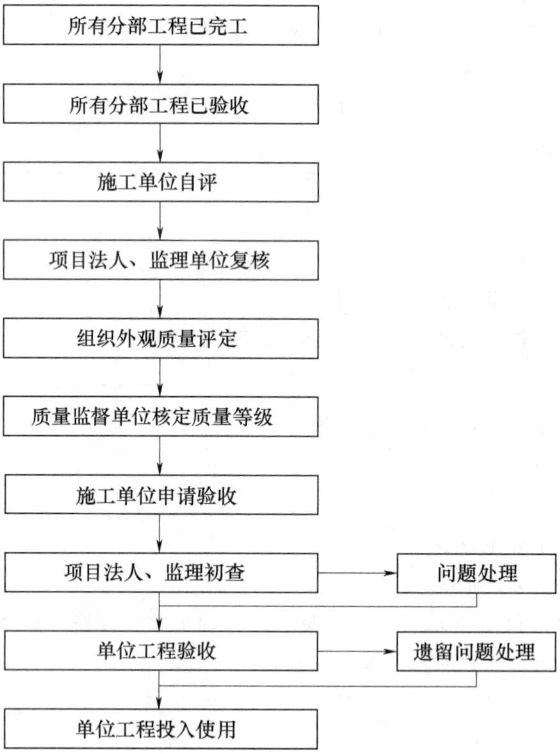

图 7-4-1　单位工程验收流程图

（1）单位工程验收应由项目法人主持。验收工作组由项目法人、勘测、设计、监理、施工、主要设备制造（供应）商、运行管理等单位的代表组成。必要时，可邀请上述单位以外的专家参加。

（2）单位工程验收工作组成员应具有中级及以上技术职称或相应执业资格，每个单位代表人数不宜超过 3 名。

（3）单位工程完工并具备验收条件时，施工单位应向项目法人提出验收申请报告。项目法人应在收到验收申请报告之日起 10 个工作日内决定是否同意进行验收。

（4）项目法人组织单位工程验收时，应提前 10 个工作日通知质量和安全监督机构。主要建筑物单位工程验收应通知法人验收监督管理机关。法人验收监督管理机关视情况决定是否列席验收会议，质量和安全监督机构应派员列席验收会议。

（5）单位工程验收应按以下程序进行：

1）听取工程参建单位工程建设有关情况的汇报。

2）现场检查工程完成情况和工程质量。

3）检查分部工程验收有关文件及相关档案资料。

4）讨论并通过单位工程验收鉴定书。

（6）需要提前投入使用的单位工程应进行单位工程投入使用验收。单位工程投入使用验收由项目法人主持，根据工程具体情况，经竣工验收主持单位同意，单位工程投入使用验收也可由竣工验收主持单位或其委托的单位主持。

（7）单位工程投入使用验收除满足工程验收的条件外，还应满足以下条件：

1）工程投入使用后，不影响其他工程正常施工，且其他工程施工不影响该单位工程安全运行。

2）已经初步具备运行管理条件，需移交运行管理单位的，项目法人与运行管理单位已签订提前使用协议书。

（8）单位工程投入使用验收除完成工程验收的工作内容外，还应对工程是否具备安全运行条件进行检查。

二、单位工程验收内容

（1）单位工程验收应具备以下条件：

1）所有分部工程已完建并验收合格。

2）分部工程验收遗留问题已处理完毕并通过验收，未处理的遗留问题不影响单位工程质量评定并有处理意见。

3）合同约定的其他条件。

（2）单位工程验收应包括以下主要内容：

1）检查工程是否按批准的设计内容完成。

2）评定工程施工质量等级。

3）检查分部工程验收遗留问题处理情况及相关记录。

4）对验收中发现的问题提出处理意见。

三、单位工程验收成果

（1）项目法人应在单位工程验收通过之日起10个工作日内，将验收质量结论（其格式见表7-3-2）和相关资料报质量监督机构核定。

（2）质量监督机构应在收到验收质量结论之日起20个工作日内，将核定意见反馈项目法人。

（3）单位工程验收鉴定书格式见表7-4-1。正本数量可按参加验收单位、质量和安全监督机构、法人验收监督管理机关各一份以及归档所需要的份数确定。自验收鉴定书通过之日起30个工作日内，由项目法人发送有关单位并报法人验收监督管理机关备案。

表 7-4-1　　**单位工程验收鉴定书格式**

×××××××工程

××××单位工程验收

鉴　定　书

××××单位工程验收工作组

年　月　日

验收主持单位：

法人验收监督管理机关：

项目法人：

代建机构（如有时）：

设计单位：

监理单位：

施工单位：

主要设备制造（供应）商单位：

质量和安全监督机构：

运行管理单位：

验收时间：

验收地点：

前言（包括验收依据、组织机构、验收过程等）

一、单位工程概况

（一）单位工程名称及位置

（二）单位工程主要建设内容

（三）单位工程建设过程（包括工程开工、完工时间，施工中采取的主要措施等）

二、验收范围

三、单位工程完成情况和完成的主要工程量

四、单位工程质量评定

（一）分部工程质量评定

（二）工程外观质量评定

（三）工程质量检测情况

（四）单位工程质量等级评定意见

五、分部验收遗留问题处理情况

六、运行准备情况（投入使用验收需要此部分）

七、存在的主要问题及处理意见

八、意见和建议

九、结论

十、保留意见（应有本人签字）

十一、单位工程验收工作组成员签字表

十二、附件

（一）提供给验收工作组资料目录

（二）分部工程验收鉴定书目录

工作任务五　合同工程完工验收

一、合同工程完工验收需具备条件

(1) 合同范围内的工程已按要求完成，但经项目法人同意列入保修期完成的尾工除外。

(2) 合同要求的各种工程验收已完成。

(3) 施工现场已经进行了清理并符合合同文件要求。

(4) 已经试运行的工程安全可靠，符合合同的要求。

(5) 工程观测仪器和设备已按设计要求安装和调试，并测得初始值及施工期各项观测值。

(6) 历次验收问题及质量缺陷已处理完毕。

(7) 验收资料已整理完毕并满足验收要求。

(8) 合同中约定的其他条件已完成。

二、合同工程完工验收程序

(1) 合同工程完成后，应进行合同工程完工验收。当合同工程仅包含一个单位工程（分部工程）时，宜将单位工程（分部工程）验收与合同工程完工验收一并进行，但应同时满足相应的验收条件。

(2) 合同工程完工验收应由项目法人主持。验收工作组由项目法人以及与合同工程有关的勘测、设计、监理、施工、主要设备制造（供应）商等单位的代表组成。

(3) 合同工程具备验收条件时，施工单位应向项目法人提出验收申请报告，项目法人应在收到验收申请报告之日起 20 个工作日内决定是否同意进行验收。

三、合同工程完工验收内容

(1) 合同工程完工验收应具备以下条件：

1) 同范围内的工程项目已按合同约定完成。

2) 工程已按规定进行了有关验收。

3) 观测仪器和设备已测得初始值及施工期各项观测值。

4) 工程质量缺陷已按要求进行处理。

5) 工程完工结算已完成。

6) 施工现场已经进行清理。

7) 需移交项目法人的档案资料已按要求整理完毕。

8) 合同约定的其他条件。

(2) 合同工程完工验收应包括以下主要内容：

1) 检查合同范围内工程项目和工作完成情况。

2) 检查施工现场清理情况。

3) 检查已投入使用工程运行情况。

4) 检查验收资料整理情况。

5）鉴定工程施工质量。

6）检查工程完工结算情况。

7）检查历次验收遗留问题的处理情况。

8）对验收中发现的问题提出处理意见。

9）确定合同工程完工日期。

10）讨论并通过合同工程完工验收鉴定书。

四、合同工程完工验收成果

合同工程完工验收鉴定书格式表 7－5－1。正本数量可按参加验收单位、质量和安全监督机构以及归档所需要的份数确定。自验收鉴定书通过之日起 30 个工作日内，由项目法人发送有关单位，并报送法人验收监督管理机关备案。

表 7－5－1　　合同工程完工验收鉴定书格式

××××××工程

××××合同工程完工验收

（合同名称及编号）

鉴　定　书

××××合同工程完工验收工作组

年　月　日

项目法人：

代建机构（如有时）：

设计单位：

监理单位：

施工单位：

主要设备制造（供应）商单位：

质量和安全监督机构：

运行管理单位：

验收时间：

验收地点：

前言（包括验收依据、组织机构、验收过程等）

一、合同工程概况

（一）合同工程名称及位置

（二）合同工程主要建设内容

（三）合同工程建设过程

二、验收范围

续表

三、合同执行情况（包括合同管理、工程完成情况和完成的主要工程量、结算情况等） 四、合同工程质量评定 五、历次验收遗留问题处理情况 六、存在的主要问题及处理意见 七、意见和建议 八、结论 九、保留意见（应有本人签字） 十、合同工程验收工作组成员签字表 十一、附件 （一）提供给验收工作组资料目录 （二）施工单位向项目法人移交资料目录

工作任务六 案 例 分 析

一、案例介绍

同学习情境三工作任务六案例。

二、验收范围

（1）分部工程验收。公园涉水工程本次验收的单位工程为连通闸，分为上游连接段、上闸首、闸室段、下闸首、消能防冲段、下游连接段、金属结构及启闭机安装、管理房、泄水方涵9个分部工程。

（2）单位工程验收。

三、施工布置、进度及机械人员情况

1. 施工布置

（1）施工道路。本工程附近城市道路较多，施工交通便利。场内施工道路利用公园南区内已经完成硬化的道路。

（2）施工用电。由业主提供的电力供应点接引，自备5台15kW柴油发电机。

（3）施工用水。由业主提供的用水供应点用2寸钢管接引。

（4）钢木加工厂。布置在连通闸西侧。

2. 投入机械设备

本次施工投入大小设备共计127台（辆），其中：反铲挖掘机5台，装载机（ZL40E）10辆，柴油发电机（15kW）5台，自卸汽车（BJ3240）20辆，空压机（$6m^3$）4台，电焊机（BX-300）40台，切断机（G840-2）4台，调直机（TQ4-8）4台，电锯（J063-4）4台，污水泵15台，插入振捣棒（2.2kW）5台，平板振捣器（4.5kW）5台，全站仪

（TC2002 型）1 台，洒水车 1 台，压刨机 4 台。

3. 施工人员情况

现场管理人员 17 人，施工人员 110 人。

四、主要施工技术

1. 土方开挖

依据设计图样，确定开挖范围及高程，土方开挖采用 1.6m^3 反铲挖掘机和 15t 自卸汽车联合施工。1.6m^3 反铲挖掘机挖土装车，由自卸汽车将弃土运至弃土场。土方开挖时，为不扰动地基，基础预留 20cm 由人工清底挖除，基底开挖到设计高程后，同设计、监理人员进行基底检验，检验合格后再进行下一步施工。

2. 土方填筑

为挡墙背后回填以回填原土为主，局部与墙背面相接的部位回填 500mm 宽度的砂砾料，顶部回填 500mm 厚的砂砾料。分层填筑时，每层先填砂砾料，并保证其宽度，然后再回填土，进行夯实。回填材料通过装载机下料，人工平整，使用汽油夯配合小型振动碾进行夯实作业。分层厚度 20cm。

3. 钢筋施工

钢筋严格按照图样设计的尺寸、形状和型号采用机械或人工加工弯制。施工前将钢筋表面油渍、漆皮、鳞锈等清除干净，保持表面洁净。钢筋调直时，盘条用卷扬机调直。钢筋下料后，对同批、同类、同型号加工成型的钢筋进行验收，检验合格后，才可继续下料加工。

钢筋接头采用搭接焊或对焊。钢筋搭接焊采用单面焊，焊接长度单面焊为 10d，双面焊为 5d。钢筋搭接焊焊接端钢筋适当预弯，保证两钢筋轴线在一条直线上。焊缝表面平整，焊缝焊接饱满，无凹陷或焊瘤，焊接接头区没有裂纹、咬边。绑扎成型时，无松动、折断、位移等情况；绑丝弯回，使之背向模板，浇筑混凝土时钢筋没有松动和变形。

受力钢筋焊接或绑扎接头设置在内力较小处，并错开布置，对于绑扎接头，一级钢筋受拉区搭接长度不小于 30d，受压区搭接长度不小于 20d；二级钢筋受拉区搭接长度不小于 35d，受压区搭接长度不小于 25d；两接头间距离不小于 1.3 倍搭接长度。钢筋搭接点至钢筋弯曲起始点的距离不小于 10d。对于焊接接头，在接头长度区段内，同一根钢筋内尽量少设接头。在构件任一有钢筋的区段内，搭接接头的钢筋面积，受拉区不得超过其总面积的 25%，受压区不得超过其总面积的 50%。

制作及安装时，先按设计图样在垫层混凝土上放出大样，并用墨线弹放出每根钢筋的平面位置线，按此位置进行底板底层钢筋的绑扎。钢筋的根数和间距符合设计要求，绑扎牢固，对钢筋的混凝土保护层厚度作严格控制，钢筋与模板间设置数量足够的硬质塑料垫块，所有垫块互相错开，分散布置。绑扎钢筋的绑丝，钩到钢筋骨架内侧。接头尽量错开布置。

4. 模板工程

本段的模板工程主要指的是结构侧面模板施工。

模板及支架材料选用钢模板，并辅助以木模板。木材的质量达到Ⅲ等以上的材质标准，并且提前备料，干燥后使用。模板选用 3015 模板，表面保证光洁平整，接缝严密，不漏浆，以保证混凝土的质量。模板的制作以满足施工图样要求的建筑物结构外形为准，并且不超过允许偏差。

拆除模板的时限在符合图样规定的同时，还应遵守下列规定：不承重侧面模板的拆除，在混凝土强度达到2.5MPa并能保证其表面及棱角不因拆模而损伤时，再进行拆除。

5. 混凝土浇筑

所用的混凝土均为商品混凝土，混凝土生产厂家用罐车运至施工现场，采用泵送入仓。混凝土开始浇筑前8h（隐蔽工程为12h），通知监理人员对浇筑部位进行检查验收，包括仓内清理、模板、钢筋、预埋件、止水、永久缝以及浇筑准备工作等，并做好记录，经验收合格后方可进行混凝土浇筑。

6. 闸门安装

(1) 人字闸门安装。由于人字闸门的特殊形式，在闸门安装完成后，与埋件调整配合后浇筑二期混凝土，闸门安装采用吊车进行吊装，底部放在承轴台上，顶部与顶枢相连，根据图样进行调整。船闸人字闸门安装过程为：底枢的安装—闸门底埋件安装—侧埋件安装—支枕、枕垫的安装—顶枢的安装—人字闸门—二期混凝土浇筑—埋件进行复测、表面处理—水封装置的安装—调试。

(2) 平面检修闸门的安装。用50t汽车吊卸车，按先后顺序排列，面板朝下，下面平铺有平台，测量闸门的平面度，测量主轮上缘是否在同一平面上。闸门放到门槽里，用钢丝绳与闸门吊点相连，进行启闭试验，在此闸门安装的调整中3次全程起落。检验闸门运转是否正常，是否有卡阻现象。

7. 启闭机安装

液压启闭机的安装位置与连接尺寸符合其安装布置图及有关技术文件的要求，在油缸安装之前，对实际位置与连接尺寸加以仔细的复查，以避免产生额外的装拆工作量。其主要安装过程为：液压设备（油缸、管路）—电控设备安装—液压系统冲洗—调试与试运行。

五、工程质量控制

1. 质量保证体系

为保证工程的质量，项目部成立以项目经理为第一质量负责人的质量保证体系。

(1) 项目经理首先对本施工方案投入的人员、材料、设备、工艺方法和施工环境五个方面因素进行有效的控制。

(2) 技术负责人及时掌握施工过程的质量动态，发现问题及时研究处理。

(3) 测量负责人负责确定施工的范围，确定施工高程后报现场监理确认，之后进行施工。

(4) 设专职施工员负责南区循环泵站及输水管线工程，布置落实有关的施工工序与技术质量要求。

(5) 设专职质检员负责工程质量检测。

2. 施工管理制度

施工管理是工程质量管理的核心，施工中着重落实了以下几个方面：

(1) 项目经理首先对本工程的人员、材料、设备、工艺方法和施工环境五个方面因素进行了有效的控制，确保工程投入的质量，也就是前提条件要确保质量，以此来保证每道工序质量的稳定。

（2）设专职施工员，布置落实有关的施工工序与技术质量要求。

（3）设专职质检员，质检员是工序管理的直接检查与控制者，办理工序质量的具体业务，不得设兼职人员，更不得与施工员混岗，人数的配备与生产规模相适应。

（4）加强质量检验和隐蔽工程签证制度，对每道工序实行操作者、班组长和质检员三者百分之百的检查，主任工程师抽查的制度。

（5）主任工程师及时掌握质量动态，一旦发现问题随时研究处理，隐蔽工程验收严格遵循上道工序不合格不能进入下道工序的原则。

（6）关键部位或薄弱环节设置工序质量控制点，质量控制点的检查经专职质检员检验合格。

（7）现场的测试项目（材料复试、钢材焊接试验）由具有资质的单位检验，并认真执行有关见证取样的有关规定。

3．质量保证措施

（1）工艺控制措施。

1）单位工程开工前，认真编制施工技术方案，经监理工程师审批后，严格按照施工组织设计施工。

2）主要分部、分项工程编制施工方案，科学地组织施工。

3）在施工过程中，经常检查施工组织设计及施工方案落实情况，以确保施工生产正常进行。

（2）工程材料控制措施。

1）保证工程材料和辅助材料（包括构件、成品、半成品）按质、按量、按时的供应是保证质量的前提。因此，对采购的原材料、构（配）件、半成品等材料，严格检查验收和取样送检制度，杜绝不合格材料进入现场。

2）外购材料三证（出厂证、合格证、检验证）齐全，进场后按规定抽检，合格后方可使用。

3）地方材料先调查料源，取样试验，试验合格经监理工程师认可后方可进料。

4）现场设专人收料，不合格的材料拒收。施工过程中若发现不合格材料及时清理出现场。

（3）隐蔽工程控制措施。做好隐蔽验收记录，对于隐蔽检查中提出的质量问题认真进行处理，经复验符合要求后，方可办理签证手续，进行下道工序施工。

4．混凝土与钢筋混凝土工程质量保证措施

（1）原材料质量保证措施。混凝土是由各组成材料合成的人工复合材料，不仅各生产工序的工艺操作情况对其质量产生影响，各组成材料的质量情况也影响混凝土的质量。所以对于组成混凝土的原材，包括水泥、砂子、水、外加剂实行严格验收制度，不合格的材料坚决不用。

（2）钢筋工程质量保证措施。钢筋的种类、型号均应符合设计图样的规定，分批取样试验，合格后方可使用。

为确保对钢筋工程的加工制作质量控制、焊接质量控制、绑扎的质量控制，建立一套钢筋工程质量控制程序。施工现场应设有5m×15m的钢筋加工平台。

（3）模板工程质量保证措施。为保证混凝土结构、构件的位置、形状、尺寸符合要求，保证工程结构和构件各部分形状尺寸和相互位置的正确，满足混凝土具有设计要求的强度和密实度，模板接缝不漏浆，建立一套完整的模板质量控制程序。

（4）混凝土工程质量保证措施。为确保混凝土的配合比、拌制、运输、浇筑、养护、拆模满足设计和规范要求，制定了混凝土工程质量控制程序。

六、各分部工程质量检测

1. 上游连接段

上游连接段，C25混凝土试块自检1组，其中见证1组，试验强度值为38.0MPa，试验合格。回填土取样共4点，监理平行检测2点，压实度均大于95%，符合设计要求。具体详见表7-6-1。

表7-6-1　　上游连接段质量检测

原材	自检	试验结果	原材	自检	试验结果
C25混凝土试块	1	合格	回填土	4	合格

2. 上闸首

上闸首C10混凝土试块自检1组，试验强度值为15.6MPa，C25F150W4混凝土试块自检8组，其中见证5组，试验最大强度值为43.5MPa、最小强度值30.9MPa、平均值35.73MPa，全部合格；抗冻试块1组、抗渗试块1组，检验结果满足设计要求。

钢筋原材自检5组，其中见证5组，全部合格。

钢筋焊接自检4组，其中见证4组，全部合格。

回填土取样共40点，压实度均大于95%，符合设计要求。具体详见表7-6-2。

表7-6-2　　上闸首质量检测

原材	自检			试验结果
	强度	抗冻	抗渗	
C10混凝土试块	1	—	—	合格
C25F150W4混凝土试块	8	1	1	合格
钢筋	5	—	—	合格
钢筋焊接	4	—	—	合格
回填土	40	—	—	合格

3. 闸室段

闸室段M10砂浆试块自检2组，分别为18.2MPa、18.4MPa，全部合格。C25F150W4混凝土试块自检5组，其中见证3组，试验最大强度值为38.5MPa、最小强度值28.8 MPa、平均值33.72 MPa，全部合格；抗冻试块1组、抗渗试块1组，检验结果满足设计要求。

钢筋原材自检4组，其中见证4组，全部合格。

钢筋焊接自检4组，其中见证4组，全部合格。

回填土取样共40点，压实度均大于95%，符合设计要求。具体详见表7-6-3。

表7-6-3　　闸室段质量检测

原　材	自　检			试验结果
	强度	抗冻	抗渗	
M10砂浆试块	2	—	—	合格
砂子	1	—	—	合格
砖	1	—	—	合格
C25F150W4混凝土试块	5	1	1	合格
钢筋原材	4	—	—	合格
钢筋焊接	4	—	—	合格
回填土	40	—	—	合格

4. 下闸首

下闸首C10混凝土试块自检1组，试验强度值为15.6MPa，合格。C25F150W4混凝土试块自检7组，其中见证4组，试验最大强度值为41.8MPa、最小强度值33.6MPa、平均值36.96MPa，全部合格；抗冻试块1组、抗渗试块1组，检验结果满足设计要求。

钢筋原材自检5组，其中见证5组，全部合格。

钢筋焊接自检4组，其中见证4组，全部合格。

回填土取样共40点，压实度均大于95%，符合设计要求。具体详见表7-6-4。

表7-6-4　　下闸首质量检测

原　材	自　检			试验结果
	强度	抗冻	抗渗	
C10混凝土试块	1	—	—	合格
C25F150W4混凝土试块	7	1	1	合格
钢筋原材	5	—	—	合格
钢筋焊接	4	—	—	合格
回填土	40	—	—	合格

5. 消能防冲段

消能防冲段C10混凝土试块自检1组，试验强度值为13.7MPa，合格。

C20混凝土试块自检3组，其中见证3组，试验强度值为23.1 MPa、28.7 MPa、30.1 MPa，全部合格。

C20W4F150混凝土试块自检1组，其中见证1组，试验强度值为37.6 MPa，合格。抗冻、抗渗各1组，检验结果满足设计要求。

钢筋原材自检4组，其中见证4组，全部合格。

钢筋焊接自检2组，其中见证2组，全部合格。

回填土取样共36点，压实度均大于95%，符合设计要求。具体详见表7-6-5。

表7-6-5　消能防冲段质量检测

原　　材	自　　检			试验结果
	强度	抗冻	抗渗	
C10混凝土试块	1	—	—	合格
C20混凝土试块	3	—	—	合格
C20W4F150混凝土试块	1	1	1	合格
钢筋原材	4	—	—	合格
钢筋焊接	2	—	—	合格
回填土	36	—	—	合格

6. 下游连接段

下游连接段C20W4F150混凝土试块自检1组，其中见证1组，试验强度值为37.6MPa，合格；抗冻、抗渗各一组，检验结果满足设计要求。

回填土取样共10点，压实度均大于95%，符合设计要求。具体详见表7-6-6。

表7-6-6　下游连接段质量检测

原　　材	自　　检			试验结果
	强度	抗冻	抗渗	
C20W4F150混凝土试块	1	1	1	合格
回填土	10	—	—	合格

7. 泄水方涵

泄水方涵C10混凝土试块自检1组，其中自检1组，试验强度值为12.5MPa，合格。C25 W4F150混凝土试块自检6组，其中见证1组，试验最大强度值为40.8MPa、最小强度值36.1MPa、平均值37.95MPa，全部合格；C25W4F150试块：抗冻、抗渗各一组，检验结果满足设计要求。M10砂浆试块自检1组，为12.5MPa，合格。

钢筋原材自检2组，其中见证2组，全部合格。

钢筋焊接自检2组，其中见证2组，全部合格。

回填土取样共56点，压实度均大于95%，符合设计要求。具体详见表7-6-7。

表7-6-7　泄水方涵质量检测

原　　材	自　　检			试验结果
	强度	抗冻	抗渗	
C10混凝土试块	1	—	—	合格
C25W4F150混凝土试块	6	1	1	合格
M10砂浆试块	1	—	—	合格
钢筋原材	2	—	—	合格
钢筋焊接	2	—	—	合格
回填土	56	—	—	合格

8. 管理房

管理房 C15 混凝土试块自检 1 组，其中自检 1 组，试验强度值为 18.0MPa，合格。

C25 混凝土试块自检 3 组，其中见证 2 组，试验最大强度值为 40.3MPa、最小强度值 27.5MPa、平均值 32.5MPa，全部合格。

C30 混凝土试块自检 3 组，其中见证 2 组，试验最大强度值为 37.8MPa、最小强度值 32.5MPa、平均值 35.5MPa，全部合格。

钢筋原材自检 10 组，其中 5 组见证，全部合格。

回填土取样共 28 点，压实度均大于 95%，符合设计要求。具体详见表 7-6-8。

表 7-6-8　管理房质量检测

原材	自检	试验结果	原材	自检	试验结果
C15 混凝土试块	1	合格	钢筋原材	10	合格
C25 混凝土试块	3	合格	回填土	28	合格
C30 混凝土试块	3	合格			

七、功能试验及试运行情况

本单位工程完工后对奥运湖与洼里湖连通闸进行了单机试运行，通过启闭设备对上、下闸首人字闸门进行启、闭操作，并进行了闸门闭水试验，运行结果满足设计要求。

八、分部工程评定情况

奥运湖与洼里湖连通闸工程共有上游连接段、上闸首、闸室、下闸首、消能防冲段、下游连接段、泄水方涵、金属结构及启闭机安装、管理房 9 个分部，经评定，全部合格，详见表 7-6-9。

表 7-6-9　分部工程评定结果

序号	分部工程名称	单元数	合格	优良	优良率（%）	评定结果
1	上游连接段	9	9	8	88.9	优良
2	上闸首	7	7	6	85.7	优良
3	闸室段	17	17	14	82.4	优良
4	下闸首	7	7	6	85.7	优良
5	消能防冲段	7	7	6	85.7	优良
6	下游连接段	19	19	17	89.5	优良
7	泄水方涵	16	16	14	87.5	优良
8	金属结构及启闭机安装	29	29	26	89.7	优良
9	管理房	11	11	5	45.5	合格

九、外观质量评定情况

本单位工程分别对建筑物进行了外观质量检测，得分率为 93.0%。

十、隐蔽工程数量

共进行隐蔽工程验收 28 次，全部符合设计、规范要求。

十一、设计变更及工程洽商情况

奥运湖与洼里湖连通闸工程，设计变更 1 项，工程洽商 1 项，均按设计要求实施。

奥运湖与洼里湖连通闸初设闸门形式为自动控制气动盾形闸门，现变更为金属人字闸门，盾形闸门系统合同价格为 615 万元；人字闸门工程造价为 250 万元，降低了工程造价。

十二、单位工程自评结论

本单位工程共划分为 9 个分部工程，分部工程质量全部合格，其中优良 8 个，优良率为 88.9%；本单位工程的中间产品质量全部合格，原材料质量、金属结构及启闭机制造质量合格；本单位工程的施工技术资料与质量保证资料齐全；经过对本单位工程外观的检测、量测，本单位工程外观得分率为 93.0%；本单位工程施工过程中，未发生任何安全及质量事故；本单位工程质量等级自评为优良。

附表 1　单位工程验收鉴定书

水利水电建设工程

公园涉水工程

连通闸工程　单位工程验收

鉴　定　书

年　月

连通闸工程　单位工程验收委员会

续表

工程概况（包括工程说明、主要工程量、施工过程及参建单位）：

为维持奥运湖及洼里湖正常水位及通航要求，实现湖区调蓄雨水的功能，满足汛期水系小循环，保证湖区水质，布置奥运湖与洼里湖连通闸，闸型选用人字闸门。上闸首人字闸门共两扇，外形尺寸为6148mm×3970mm，下闸首人字闸门共两扇，外形尺寸为6148mm×2970mm。

奥运湖与洼里湖连通闸工程包括上游连接段、上闸首、闸室段、下闸首、消能防冲段、下游连接段、金属结构及启闭机安装、管理房、泄水方涵9个分部工程，其主要工作内容有：基础开挖、钢筋混凝土浇筑、金属结构制安等。其主要工程量有：土方开挖：6000m^3；填方：4800m^3；混凝土浇筑：2080 m^3；钢筋制安：70t；人字闸门：39.4t；检修闸门14.5t。

本单位工程开工日期为：　　年　月　日，完工日期为：　　年　月　日。

参建单位为：

施 工 单 位：

设 计 单 位：

监 理 单 位：

建设及运行管理单位：

工程合同执行情况：

已按合同要求完成全部建设。

建设征地补偿及移民安置（完工验收不需要此部分）：

无

工程质量鉴定（包括分部工程质量评定，外观评价、检测与观测成果分析及工程质量核定意见）：

该单位工程共划分为9个分部工程，分部工程质量全部合格，其中优良分部工程8个，优良率为88.9%；工程的原材料、金属结构及启闭机制造质量及中间产品质量全部合格；工程外观得分率为93.0%；工程施工技术资料与质量保证资料齐全；且未发生任何安全及质量事故。

经核验，该单位工程质量等级为优良。

存在的主要问题及处理意见：

无

对工程运行管理的建议：

无

验收结论：

附表 2 闸室段分部工程验收签证表

编号：

分部工程验收签证

单位工程名称：连通闸工程

分部工程名称：闸室段

年 月 日

续表

工程概况（包括工程说明，主要工程量及施工过程）： 工程内容： 本分部工程为湖与洼里湖连通闸闸室段，钢筋混凝土结构，长 15m。 施工过程： 本分部工程主要施工过程为：基础开挖—垫层浇筑—钢筋混凝土底板浇筑—钢筋混凝土边墙浇筑—墙后回填。 主要工程量： 挖一般土方：590m^3； 填方：1255m^3； C25W4F150 混凝土浇筑：425 m^3； 砂砾料回填：202 m^3。 开完工日期： 开工日期： 完工日期：
质量事故及缺陷： 无
主要工程质量指标（主要设计指标，施工单位自检统计结果，监理抽检统计结果）： M10 砂浆试块自检 2 组，分别为 18.2MPa、18.4MPa，全部合格。 C25F150W4 混凝土试块自检 5 组，其中见证 3 组，试验最大强度值为 38.5MPa、最小强度值 28.8 MPa、平均值 33.72 MPa，全部合格。抗冻试块 1 组、抗渗试块 1 组，检验结果满足设计要求。 钢筋原材自检 4 组，其中见证 4 组，全部合格。 钢筋焊接自检 4 组，其中见证 4 组，全部合格。 回填土取样共 40 个点，压实度均大于 95%，符合设计要求。
质量评定（单元工程、主要单元工程个数和优良品率，分部工程质量等级）： 该分部工程共划分为 17 个单元工程，单元工程全部合格，其中优良单元工程 14 个，优良率为 82.4%，主要单元工程 12 个，全部合格，其中优良单元工程 12 个，优良率为 100%，中间产品质量全部合格，原材料质量合格，且未发生安全及质量事故。 经核验，该分部工程质量等级为优良。
存在问题及处理意见
验收结论：

续表

保留意见： 保留意见人签字：
参验单位（单位全称及参验人） 项 目 法 人： 监 理 单 位： 设 计 单 位： 运行管理单位： 施 工 单 位：
存在问题处理记录（实施单位处理情况、验收单位和日期）：
附件目录：

技　能　训　练

1. 简述分部工程验收、单位工程验收、阶段验收需提供的资料，它们之间有什么区别？

2. 简述隐蔽工程验收的程序。

3. 结合工程实例说明单元工程验收的主要内容。

4. 简述单元工程、分部工程、单位工程验收之间的区别。

5. 简述单位工程与合同工程在验收中的共同点与不同点。

6. 合同工程完工验收应包括哪几方面内容？

7. 合同工程完工验收应具备的条件是什么？

学习情境八 阶 段 验 收

【学习目标】

1. 了解枢纽工程导（截）流、水库下闸蓄水、引（调）排水工程阶段验收的条件及其验收内容和验收程序
2. 了解水电站（泵站）机组启动技术预验收应具备的条件及其内容
3. 熟悉部分工程投入使用验收条件、验收内容

工作任务一 枢纽工程导（截）流验收

根据SL 223—2008《水利水电建设工程验收规程》，枢纽工程在导（截）流前，应由项目法人提出验收申请，竣工验收主持单位或其委托单位主持对其进行阶段验收。

阶段验收委员会由验收主持单位、质量和安全监督机构、工程项目所在地水利（务）机构、运行管理单位的代表以及有关专家组成，可邀请地方人民政府以及有关部门参加。

大型工程在阶段验收前，验收主持单位根据工程建设需要，成立专家组，先进行技术预验收。如工程实施分期导（截）流时，可分期进行导（截）流验收。

一、验收条件

（1）导流工程已基本完成，具备过流条件，投入使用（包括采取措施后）不影响其他未完工程继续施工。

（2）满足截流要求的水下隐蔽工程已完成。

（3）截流设计已获批准，截流方案已编制完成，并做好各项准备工作。

（4）工程度汛方案已经有管辖权的防汛指挥部门批准，相关措施已落实。

（5）截流后壅高水位以下的移民搬迁安置和库底清理已完成并通过验收。

（6）有航运功能的河道，碍航问题已得到解决。

二、验收内容

（1）检查已完成的水下工程、隐蔽工程、导（截）流工程是否满足导（截）流要求。

（2）检查建设征地、移民搬迁安置和库底清理完成情况。

（3）审查导（截）流方案，检查导（截）流措施和准备工作落实情况。

（4）检查为解决碍航等问题而采取的工程措施落实情况。

（5）鉴定与截流有关已完工程施工质量。

（6）对验收中发现的问题提出处理意见。

（7）讨论并通过阶段验收鉴定书。

三、验收程序

（1）现场检查工程建设情况及查阅有关资料。

（2）召开大会：

1）宣布验收委员会组成人员名单。

2）检查已完工程的形象面貌和工程质量。

3）检查在建工程的建设情况。

4）检查后续工程的计划安排和主要技术措施落实情况，以及是否具备施工条件。

5）检查拟投入使用工程是否具备运行条件。

6）检查历次验收遗留问题的处理情况。

7）鉴定已完工程施工质量。

8）对验收中发现的问题提出处理意见。

9）讨论并通过阶段验收鉴定书。

10）验收委员会委员和被验收单位代表在验收鉴定书上签字。

四、验收鉴定书

导（截）流验收的成果文件是主体工程投入使用验收鉴定书，它是主体工程投入使用运行的依据，也是施工单位向项目法人交接、项目法人向运行管理单位移交的依据。

自验收鉴定书通过之日起 30 个工作日内，验收主持单位发送各参验单位。

工作任务二　水库下闸蓄水验收

根据 SL 223—2008《水利水电建设工程验收规程》，水库工程施工达到下闸蓄水前，项目法人提出验收申请，竣工验收主持单位或其委托的单位主持对其进行阶段验收。

验收委员会应由验收主持单位、质量和安全监督机构、工程项目所在地水利（务）机构、运行管理单位的代表以及有关专家组成，必要时可邀请地方人民政府以及有关部门参加。

在实际工作中，对于大型水库下闸蓄水前，应进行下闸蓄水验收。中型水库由竣工验收主持单位决定是否进行下闸蓄水验收。小型水库可不进行下闸蓄水验收，但在蓄水前，验收主持单位应组织蓄水前专项检查，必要时由项目法人组织分析论证，报验收主持单位同意后，确定蓄水和运行方案，并严格执行。

一、验收条件

按照 SL 223—2008《水利水电建设工程验收规程》要求，水库下闸蓄水验收应具备以下条件：

（1）挡水建筑物的形象面貌满足蓄水位的要求。

（2）蓄水淹没范围内的移民搬迁安置和库底清理已完成并通过验收。

（3）蓄水后需要投入使用的泄水建筑物已基本完成，具备过流条件。

（4）有关观测仪器、设备已按设计要求安装和调试，并已测得初始值和施工期观测值。

（5）蓄水后未完工程的建设计划和施工措施已落实。

（6）蓄水安全鉴定报告已提交。

（7）蓄水后可能影响工程安全运行的问题已处理，有关重大技术问题已有结论。

（8）蓄水计划、导流洞封堵方案等已编制完成，并做好各项准备工作。

（9）年度度汛方案（包括调度运用方案）已得到有管辖权的防汛指挥部门批准，相关措施已落实。

二、验收内容

（1）检查拟投入使用工程是否已按批准设计完成。

（2）检查工程是否已具备正常运行条件。

（3）鉴定工程施工质量。

（4）检查工程的调度运用、度汛方案落实情况。

（5）对验收中发现的问题提出处理意见。

（6）讨论并通过部分工程投入使用验收鉴定书。

三、验收程序

（1）现场检查工程建设情况及查阅有关资料。

（2）召开大会：

1）宣布验收委员会组成人员名单。

2）检查已完工程的形象面貌和工程质量。

3）检查在建工程的建设情况。

4）检查后续工程的计划安排和主要技术措施落实情况，以及是否具备施工条件。

5）检查拟投入使用工程是否具备运行条件。

6）检查历次验收遗留问题的处理情况。

7）鉴定已完工程施工质量。

8）对验收中发现的问题提出处理意见。

9）讨论并通过阶段验收鉴定书。

10）验收委员会委员和被验收单位代表在验收鉴定书上签字。

四、验收鉴定书

水库下闸蓄水验收的成果文件是主体工程投入使用验收鉴定书，它是主体工程投入使用运行的依据，也是施工单位向项目法人交接和项目法人向运行管理单位移交的依据。

自验收鉴定书通过之日起 30 个工作日内，由验收主持单位发送各参验单位。

工作任务三　引（调）排水工程通水验收

根据 SL 223—2008《水利水电建设工程验收规程》，引（调）排水工程在通水前，项目法人提出验收申请，竣工验收主持单位或其委托的单位主持对其进行阶段验收。

验收委员会由验收主持单位、质量和安全监督机构、工程项目所在地水利（务）机构、运行管理单位的代表以及有关专家组成，可邀请地方人民政府及有关部门参加。

若工程分期（或分段）通水时，应分期（或分段）进行通水验收。

一、验收条件

按照 SL 223—2008《水利水电建设工程验收规程》要求，引（调）排水工程在通水前，验收应具备以下条件：

（1）引（调）排水建筑物的形象面貌满足通水的要求。

（2）通水后未完工程的建设计划和施工措施已落实。

（3）引（调）排水位以下的移民搬迁安置和障碍物清理已完成并通过验收。

（4）引（调）排水的调度运用方案已编制完成；度汛方案已得到有管辖权的防汛指挥部门批准，相关措施已落实。

二、验收内容

（1）检查已完工程是否满足通水的要求。

（2）检查建设征地、移民搬迁安置和清障完成情况。

（3）检查通水准备工作落实情况。

（4）鉴定与通水有关的工程施工质量。

（5）对验收中发现的问题提出处理意见。

（6）讨论并通过阶段验收鉴定书。

三、验收程序

（1）现场检查工程建设情况及查阅有关资料。

（2）召开大会：

1）宣布验收委员会组成人员名单。

2）检查已完工程的形象面貌和工程质量。

3）检查在建工程的建设情况。

4）检查后续工程的计划安排和主要技术措施落实情况，以及是否具备施工条件。

5）检查拟投入使用工程是否具备运行条件。

6）检查历次验收遗留问题的处理情况。

7）鉴定已完工程施工质量。

8）对验收中发现的问题提出处理意见。

9）讨论并通过阶段验收鉴定书。

10）验收委员会委员和被验收单位代表在验收鉴定书上签字。

四、验收鉴定书

引（调）排水工程验收的成果文件是主体工程投入使用验收鉴定书，它是主体工程投入使用运行的依据，也是施工单位向项目法人交接和项目法人向运行管理单位移交的依据。

自验收鉴定书通过之日起30个工作日内，由验收主持单位发送各参验单位。

工作任务四　水电站（泵站）机组启动验收

一、机组启动试运行

根据SL 223—2008《水利水电建设工程验收规程》，水电站（泵站）每台机组投入运行前，应由项目法人提出验收申请，竣工验收主持单位或其委托的单位主持对其进行机组启动阶段验收。

机组启动验收前，项目法人应组织成立机组启动试运行工作组，开展机组启动试运行工作。

（1）机组启动试运行工作组应主要进行以下工作：

1）审查批准施工单位编制的机组启动试运行试验文件和机组启动试运行操作规程等。

2）检查机组及相应附属设备安装、调试、试验以及分部试运行情况，决定是否进行充水试验和空载试运行。

3）检查机组充水试验和空载试运行情况。

4）检查机组带主变压器与高压配电装置试验和并列及负荷试验情况，决定是否进行机组带负荷连续运行。

5）检查机组带负荷连续运行情况。

6）检查带负荷连续运行结束后消缺处理情况。

7）审查施工单位编写的机组带负荷连续运行情况报告。

（2）机组带负荷连续运行应符合以下要求：

1）水电站机组带额定负荷连续运行时间为72h；泵站机组带额定负荷连续运行时间为24h或7d内累计运行时间为48h，包括机组无故障停机次数不少于3次。

2）受水位或水量限制无法满足上述要求时，经过项目法人组织论证并提出专门报告报验收主持单位批准后，可适当降低机组启动运行负荷及减少连续运行的时间。

二、技术预验收

在机组启动试运行完成后，首（末）台机组启动验收前，验收主持单位应组织进行技术预验收。

（1）技术预验收应具备以下条件：

1）与机组启动运行有关的建筑物基本完成，满足机组启动运行要求。

2）与机组启动运行有关的金属结构及启闭设备安装完成，并经过调试合格，可满足机组启动运行要求。

3）过水建筑物已具备过水条件，满足机组启动运行要求。

4）压力容器、压力管道以及消防系统等已通过有关主管部门的检测或验收。

5）机组、附属设备以及油、水、气等辅助设备安装完成，经调试合格并经分部试运转，满足机组启动运行的要求。

6）必要的输配电设备安装调试完成，并通过电力部门组织的安全性评价或验收，送（供）电准备工作已就绪，通信系统满足机组启动运行要求。

7）机组启动运行的测量、监测、控制和保护等电气设备已安装完成并调试合格。

8）有关机组启动运行的安全防护措施已落实，并准备就绪。

9）按设计要求配备的仪器、仪表、工具及其他机电设备已能满足机组启动运行的需要。

10）机组启动运行操作规程已编制，并得到批准。

11）水库水位控制与发电水位调度计划已编制完成，并得到相关部门的批准。

12）运行管理人员的配备可满足机组启动运行的要求。

13）水位和引水量满足机组启动运行的最低要求。

14）机组按要求完成带负荷连续运行。

（2）技术预验收应包括以下主要内容：

1）听取有关建设、设计、监理、施工和试运行情况报告。

2）检查评价机组及其辅助设备质量、有关工程施工安装质量；检查试运行情况和消缺处理情况。

3）对验收中发现的问题提出处理意见。

4）讨论形成机组启动技术预验收工作报告。

三、首（末）台机组启动验收

首（末）台机组启动试运行前，项目法人应将试运行工作安排报验收主持单位备案，必要时，验收主持单位可派专家到现场收集有关资料，指导项目法人进行机组启动试运行工作。

首（末）台机组启动验收应由竣工验收主持单位或其委托单位组织的机组启动验收委员会负责；中间机组启动验收应由项目法人组织的机组启动验收工作组负责。验收委员会（工作组）应有所在地区电力部门的代表参加。

根据机组规模情况，竣工验收主持单位也可委托项目法人主持首（末）台机组启动验收。

（1）首（末）台机组启动验收应具备以下条件：

1）技术预验收工作报告已提交。

2）技术预验收工作报告中提出的遗留问题已处理。

（2）首（末）台机组启动验收应包括以下主要内容：

1）听取工程建设管理报告和技术预验收工作报告。

2）检查机组和有关工程施工和设备安装以及运行情况。

3）鉴定工程施工质量。

4）讨论并通过机组启动验收鉴定书。

（3）机组启动验收鉴定书。机组启动验收鉴定书格式见 SL 223—2008《水利水电建设工程验收规程》；机组启动验收鉴定书是机组交接和投入使用运行的依据。

四、中间机组启动验收

中间机组启动验收可参照首（末）台机组启动验收的要求进行。

工作任务五　部分工程投入使用验收

根据SL 223—2008《水利水电建设工程验收规程》的要求，项目施工工期因故拖延，并预期完成计划不确定的工程项目，部分已完成工程需要投入使用的，应进行部分工程投入使用验收。由项目法人提出验收申请，竣工验收主持单位或其委托的单位主持对其进行阶段验收。

在部分工程投入使用验收申请报告中，应包含项目施工工期拖延的原因、预期完成计划的有关情况，部分已完成工程提前投入使用的理由等内容。

一、验收条件

（1）拟投入使用工程已按批准设计文件规定的内容完成，并已通过相应的法人验收。

（2）拟投入使用工程已具备运行管理条件。

（3）工程投入使用后，不影响其他工程正常施工，且其他工程施工不影响部分工程安全运行（包括采取防护措施）。

（4）项目法人与运行管理单位已签订部分工程提前使用协议。

（5）工程调度运行方案已编制完成；度汛方案已得到有管辖权的防汛指挥部门批准，相关措施已落实。

二、验收内容

（1）检查拟投入使用工程是否已按批准设计完成。

（2）检查工程是否已具备正常运行条件。

（3）鉴定工程施工质量。

（4）检查工程的调度运用、度汛方案落实情况。

（5）对验收中发现的问题提出处理意见。

（6）通过部分工程投入使用验收鉴定书。

三、验收鉴定书

部分工程投入使用验收的成果文件是部分工程投入使用验收鉴定书，它是部分工程投入使用运行的依据，也是施工单位向项目法人交接和项目法人向运行管理单位移交的依据。

工作任务六　案　例　分　析

一、案例1——截流阶段验收工作报告（施工单位自验工作报告）

（一）案例介绍

1　概况

1.1　工作内容及主要工程量

1.1.1　工作内容

截流工作内容包括以下几方面：

(1) 主河床截流、围堰填筑、基础防渗、围堰运行维护。

(2) 主河床截流。

(3) 施工期安全度汛和度凌汛。

1.1.2 合同内主要工程量

本工程截流工作的合同主要工程量统计见表 8－6－1。

表 8－6－1 **截流工作合同主要工程量**

项目编号	项 目 名 称	计量单位	工程数量	备注
一	施工围堰工程			
1	上游围堰工程			
(1)	截流戗堤	万 m^3	6.88	
(2)	砂砾石填筑	万 m^3	12.2	不含截流戗堤
(3)	围堰块石护坡	万 m^3	0.90	
(4)	围堰垫层及反滤料填筑	万 m^3	1.81	
(5)	铅丝笼护底	万 m^3	0.67	
(6)	复合土工膜 ($400g/m^2/0.5mm/400g/m^2$)	万 m^2	1.20	
(7)	高喷防渗墙（墙厚 40cm）	万 m^2	1.58	
(8)	围堰拆除	万 m^3	22.46	
2	下游围堰工程			
(1)	围堰砂砾石填筑	万 m^3	5.46	
(2)	围堰块石护坡	万 m^3	0.41	
(3)	围堰垫层及反滤料填筑	万 m^3	0.82	
(4)	高喷防渗墙（墙厚 40cm）	万 m^2	1.10	
(5)	围堰拆除	万 m^3	6.69	
二	施工期基坑排水			
1	基坑初期排水	万 m^3	56.5	
2	基坑经常性排水	万 m^3	1732	656d

1.2 截流前控制性进度及相应形象面貌

遵照要求，导流施工形象进度为：

(1) 2010 年 10 月 21 日，开始截流戗堤预进占。

(2) 2010 年 11 月 23 日，开始堰基防渗施工。

(3) 2010 年 12 月 6 日，右坝肩土石方开挖开始施工。

(4) 2011 年 2 月 25 日，完成围堰高喷防渗墙 7562m^2。

(5) 2011 年 3 月 10 日，主河床上截流。

2 工程进展情况及完成的主要工程量

2.1 前期准备及临建、施工辅助设施

工程开工以来，完成的主要生活设施及生产辅助设施如下。

2.1.1 生活设施

公司进场后永久生活、办公营地按照三期规划。首先完成了一期项目部临时办公营地的建设，修建活动彩钢房 486m^2；永久生活、办公营地也于 2010 年 12 月 25 日正式投入使用，修建活动彩钢房 1600m^2。

2.1.2 供电系统

本标段共规划施工用电接入点 5 个：

(1) B1 布置在厂房上游右端，该点布置一台 S9－800kVA—10.5/0.4kV 电力变压器，为上游围堰防渗墙、基坑经常性排水、地基处理、厂房混凝土、上游护坦和引水渠等施工提供动力和照明用电。

(2) B2 布置在厂房上游右端，该点布置一台 S7－800kVA—10.5/6.3kV 电力变压器，高压变压器设一组 6kV 钢排架，专供上游两台 MQ600/30 高架门机用电。

(3) B3 布置在厂房下游右端，该点布置一台 S7－800kVA—10.5/6.3kV 电力变压器，高压变压器设一组 6kV 钢排架，专供下游两台 MQ600/30 高架门机用电。

(4) B4 布置在厂房下游右端，该点布置一台 S9－630kVA—10.5/0.4kV 电力变压器，主要为下游围堰防渗墙、基坑经常性排水、地基处理、副厂房、下游护坦和尾水渠等施工提供动力和照明用电。

(5) B5 布置在右岸生活区、生产厂内，该点布置有一台 S9－500kVA—10.5/0.4kV 电力变压器，为生活营地和辅企系统提供动力、照明电源。

目前已经使用的有上游 B1 及永久生活、办公营地 B5 变压器，其他正在落实、完善之中。

2.1.3 供水系统

目前生活用水由项目部在永久生活、办公营地区内打井供给，高喷防渗墙施工用水采用水泵从黄河抽取。

2.1.4 临建附属设施

钢木加工车间、综合材料库、车场、修理车间等配套设施于 2011 年 3 月开始建设。

2.1.5 交通运输道路系统

上、下游围堰填筑交通道路及上下游围堰间临时通行道路已修筑完成。

2.2 导流工程

2.2.1 交通运输道路情况

按照建设单位要求，项目部经过精心组织部署，于 2010 年 10 月 16 日正式开始上游围堰填筑道路修筑，并与 19 日修筑完成；2010 年 10 月 22 日完成了上下游围堰间交通道路。

2.2.2 围堰预填筑用料

填筑所需用料在业主指定料场挖运。

2.2.3　围堰填筑情况

项目部于2010年10月21日早正式开始上游围堰预进占，比原定工期提前了10d。目前上游围堰右岸戗堤已进占完成260m，采用超长度预进占，占压龙口位置，进占到达120m后拆除护底以上砂砾石层，沿原路返回完成龙口护底工作，并修建右岸戗堤裹头，完成加宽部分；左岸戗堤完成106m，并形成裹头，两岸戗堤之间距离204m，堰顶高程1068.50m。

下游围堰右岸预进占目前已填筑完成338m，堰顶高程1068.00m。

2.2.4　截流备料情况

目前截流材料准备充足，截流备料主要为截流龙口备用混合料（包括块石料）以及龙口截流特殊材料，料源为左右岸储备堆放料场，运距约1km。右岸储备块石料约13000m^3，砂砾石料约5100m^3；同时储备截流特殊材料：钢筋石笼900个、混凝土块体20个、葡萄串100串等放置右岸备料场。左岸导流明渠上游裹头平台备截流块石料约10000m^3，砂砾石料约3500m^3。

2.2.5　围堰防渗墙施工准备情况

2010年11月23日开始堰基防渗施工、围堰防渗墙施工，截至2011年2月25日已完成7562m^2。

2.2.6　水下隐蔽工程

已完成截流要求的水下隐蔽工程。

2.3　已完成的主要工程量

截至2011年2月25日，主要工程量见表8-6-2。

表8-6-2　　截至2011年2月25日已完成主要工程量统计表

序号	施工部位	累计完成量	配置设备	备注
1	上游围堰填筑	100000m^3		
1.1	上游围堰戗堤及护底填筑100m	35300m^3	推土机3台、自卸汽车25台、反铲5台、装载机5台、振动碾1台、汽车吊2台、洒水车1台	
1.2	上游围堰加宽填筑	54100m^3		
2	下游围堰填筑	21720m^3		
2.1	下游围堰填筑	21720m^3		
3	截流备料			
3.1	收购块石	23000m^3	自卸汽车10台	
3.2	钢筋铅丝笼制作	1100个		
3.3	混凝土四面体	20个		5m^3
4	防渗墙施工	7562m^2	4套高喷设备\8台工程钻机	
5	临建工程	项目部永久生活、办公区彩钢房1600m^2；现场临时彩钢房486m^2		

3 施工组织管理及资源配置

3.1 施工管理组织机构

为确保水利枢纽工程正常运行，公司设置了项目部，对工程进行施工组织、管理。为确保截流工作顺利有序进行，项目部专门成立了截流组织机构。

截流组织机构职责分工如下：

(1) 总指挥：负责截流全面领导工作，下达截流命令。

(2) 副指挥：负责布置截流工作，督促检查各项工作的进行，调动人员和机械设备，协助总指挥领导全面工作，主持班前碰头会议，若对截流计划进行重大变更时，须经总指挥批准。

(3) 进占组：负责截流戗堤的填筑工作，指挥堰头汽车、推土机、反铲，加强与各职能小组密切配合。

(4) 抛投料组：负责供应各种抛投料，合理安排运输车辆，保证及时供应。

(5) 计量组：负责截流施工中各种抛填料的计量工作。

(6) 水情监察组：负责水文观测、水情预报、质安等工作。

(7) 宣传保卫、救护组：负责截流宣传、现场安全保卫、医疗救护工作。

3.2 人力资源

为确保对该工程施工期在现场管理、技术管理、后勤物业保障等方面实现一体化控制，项目部目前已配备了各类管理、技术人员 35 名，技工 40 人，普工 60 人，其中具有中、高级职称 6 人，初级职称 12 人，大多数人员参加过多项类似工程施工，具有丰富的施工、管理工作能力。

3.3 设备配置

投入使用于施工中主要施工机械设备见表 8-6-3。

表 8-6-3　　主要施工机械设备

序号	设备名称	规格型号	数量	进场日期（年．月．日）	计划使用时段（年．月．日）	拟用工程项目
1	液压反铲	PC220	2	2010.10.16	2010.10.16—2011.5.22	围堰填筑
		DH370	1	2010.10.16	2010.10.16—2011.5.22	围堰填筑
		CAT330	1	2010.10.16	2010.10.16—2011.5.22	围堰填筑
		PC360	1	2010.10.16	2010.10.16—2011.5.22	围堰填筑
2	装载机	ZL50	2	2010.10.16	2010.10.16—2011.5.22	围堰填筑
		CR955	1	2010.10.16	2010.10.16—2011.5.22	围堰填筑
		LG953	1	2010.10.16	2010.10.16—2011.5.22	围堰填筑
		ZLC50C	1	2010.10.16	2010.10.16—2011.5.22	围堰填筑
3	推土机	TY220	2	2010.10.16	2010.10.16—2011.5.22	围堰填筑
		TY160	1	2010.10.16	2010.10.16—2011.5.22	围堰填筑
4	振动碾	YA14	1	2010.10.16	2010.10.16—2011.5.22	围堰填筑
5	洒水车	10t	1	2010.10.16	2010.10.16—2011.12.31	围堰填筑、施工区域及道路降尘

续表

序号	设备名称	规格型号	数量	进场日期（年．月．日）	计划使用时段（年．月．日）	拟用工程项目
6	汽车吊	QY25	1	2010.10.16	2010.10.16—2011.12.31	围堰填筑
		QY50	1	2010.10.16	2010.10.16—2011.12.31	围堰填筑
7	自卸车	20t	35	2010.10.16	2010.10.16—2011.5.22	围堰填筑
8	地质钻机	XY-2	8	2010.11.4	2010.11.23—2011.4.15	围堰防渗
9	高压水泵	3XB	3	2010.11.4	2010.11.23—2011.4.15	围堰防渗
10	空压机	YV6/8	3	2010.11.4	2010.11.23—2011.4.15	围堰防渗
11	搅浆机	DJ100	6	2010.11.4	2010.11.23—2011.4.15	围堰防渗
12	泥浆搅拌机	WJG100	3	2010.11.4	2010.11.23—2011.4.15	围堰防渗
13	高喷台车	GPT-Ⅱ	4	2010.11.4	2010.11.23—2011.4.15	围堰防渗
14	灌浆泵	HB-80	11	2010.11.4	2010.11.23—2011.4.15	围堰防渗
15	潜水泵	3*B	12	2010.11.4	2010.11.23—2011.4.15	围堰防渗
		3’	1	2010.10.16	2010.10.16—2013.12.31	围堰填筑及后续施工
16	黑旋风注浆泵	3SNS	3	2010.11.4	2010.11.23—2011.4.15	围堰防渗
17	发电机	20kW	1	2010.10.21	2010.10.21—2014.4.30	围堰填筑及后续施工
		200kW	1	2010.10.21	2010.10.16—2014.4.30	围堰填筑及后续施工
18	电焊机	—	11	2010.10.21	2010.10.16—2014.4.30	围堰填筑及后续施工
19	变频机	—	20	2010.10.21	2010.10.16—2014.4.30	围堰填筑及后续施工
20	变压器	800kVA	1	2010.10.18	2010.11.18—2014.4.30	围堰填筑及后续施工
21		630kVA	1	2010.10.18	2010.11.18—2014.4.30	围堰填筑及后续施工
22		500kVA	1	2010.11.10	2010.11.10—2014.4.30	营地
23	拓普康	GTS311	1	2010.10.14	2010.10.14—2014.4.30	

4 施工质量管理体系

项目部将严格按照ISO 9001质量标准，建立健全以项目经理为第一责任人的质量保证体系，结合工程实际，编制适合于本工程的质量计划，严格按计划中的过程、程序和项目实施，实行质量责任终身制，层层落实到个人，真正做到全员、全方位、全过程的有效控制。

5 已施工部位主要施工过程

5.1 围堰填筑前的准备

(1) 施工道路。项目部于2010年10月16日开始采用反铲、推土机、振动碾修筑上下游围堰填筑施工道路。

(2) 填筑前准备。围堰填筑前，先采用反铲、推土机将填筑范围内岸坡弃渣、树木、树根、乱石、坡积物、腐殖土等清除干净。料场部位采用反铲、推土机剥离不满足围堰填筑料要求的覆盖层。

5.2 施工进展情况

本工程上下游围堰填筑施工进度按如下进度安排：

2010年10月21日开始上游围堰预进占，于2010年11月8日上游围堰进占到0+380，并完成龙口（0+260～0+380）护底工作，2010年11月10日完成龙口段护底以上部分围堰挖除（120m）工作。

2010年10月28日开始上游围堰加宽填筑。

下游围堰于2010年10月28日开始填筑，目前已填筑到0+338。

5.3 填筑施工

上下游围堰均采用梯形土石堰体，随着截流戗堤的推进，上下游土石围堰的填筑基本与戗堤同步进行，围堰与堰基高喷防渗施工在业主提供电源后施工。堰体水下部分采用抛填施工，砂砾石填筑直接向水中抛填，借助于自卸汽车和推土机往返行驶进行压实，在两端与岸坡连接处，采用振动碾碾压。水上部分采用分层碾压施工，填筑作业按卸料→铺平→碾压三道工序，流水作业法施工，工作面平整采用推土机整平。

5.4 坡面防护

坡面防护施工主要包括迎水面坡面块石防护。坡面块石护坡采用反铲选料装车，20t自卸汽车运输。运输至围堰坡顶后，由坡顶卸料到坡面上人工倒运，卸料时必须保证下部无人，确保施工安全。

5.5 堰头防护

上下游围堰水流冲刷堰头部位将采用块石钢筋（铅丝）笼和大块石进行防护，钢筋（铅丝）笼规格1.4m×1.4m×0.5m，块石粒径20～40cm，钢筋（铅丝）笼在右岸空地加工，在块石装后封口，钢筋（铅丝）笼之间采用铅丝相互绑扎。

6 施工期安全管理及文明管理

6.1 施工安全管理原则

以预防为主，对生产中不安全因素进行有效辨识，端正消除不安全因素的态度，选准消除不安全因素的时机。

坚持以全员、全过程、全方位、全天候的动态安全管理。

6.2 现场施工安全保证体系

建立了安全保证体系（图已省略）。

6.3 施工安全保证措施

(1) 强化安全管理机构，健全组织充实安检人员、完善工作制度。项目部设安全环保部，安全总监1名，安全环保部主任1名，并设置2名事业心强、懂业务的专职安全员，各工区及施工生产部配置多名兼职安全员，做到每班组作业都有安全员。安全员每天巡回各施工作业面，检查施工现场的安全情况，是否存在安全隐患或有违章作业情况等；一经发现，及时制止或断然采取措施，防止事故发生。班前交代注意事项，班后讲评安全，把事故消灭在萌芽状态。

(2) 坚决贯彻执行国家有关安全生产的法规、法令，执行建设单位与地方政府对安全生产发出的有关规定和指令。在施工安全管理上，实行三级管理（项目经理部、施工工区、作业班组），逐级落实安全生产责任制，层层签订安全生产责任书，坚持谁分管、谁负责，明确分工、责任到人、奖惩分明。

(3) 依据水利部、劳动部、公安部、建设部相关标准法规及公司《安全管理规程汇编》和有关施工安全的体系文件，经常组织作业人员进行安全学习。加大安全宣传教育力度，尤其是对新进场的职工和民工，要坚持先进安全生产基本常识的教育，经考核和考试合格后才允许上岗制度。操作人员必须佩戴安全帽，无安全帽者不准进入工作面。

(4) 为使工程安全、高效、顺利地进行，所使用的安全文件资料在整个施工过程中一直处于有效状态，对所有拟订和实施的安全文件资料进行必要的控制。由项目部安全环保部负责，各施工区专职安全员协助实施。

(5) 按照事故“四不放过”原则，利用事故树分析法，对各类事故加以分析研究，制定有效的预防措施，杜绝事故发生，确保工程任务顺利进行。

6.4 施工文明管理

略

7 经验与建议

略

(二) 案例分析

针对验收条件，分析如下：

(1) 根据2.2内容，导流工程已基本完成，具备过流条件，投入使用后不影响其他未完工程继续施工。

(2) 满足截流要求的水下隐蔽工程：自检材料未注明，应有其他材料支撑。

(3) 报告未注明截流设计在截流工作开始前已获批准，应补充截流方案，各项准备工作已完成。

(4) 补充已得到防汛指挥部门批准的工程度汛方案。

(5) 无截流后壅高水位以下的移民搬迁安置和库底清理工作（因在黄河岸边施工，不存在此方面内容）。

(6) 无航运功能。

二、案例2——水库下闸蓄水阶段验收任务实例

（一）案例介绍

1 工程概况

1.1 工程位置及主要任务

某水利枢纽工程位于某流域，其主要建设任务是防洪，兼顾发电、灌溉、航运等综合利用。

1.2 主要技术特征指标

某水利枢纽为Ⅰ等工程，大坝及泄洪建筑物为1级建筑物，设计洪水标准为500年一遇，校核洪水标准为5000年一遇；电站厂房、消能建筑物等为3级建筑物，电站厂房设计洪水标准为100年一遇，校核洪水标准为200年一遇，消能建筑物的设计洪水标准为100年一遇。

水库正常蓄水位140.00m，总库容14.39亿m^3，其中防洪库容7.83亿m^3。电站总装机容量120MW，多年平均发电量3.3亿kW·h，规划灌溉农田5.4万亩。

枢纽工程由碾压混凝土重力坝、泄洪消能建筑物、右岸坝后式电站厂房、左右灌溉渠首、右岸斜面升船机（预留）等建筑物组成。坝顶高程148.00m，最大坝高88m，坝顶长度351m，共18个坝段。电站安装2台单机容量为60MW的混流式水轮发电机组。

工程建成后，可将下游地区的防洪标准近期提高到20年一遇，远景达到50年一遇。该枢纽工程主要技术特征指标见表8-6-4。

表8-6-4 主要技术特征指标

序号	项目	数值	备注
1	校核洪水位	144.56m	黄海高程
2	设计洪水位	143.50m	
3	正常蓄水位	140.00m	
4	汛期限制水位	125.00m	
5	死水位	112.00m	
6	总库容	14.39亿m^3	
7	防洪库容	7.83亿m^3	
8	坝顶高程	148m	
9	最大坝高	88m	
10	设计洪水位泄量	12526m^3/s	
11	校核洪水位泄量	13378m^3/s	
12	装机容量	2×60MW	
13	年平均发电量	3.3亿kW·h	
14	保证出力	18.4MW	
15	年利用小时数	2780h	
16	灌溉面积	5.4万亩	

1.3　工程形象面貌

(1) 大坝工程。

大坝全线达到坝顶设计高程148.00m；表孔溢流面已形成；厂房坝段发电引水钢管管槽回填混凝土完成；消力池工程完成。

电站进水口快速门、底孔弧形工作门及启闭机安装调试完成；电站进水口、大坝底孔检修门埋件安装及二期混凝土浇筑完成；灌溉取水口检修门及蝶阀安装完成。

大坝帷幕灌浆、固结灌浆完成；大坝基础排水孔完成；坝体高程118.00m以下排水孔完成。消力池混凝土、封闭帷幕及基础排水孔工程完成。

大坝安全监测系统共376支（座）仪器及设施已安装完成，均已取得初始值。

(2) 电站厂房。

主副厂房及安装间混凝土、尾水渠及厂坝导墙混凝土、厂房基础固结灌浆完成。

2台60MW混流式水轮发电机组已安装完成，尾水闸门及尾水门机已安装完成。

2　蓄水验收的项目和范围

2.1　大坝工程

(1) 岸坡及基础开挖。

(2) 基础固结灌浆、帷幕灌浆，坝体接缝灌浆、岸坡接触灌浆，基础与坝体排水。

(3) 混凝土工程：左、右岸非溢流坝段，厂房坝段，溢流坝段，消力池。

(4) 金属结构安装。

2.2　电站工程

(1) 边坡及基础开挖。

(2) 基础灌浆与排水工程。

(3) 厂房和安装间混凝土、尾水渠混凝土工程。

(4) 金属结构安装。

2.3　安全监测工程

2.4　库底清理及移民安置

3　蓄水与在建和续建工程的关系

3.1　大坝

大坝泄洪设施的金属结构安装调试须在2008年汛前完成，具备设计的泄洪控制能力。

3.2　导流隧洞

下闸后，导流隧洞堵头须在库水位达到127.00m高程前具备挡水条件。

4　工程质量

枢纽主体工程共划分为8个单位工程，130个分部工程，4908个单元工程。按照有关规程，监理单位对已完单元工程施工质量等级进行复核，经项目站核定。截至2010年8月31日，已评定单元工程2121个，合格率100%，其中优良1885个，优良率88.9%；验收分部工程39个，合格率100%，其中优良32个，优良率82.1%。已验收工程施工质量满足下闸蓄水要求，具体见表8-6-5。

表8-6-5　　单元工程验收及质量评定情况表

单位工程名称	单元工程总数	已验单元工程数	优良单元工程数	已验单元工程优良率（%）
左岸非溢流坝段	733	146	102	69.9
溢流坝段	777	73	55	75.3
厂房坝段	358	81	68	84.0
右岸非溢流坝段	392	121	102	84.3
消力池工程	1157	611	558	91.3
厂坝导墙及尾水	538	530	488	92.1
电站厂房工程	928	559	512	91.6
升压变电站工程	25	0	0	
合　计	4908	2121	1885	88.9

5　蓄水验收前已完成的工作

受项目法人委托，2010年1月，对某工程进行了蓄水安全鉴定，并提交了《某水利枢纽工程蓄水安全鉴定报告》。

2010年2月，对某水利枢纽工程蓄水阶段技术预验收。

2010年9月，水利部移民局主持了蓄水阶段库底清理和移民搬迁安置验收，形成了《某水利枢纽工程下闸蓄水阶段库底清理及移民安置验收报告》。

项目法人对上述工作中提出的问题已经处理或作安排。

6　初期蓄水计划及度汛方案

6.1　初期蓄水计划

在综合考虑初期蓄水和下游生态及河道环境用水要求的基础上，蓄水按如下计划进行：

（1）当库水位低于103.00m时，来水全部蓄存。

（2）当库水位高于103.00m时，若来水量小于12m^3/s，全部下泄。

（3）当库水位高于103.00m时，若来水量大于12m^3/s，按12m^3/s下泄，多余水量全部拦蓄，直至死水位112.00m，以满足电站机组调试及初期发电需要。

根据上述调度方式，2011年4月1日前蓄至112.00m时，遇100年一遇设计洪水坝前最高水位为130.85m，遇200年一遇校核洪水坝前最高水位为132.42m；4月1日前蓄至125.00m时，遇100年一遇设计洪水坝前最高水位为133.12m，遇200年一遇校核洪水坝前最高水位为134.31m。

（4）考虑到导流隧洞永久堵头施工在2011年3月底才能完工，此前应控制库水位不超过127.00m。

6.2　初期蓄水度汛标准

在永久泄洪建筑物未具备设计泄洪控制能力前，根据SL 252—2000《水利水电工程等级划分及洪水标准》，依据坝型和坝前拦洪库容，下闸后初期蓄水大坝度汛设计标准为100年一遇，校核标准为200年一遇；下游护岸等次要工程度汛标准为20年一遇。

6.3 未完工程度汛要求

工程下闸后，应在2011年汛前完成表孔弧门的安装调试，使永久泄洪建筑物具备设计的泄洪能力，为工程进入运行期调洪创造条件。

导流洞永久堵头施工难度大，工序多，应积极做好施工组织管理，在库水位达到127m前完成堵头施工项目，具备挡水条件。

6.4 运行初期度汛方案及超标准洪水预防措施另行制定，按程序报批。

7 未完工程建设进度计划

根据目前实际施工形象及工程进度安排，各建筑物建设进度计划如下：

7.1 大坝工程

2010年12月底前完成剩余坝体排水孔工程。

2011年2月底前完成坝顶电缆廊道安装、坝顶门机大梁安装、坝顶细部结构、启闭机室房建工程。

2010年12月底前完成表孔工作弧门、表孔检修门门槽埋件及二期混凝土浇筑；2008年2月底前完成坝顶永久门机安装，完成电站、底孔、表孔全部检修门安装，完成表孔启闭机安装调试。

7.2 导流洞封堵工程

下闸蓄水后，80d左右完成导流洞混凝土永久堵头封堵工程。

8 库底清理和移民安置

已完成某水利枢纽工程下闸蓄水阶段库底清理及移民安置验收会议。验收结论为：经过各方共同努力，库区高程140.00m以下库底清理及移民搬迁安置工作基本完成，地方各级政府就10月底前完成剩余任务已作出安排部署。验收委员会认为，高程140.00m以下库底清理及移民安置工作可以满足某水库按期下闸蓄水的要求，同意通过验收。

（二）案例分析

根据水库下闸蓄水验收条件，对其进行分析如下：

（1）××水利枢纽工程挡水、泄洪等建筑物的形象面貌满足蓄水要求。

（2）已完成××水利枢纽工程下闸蓄水阶段库底清理及移民安置验收会议，库区高程140.00m以下库底清理及移民安置已通过蓄水阶段验收。

（3）蓄水后需要投入使用的泄水建筑物已基本完成。

（4）安全监测设施已安装、调试，并开始系统观测。

（5）后续工程实施计划和蓄水调度运用、度汛方案已作出安排。

（6）枢纽工程已通过蓄水安全鉴定。

（7）库区高程140.00m以下库底清理及移民安置已通过蓄水阶段验收，地方各级政府对所需完成的剩余任务已作出安排。

(8) 未提到已编制完成的蓄水计划、导流洞封堵方案等，并做好各项准备工作。

(9) 为提到已经批准的年度度汛方案（包括调度运用方案）。

三、案例3——水库下闸蓄水阶段验收鉴定书

前 言

××水利枢纽工程主体工程于2004年2月开工建设，经过建设各方的共同努力，工程建设总体进展顺利，已经具备了SL 223—2008《水利水电建设工程验收规程》规定的蓄水验收条件。

根据水利部《关于召开××水利枢纽工程蓄水验收会议的通知》（办建管函〔2007〕54号），2009年10月21—22日，在××县召开了××水利枢纽工程蓄水验收会议。验收主持单位组织成立了验收委员会。

验收委员会现场检查了工程建设情况，听取了工程建设管理、设计、施工质量评定、蓄水安全鉴定、技术预验收和库底清理及移民安置验收等工作报告，查阅了有关资料，经充分讨论，形成鉴定意见如下：

1 工程概况

1.1 工程位置及主要任务

××水利枢纽工程是流域骨干防洪工程之一，位于××县境内的澧水一级支流下游，下距××市镇2km，距县城19km。××水利枢纽工程的主要建设任务是防洪，兼顾发电、灌溉、航运等综合利用。

1.2 主要技术特征指标

××水利枢纽为Ⅰ等工程，大坝及泄洪建筑物为1级建筑物，设计洪水标准为500年一遇，校核洪水标准为5000年一遇；电站厂房、消能建筑物等为3级建筑物，电站厂房设计洪水标准为100年一遇，校核洪水标准为200年一遇，消能建筑物的设计洪水标准为100年一遇。

水库正常蓄水位140.00m，总库容14.39亿m^3，其中防洪库容7.83亿m^3。电站总装机容量120MW，多年平均发电量3.3亿kW·h，规划灌溉农田5.4万亩。

枢纽工程由碾压混凝土重力坝、泄洪消能建筑物、右岸坝后式电站厂房、左右灌溉渠首、右岸斜面升船机（预留）等建筑物组成。坝顶高程148.00m，最大坝高88.00m，坝顶长度351.00m，共18个坝段。电站安装2台单机容量为60MW的混流式水轮发电机组。

工程建成后，与已建的安奇水库联合调度，可将下游地区的防洪标准近期提高到20年一遇，远景达到50年一遇。具体的主要技术特性指标见表7-6-4。

1.3 设计审批和施工

1.3.1 设计审批

××水利枢纽工程是1998年大洪水之后国务院批准的近期防洪建设重点工程之一。

2001年8月，国务院批准了《国家计委关于审批××水利枢纽工程项目建议书的请示》。

2004年10月，国务院批准了《国家计委关于审批××水利枢纽可行性研究报告的请示》。

2004年12月10日，国家发展和改革委员会下达了《关于核定××水利枢纽工程初步设计概算的通知》，核定总投资为32.5179亿元。

2004年12月18日，水利部批准了《××水利枢纽工程初步设计报告》。

2005年1月13日，国家发展和改革委员会下达了《关于2004年第一批新开工固定资产投资大中型项目计划的通知》，批准××水利枢纽工程开工。

枢纽主体工程主要设计工程量为：土石方244.8万m^3，混凝土123.4万m^3，帷幕灌浆2.2万m，固结灌浆2.1万m，金属结构制作安装4811t。

1.3.2 施工

工程建设总工期为5年4个月。2005年2月8日，枢纽主体工程开工；2005年9月工程截流并开始大坝基坑开挖；2005年12月10日开始浇筑大坝混凝土；2008年10月3日，大坝全线浇筑到坝顶高程；2008年10月，2台机组安装完成并具备充水调试条件。

截至2008年10月10日，主体工程完成的主要工程量见表8-6-6。

表8-6-6 **主体工程已完主要工程量汇总表**

序号	项目内容	完成工程量	序号	项目内容	完成工程量
1	土石方开挖	129万m^3	4	帷幕灌浆	26897m
2	混凝土浇筑	106.1m^3	5	排水孔进尺	13129m
3	固结灌浆	23150m	6	金属结构制作安装	3920 t

1.4 工程形象面貌

1.4.1 大坝工程

大坝全线达到坝顶设计高程148.00m；表孔溢流面已形成；厂房坝段发电引水钢管管槽回填混凝土完成；消力池工程完成。

电站进水口快速门、底孔弧形工作门及启闭机安装调试完成；电站进水口、大坝底孔检修门埋件安装及二期混凝土浇筑完成；灌溉取水口检修门及蝶阀安装完成。

大坝帷幕灌浆、固结灌浆完成；大坝基础排水孔完成；坝体高程118.00m以下排水孔完成。消力池混凝土、封闭帷幕及基础排水孔工程完成。

大坝安全监测系统共376支（座）仪器及设施已安装完成，均已取得初始值。

1.4.2 电站厂房

主副厂房及安装间混凝土、尾水渠及厂坝导墙混凝土、厂房基础固结灌浆完成。

2台60MW混流式水轮发电机组已安装完成，尾水闸门及尾水门机已安装完成。

2 蓄水验收的项目和范围

2.1 大坝工程

2.1.1 岸坡及基础开挖；

2.1.2 基础固结灌浆、帷幕灌浆，坝体接缝灌浆、岸坡接触灌浆，基础与坝体排水；

2.1.3 混凝土工程：左、右岸非溢流坝段，厂房坝段，溢流坝段，消力池；

2.1.4 金属结构安装。

2.2 电站工程

2.2.1 边坡及基础开挖；

2.2.2 基础灌浆与排水工程；

2.2.3 厂房和安装间混凝土、尾水渠混凝土工程；

2.2.4 金属结构安装。

2.3 安全监测工程

2.4 库底清理及移民安置

3 蓄水与在建和续建工程的关系

3.1 大坝

大坝泄洪设施的金属结构安装调试须在2009年汛前完成，具备设计的泄洪控制能力。

3.2 导流隧洞

下闸后，导流隧洞堵头须在库水位达到127.00m高程前具备挡水条件。

4 工程质量

枢纽主体工程共划分为8个单位工程，130个分部工程，4908个单元工程。按照有关规程，监理单位对已完单元工程施工质量等级进行复核，项目站进行核定。截至2007年8月31日，已评定单元工程2121个，合格率100%，其中优良1885个，优良率88.9%；验收分部工程39个，合格率100%，其中优良32个，优良率82.1%。已验收工程施工质量满足下闸蓄水要求。

5 蓄水验收前已完成的工作

5.1 受项目法人委托，规划设计院于2008年1月对××水利枢纽工程进行了蓄水安全鉴定，并提交了《××水利枢纽工程蓄水安全鉴定报告》。

5.2 2008年2月，水利部组织了××水利枢纽工程蓄水阶段技术预验收。

5.3 2008年9月，水利部移民局主持了蓄水阶段库底清理和移民搬迁安置验收，形成了《××水利枢纽工程下闸蓄水阶段库底清理及移民安置验收报告》。

项目法人对上述工作中提出的问题已经处理或作安排。

6 初期蓄水计划及度汛方案

6.1 初期蓄水计划

在综合考虑初期蓄水和下游生态及河道环境用水要求的基础上，蓄水按如下计划进行：

（1）当库水位低于103.00m时，来水全部蓄存。

（2）当库水位高于103.00m时，若来水量小于12m^3/s，全部下泄。

（3）当库水位高于103.00m时，若来水量大于12m^3/s，按12m^3/s下泄，多余水量全部拦蓄，直至死水位112.00m，以满足电站机组调试及初期发电需要。

根据上述调度方式，2008 年 4 月 1 日前蓄至 112.00m 时，遇 100 年一遇设计洪水坝前最高水位为 130.85m，遇 200 年一遇校核洪水坝前最高水位为 132.42m；4 月 1 日前蓄至 125.00m 时，遇 100 年一遇设计洪水坝前最高水位为 133.12m，遇 200 年一遇校核洪水坝前最高水位为 134.31m。

(4) 考虑到导流隧洞永久堵头施工在 2009 年 3 月底才能完工，此前应控制库水位不超过 127.00m。

6.2 初期蓄水度汛标准

在永久泄洪建筑物未具备设计泄洪控制能力前，根据 SL 252—2000《水利水电工程等级划分及洪水标准》，依据坝型和坝前拦洪库容，下闸后初期蓄水大坝度汛设计标准为 100 年一遇，校核标准为 200 年一遇；下游护岸等次要工程度汛标准为 20 年一遇。

6.3 未完工程度汛要求

工程下闸后，应在 2008 年汛前完成表孔弧门的安装调试，使永久泄洪建筑物具备设计的泄洪能力，为工程进入运行期调洪创造条件。

导流洞永久堵头施工难度大，工序多，应积极做好施工组织管理，在库水位达到 127.00m 前完成堵头施工项目，具备挡水条件。

6.4 运行初期度汛方案及超标准洪水预防措施另行制定，按程序报批。

7 未完工程建设进度计划

根据目前实际施工形象及工程进度安排，各建筑物建设进度计划如下。

7.1 大坝工程

2008 年 12 月底前完成剩余坝体排水孔工程。

2009 年 2 月底前完成坝顶电缆廊道安装、坝顶门机大梁安装、坝顶细部结构、启闭机室房建工程。

2008 年 12 月底前完成表孔工作弧门、表孔检修门门槽埋件及二期混凝土浇筑；2009 年 2 月底前完成坝顶永久门机安装，完成电站、底孔、表孔全部检修门安装，完成表孔启闭机安装调试。

7.2 导流洞封堵工程

下闸蓄水后，80d 左右完成导流洞混凝土永久堵头封堵工程。

8 库底清理和移民安置

水库移民开发局于 2008 年 9 月 26—28 日在该市主持召开了某水利枢纽工程下闸蓄水阶段库底清理及移民安置验收会议。验收结论为：经过各方共同努力，库区高程 140.00m 以下库底清理及移民搬迁安置工作基本完成，地方各级政府就 10 月底前完成剩余任务已作出安排部署。验收委员会认为，高程 140.00m 以下库底清理及移民安置工作可以满足水库按期下闸蓄水的要求，同意通过验收。

9 存在的主要问题、处理意见及建议

(1) 关于未搬迁移民问题。根据实施规划，截至 2008 年 9 月 16 日，库区尚有居住在

高程135.00m以上的3272人未完成搬迁。根据设计单位提供的分析数据，在2009年汛期起调水位按125.00m计算，遇200年一遇洪水时水库最高蓄水位为134.31m，未完成搬迁人口的生命财产安全不会因水库按期下闸蓄水受到影响。但是按照移民安置实施规划的要求，地方政府还应加大工作力度，加快进度，有关部门加大资金筹措和到位力度，确保在11月底前完成剩余移民人口的搬迁安置任务。

(2) 导流洞堵头施工场地狭小、工序多，项目法人应加强组织和协调，做好施工组织管理，确保堵头安全挡水。

(3) 下闸后，大坝下游约1km河段将有一段时间的断流期，应采取措施，满足受影响的部分居民的生产和生活用水需求。

(4) 右岸下游崩坡积体处理尚未实施，应在蓄水后抓紧进行加固处理。

(5) 加强枢纽工程及两岸边坡和阳坪滑坡体的安全监测工作。

10 结论

××水利枢纽工程挡水、泄洪等建筑物的形象面貌满足蓄水要求；安全监测设施已安装、调试，并开始系统观测；已验收工程的施工质量合格；枢纽工程已通过蓄水安全鉴定；后续工程实施计划和蓄水调度运用、度汛方案已作出安排；库区高程140.00m以下库底清理及移民安置已通过蓄水阶段验收，地方各级政府对所需完成的剩余任务已作出安排；工程档案基本齐全、整理规范。

验收委员会一致认为××水利枢纽工程已具备蓄水条件，同意通过蓄水验收，可以根据实际情况适时下闸蓄水。

技 能 训 练

1. 枢纽工程在导（截）流验收的主要内容是什么？

2. 水库下闸蓄水验收应具备的条件是什么？

3. 引（调）排水验收应具备的条件是什么？

4. 水电站（泵站）机组技术预验收应具备的条件是什么？技术预验收应包括哪些内容？

学习情境九　竣　工　验　收

【学习目标】

1. 掌握竣工验收运行时间、验收条件、准备的资料及其验收程序
2. 掌握竣工验收自查、工程质量抽样检测、竣工技术预验收、竣工验收的主要内容及程序

工作任务一　竣工验收任务介绍

根据现行水利水电工程验收的有关规定，工程的竣工验收分为竣工技术预验收和竣工验收两个阶段。考虑到水利水电工程建设的复杂性，大型水利工程在竣工技术预验收前，应按照有关规定进行竣工验收技术鉴定。中型水利工程，竣工验收主持单位可以根据需要决定是否进行竣工验收技术鉴定。对于小型工程，建设内容单一、技术含量较低的水利工程项目，经竣工验收主持单位批准，可以不进行竣工技术预验收，而直接进行竣工验收。

当一个工程的所有单位工程完工后，应按前面介绍的程序进行单位工程完工验收或单位工程使用前验收。监理单位应根据施工单位自评资料和单位工程验收情况，组织对整个工程项目进行质量等级评定，项目法人在对整个工程项目的质量等级予以确认后，将评定结果及其有关资料报质量监督部门核定，如果质量监督部门核定工程质量达到合格及以上等级时，经过一定时间的初期运行考验，项目法人就可申请整个工程项目的竣工验收。在竣工验收前，竣工验收的主持单位一般要求有关方面组织进行竣工验收自查，如发现有问题还要进行处理，如认为符合要求就可以组织正式的竣工验收。对于竣工验收时提出的问题，有关方面应进行妥善处理，遗留问题处理完结以后，才能办理工程移交手续。

一、竣工验收运行时间要求

水利工程需要经过一定时间的初期运行考验，才能保证竣工验收工作正常进行和有关评价意见比较顺利的提出。因此，竣工验收应在工程建设项目全部完成并满足一定运行条件后 1 年内进行。不能按期进行竣工验收的，经竣工验收主持单位同意，可适当延长期限，但最长不得超过 6 个月。

一定运行条件一般是指：泵站工程其运行条件需经过一个排水或抽水期，河道疏浚工程完成后，其他工程经过 6（一个汛期）～12 个月。

二、竣工验收条件

在竣工技术预验收前，应全部满足以下条件：

（1）工程已按批准设计全部完成。

（2）工程重大设计变更已得到有审批权的单位批准。

（3）各单位工程能正常运行。

（4）历次验收所发现的问题已基本处理完毕。

（5）各专项验收已通过。

（6）工程投资已全部到位。

（7）竣工财务决算已通过竣工审计，审计意见中提出的问题已整改并提交了整改报告。

（8）运行管理单位已明确，管理养护经费已基本落实。

（9）质量和安全监督工作报告已提交，工程质量达到合格标准。

（10）竣工验收资料已准备就绪。

三、竣工验收准备资料

竣工验收资料主要为竣工验收工作报告，其主要内容格式如下：

1 工程建设管理工作报告

1.1 工程概况

1.1.1 工程位置

1.1.2 立项、初设文件批复

1.1.3 工程建设任务及设计标准

1.1.4 主要技术特征指标

1.1.5 工程主要建设内容

1.1.6 工程布置

1.1.7 工程投资

1.1.8 主要工程量和总工期

1.2 工程建设简况

1.2.1 施工准备

1.2.2 工程施工分标情况及参建单位

1.2.3 工程开工报告及批复

1.2.4 主要工程开完工日期

1.2.5 主要工程施工过程

1.2.6 主要设计变更

1.2.7 重大技术问题处理

1.2.8 施工期防汛度汛

1.3 专项工程和工作

1.3.1 征地补偿和移民安置

1.3.2 环境保护工程

1.3.3 水土保持设施

1.3.4 工程建设档案

1.4　项目管理

1.4.1　机构设置及工作情况

1.4.2　主要项目招标投标过程

1.4.3　工程概算与投资计划完成情况

（1）批准概算与实际执行情况。

（2）年度计划安排。

（3）投资来源、资金到位及完成情况。

1.4.4　合同管理

1.4.5　材料及设备供应

1.4.6　资金管理与合同价款结算

1.5　工程质量

1.5.1　工程质量管理体系和质量监督

1.5.2　工程项目划分

1.5.3　质量控制和检测

1.5.4　质量事故处理情况

1.5.5　质量等级评定

1.6　安全生产与文明工地

1.7　工程验收

1.7.1　单位工程验收

1.7.2　阶段验收

1.7.3　专项验收

1.8　蓄水安全鉴定和竣工验收技术鉴定

1.8.1　蓄水安全鉴定（鉴定情况、主要结论）

1.8.2　竣工验收技术鉴定（鉴定情况、主要结论）

1.9　历次验收、鉴定遗留问题处理情况

1.10　工程运行管理情况

1.10.1　管理机构、人员和经费情况

1.10.2　工程移交

1.11　工程初期运行及效益

1.11.1　工程初期运行情况

1.11.2　工程初期运行效益

1.11.3　工程观测、监测资料分析

1.12　竣工财务决算编制与竣工审计情况

1.13　存在问题及处理意见

1.14　工程尾工安排

1.15　经验与建议

1.16　附件

1.16.1　项目法人的机构设置及主要工作人员情况表

1.16.2　项目建议书、可行性研究报告、初步设计等批准文件及调整批准文件

2　工程建设大事记

2.1　根据水利工程建设程序，主要记载项目法人从委托设计、报批立项直到竣工验收过程中对工程建设有较大影响的事件，包括有关批文、上级有关批示、设计重大变化、主管部门稽察和检查、有关合同协议的签订、建设过程中的重要会议、施工期度汛抢险及其他重要事件、主要项目的开工和完工情况、历次验收等情况。
2.2　工程建设大事记可单独成册，也可作为《工程建设管理工作报告》的附件。

3　工程施工管理工作报告

3.1　工程概况
3.2　工程投标
3.3　施工进度管理
3.4　主要施工方法
3.5　施工质量管理
3.6　文明施工与安全生产
3.7　合同管理
3.8　经验与建议
3.9　附件
3.9.1　施工管理机构设置及主要工作人员情况表
3.9.2　投标时计划投入的资源与施工实际投入资源情况表
3.9.3　工程施工管理大事记
3.9.4　技术标准目录

4　工程设计工作报告

4.1　工程概况
4.2　工程规划设计要点
4.3　工程设计审查意见落实
4.4　工程标准
4.5　设计变更
4.6　设计文件质量管理
4.7　设计服务
4.8　工程评价
4.9　经验与建议
4.10　附件
4.10.1　设计机构设置和主要工作人员情况表
4.10.2　工程设计大事记
4.10.3　技术标准目录

5 工程建设监理工作报告

5.1 工程概况
5.2 监理规划
5.3 监理过程
5.4 监理效果
5.5 工程评价
5.6 经验与建议
5.7 附件
5.7.1 监理机构的设置与主要人员情况表
5.7.2 工程建设监理大事记

6 运行管理工作报告

6.1 工程概况
6.2 运行管理
6.3 工程初期运行
6.4 工程监测资料和分析
6.5 意见和建议
6.6 附件
6.6.1 管理机构设立的批文
6.6.2 机构设置情况和主要工作人员情况
6.6.3 规章制度目录

7 工程质量监督报告

7.1 工程概况
7.2 质量监督工作
7.3 参建单位质量管理体系
7.4 工程项目划分确认
7.5 工程质量检测
7.6 工程质量核备与核定
7.7 工程质量事故和缺陷处理
7.8 工程项目质量结论意见
7.9 附件
7.9.1 有关该工程项目质量监督人员情况表
7.9.2 工程建设过程中质量监督意见（书面材料）汇总

8 工程安全监督报告

8.1 工程概况

8.2　安全监督工作

8.3　参建单位安全管理体系

8.4　现场监督检查

8.5　安全生产事故处理情况

8.6　工程安全生产评价意见

8.7　附件

8.7.1　有关该工程项目安全监督人员情况表

8.7.2　工程建设过程中安全监督意见（书面材料）汇总

四、竣工验收程序

工程具备验收条件时，项目法人应向竣工验收主持单位提出竣工验收申请报告。竣工验收申请报告应经法人验收监督管理机关审查后报竣工验收主持单位，竣工验收主持单位应自收到申请报告后20个工作日内决定是否同意进行竣工验收。

工程未能按期进行竣工验收的，项目法人应提前30个工作日向竣工验收主持单位提出延期竣工验收专题申请报告。申请报告应包括延期竣工验收的主要原因及计划延长的时间等内容。

具体程序如下：

(1) 项目法人组织进行竣工验收自查。

(2) 项目法人提交竣工验收申请报告。

(3) 竣工验收主持单位批复竣工验收申请报告。

(4) 进行竣工技术预验收。

(5) 召开竣工验收会议。

(6) 印发竣工验收鉴定书。

工作任务二　竣工验收任务分析

一、竣工验收自查

对于建设内容复杂、技术含量较高的水利水电工程项目，考虑到若只进行一次性竣工验收，因时间仓促而使有些问题不能进行认真细致的查验和充分讨论，而影响验收工作的质量。因此，要求在申请竣工验收前，项目法人应组织竣工验收自查。自查工作由项目法人主持，勘测、设计、监理、施工、主要设备制造（供应）商以及运行管理等单位的代表参加。项目法人组织工程竣工验收自查前，应提前10个工作日通知质量和安全监督机构，同时向法人验收监督管理机关报告。质量和安全监督机构应派员列席自查工作会议。

1. 竣工验收自查条件

(1) 工程主要建设内容已按批准设计全部完成。

(2) 各单位工程的质量等级已经质量监督机构核定。

(3) 工程投资已基本到位，并具备财务决算条件。

(4) 有关验收报告已准备就绪。

初步验收一般应成立初步验收工作组，组长由项目法人担任，其成员通常由设计、施工、监理、质量监督、运行管理和有关上级主管单位的代表及有关专家组成。质量监督部门不仅要参加竣工验收自查工作组，还要提出质量评定报告，并在竣工验收自查工作报告上签字。

2. 竣工验收自查内容

(1) 竣工验收自查应包括以下主要内容：

1) 检查有关单位的工作报告。

2) 检查工程建设情况，评定工程项目施工质量等级。

3) 检查历次验收、专项验收的遗留问题和工程初期运行所发现问题的处理情况。

4) 确定工程尾工内容及其完成期限和责任单位。

5) 对竣工验收前应完成的工作作出安排。

6) 讨论并通过竣工验收自查工作报告。

项目法人应在完成竣工验收自查工作之日起10个工作日内，将自查的工程项目质量结论（格式见表6-3-2）和相关资料报质量监督机构核备。

(2) 竣工验收自查工作报告主要内容如下：

前言（包括组织机构、自查工作过程等）

一、工程概况

（一）工程名称及位置

（二）工程主要建设内容

（三）工程建设过程

二、工程项目完成情况

（一）工程项目完成情况

（二）完成工程量与初设批复工程量比较

（三）工程验收情况

（四）工程投资完成及审计情况

（五）工程项目移交和运行情况

三、工程项目质量评定

四、验收遗留问题处理情况

五、尾工及安排意见

六、存在的问题及处理意见

七、结论

八、工程项目竣工验收检查工作组成员签字表

参加竣工验收自查的人员应在自查工作报告上签字。项目法人应自竣工验收自查工作报告通过之日起30个工作日内，将自查报告报法人验收监督管理机关。

二、工程质量抽样检测

1. 竣工验收主持单位

(1) 根据竣工验收的需要，竣工验收主持单位可以委托具有相应资质的工程质量检测单位对工程质量进行抽样检测。

(2) 根据竣工验收主持单位的要求和项目的具体情况，项目法人应负责提出工程质量抽样检测的项目、内容和数量，经质量监督机构审核后报竣工验收主持单位核定。

(3) 项目法人自收到检测报告的10个工作日内，应获取工程质量检测报告。

2. 项目法人

(1) 项目法人与竣工验收主持单位委托的具有相应资质工程质量检测单位签订工程质量检测合同。检测所需费用由项目法人列支，质量不合格工程所发生的检测费用由责任单位承担。

(2) 根据竣工验收主持单位的要求和项目的具体情况，项目法人应负责提出工程质量抽样检测的项目、内容和数量，经质量监督机构审核后报竣工验收主持单位核定。

(3) 项目法人应自收到检测报告10个工作日内将其上报竣工验收主持单位。

(4) 对抽样检测中发现的质量问题，项目法人应及时组织有关单位研究处理。在影响工程安全运行以及使用功能的质量问题未处理完毕前，不得进行竣工验收。

(5) 不得与工程质量检测单位隶属同一经营实体。

3. 工程质量检测单位

(1) 应具有相应工程质量检测资质。

(2) 应按照有关技术标准对工程进行质量检测，按合同要求及时提出质量检测报告并对检测结论负责。

(3) 不得与工程建设的项目法人、设计、监理、施工、设备制造（供应）商等单位隶属同一经营实体。

三、竣工技术预验收

对于建设内容复杂、技术含量较高的水利水电工程项目，考虑到若只进行一次性竣工验收，因时间仓促而使有些问题不能进行认真细致的查验和充分讨论，而影响验收工作的质量。因此，要求在竣工验收之前进行一次技术性的预验收。

竣工技术预验收应由竣工验收主持单位组织的专家组负责，专家组成员通常有设计、施工、监理、质量监督、运行管理等单位代表以及有关专家组成。竣工技术预验收专家组成员应具有高级技术职称或相应执业资格，2/3以上成员应来自工程非参建单位。工程参建单位的代表应参加技术预验收，负责回答专家组提出的问题。竣工技术预验收专家组可下设专业工作组，并在各专业工作组检查意见的基础上形成竣工技术预验收工作报告。

1. 竣工技术预验收的主要工作内容

(1) 检查工程是否按批准的设计完成。

(2) 检查工程是否存在质量隐患和影响工程安全运行的问题。

(3) 检查历次验收、专项验收的遗留问题和工程初期运行中所发现问题的处理情况。

(4) 对工程重大技术问题作出评价。

(5) 检查工程尾工安排情况。

(6) 鉴定工程施工质量。

(7) 检查工程投资、财务情况。

(8) 对验收中发现的问题提出处理意见。

2. 竣工技术预验收的工作程序

（1）现场检查工程建设情况并查阅有关工程建设资料。

（2）听取项目法人、设计、监理、施工、质量和安全监督机构、运行管理等单位工作报告。

（3）听取竣工验收技术鉴定报告和工程质量抽样检测报告。

（4）专业工作组讨论并形成各专业工作组意见。

（5）讨论并通过竣工技术预验收工作报告。

（6）讨论并形成竣工验收鉴定书初稿。

3. 竣工技术预验收工作报告格式

前言（包括验收依据、组织机构、验收过程等）

第一部分　工程建设

一、工程概况

（一）工程名称、位置

（二）工程主要任务和作用

（三）工程设计主要内容

1. 工程立项、设计批复文件

2. 设计标准、规模及主要技术经济指标

3. 主要建设内容及建设工期

二、工程施工过程

1. 主要工程开工、完工时间（附表）

2. 重大技术问题及处理

3. 重大设计变更

三、工程完成情况和完成的主要工程量

四、工程验收、鉴定情况

（一）单位工程验收

（二）阶段验收

（三）专项验收（包括主要结论）

（四）竣工验收技术鉴定（包括主要结论）

五、工程质量

（一）工程质量监督

（二）工程项目划分

（三）工程质量检测

（四）工程质量核定

六、工程运行管理

（一）管理机构、人员和经费

（二）工程移交

七、工程初期运行及效益

（一）工程初期运行情况

（二）工程初期运行效益
（三）初期运行监测资料分析
八、历次验收及相关鉴定提出的主要问题的处理情况
九、工程尾工安排
十、评价意见
第二部分　专项工程（工作）及验收
一、征地补偿和移民安置
（一）规划（设计）情况
（二）完成情况
（三）验收情况及主要结论
二、水土保持设施
（一）设计情况
（二）完成情况
（三）验收情况及主要结论
三、环境保护
（一）设计情况
（二）完成情况
（三）验收情况及主要结论
四、工程档案（验收情况及主要结论）
五、消防设施（验收情况及主要结论）
六、其他
第三部分　财务审计
一、概算批复
二、投资计划下达及资金到位
三、投资完成及交付资产
四、征地拆迁及移民安置资金
五、结余资金
六、预计未完工程投资及费用
七、财务管理
八、竣工财务决算报告编制
九、稽查、检查、审计
十、评价意见
第四部分　意见和建议
第五部分　结论
第六部分　竣工技术预验收专家组专家签名表

四、竣工验收

1. 竣工验收单位构成

竣工验收委员会可设主任委员 1 名，副主任委员以及委员若干名，主任委员应由验收主

持单位代表担任。竣工验收委员会由竣工验收主持单位、有关地方人民政府和部门、有关水行政主管部门和流域管理机构、质量和安全监督机构、运行管理单位的代表以及有关专家组成。对于技术较复杂的工程，可以吸收有关方面的专家以个人身份参加验收委员会。

竣工验收的主持单位按以下原则确定：

(1) 中央投资和管理的项目，由水利部或水利部授权流域机构主持。

(2) 中央投资、地方管理的项目，由水利部或流域机构与地方政府或省一级水行政主管部门共同主持，原则上由水利部或流域机构代表担任验收主任委员。

(3) 中央和地方合资建设的项目，由水利部或流域机构主持。

(4) 地方投资和管理的项目由地方政府或水行政主管部门主持。

(5) 地方与地方合资建设的项目，由合资各方共同主持，原则上由主要投资方代表担任验收委员会主任委员。

(6) 多种渠道集资兴建的甲类项目由当地水行政主管部门主持；乙类项目由主要出资方主持，水行政主管部门派员参加。大型项目的验收主持单位要报省级水行政主管部门批准。

(7) 国家重点工程按国家有关规定执行。

为了更好地保证验收工作的公正和合理，各参建单位如项目法人、勘测、设计、监理、施工和主要设备制造（供应）商等单位应派代表参加竣工验收，负责解答验收委员会提出的问题，并作为被验收单位代表在验收鉴定书上签字。

项目法人应在竣工验收前一定的期限内（通常为1个月左右），向竣工验收的主持单位递交《竣工验收申请报告》，可以让主持竣工验收单位与其他有关单位有一定的协商时间，同时也有一定的时间来检查工程是否具备竣工验收条件。项目法人还应在竣工验收前一定的期限内（通常为半个月左右）将有关材料送达竣工验收委员会成员单位，以便验收委员会成员有足够的时间审阅有关资料，澄清有关问题。《竣工验收申请报告》通常包括如下内容：

1) 工程完成情况。

2) 验收条件检查结果。

3) 验收组织准备情况。

4) 建议验收时间、地点和参加单位。

验收主持单位在接到项目法人《竣工验收申请报告》后，应同有关单位进行协商，拟定验收时间、地点及验收委员会组成单位等有关事宜，批复验收申请报告。

2. *竣工验收主要内容与程序*

(1) 现场检查工程建设情况及查阅有关资料。

(2) 召开大会：

1) 宣布验收委员会组成人员名单。

2) 观看工程建设声像资料。

3) 听取工程建设管理工作报告。

4) 听取竣工技术预验收工作报告。

5) 听取验收委员会确定的其他报告。

6）讨论并通过竣工验收鉴定书。

7）验收委员会委员和被验收单位代表在竣工验收鉴定书上签字。

3. 竣工验收鉴定

（1）工程项目质量达到合格以上等级的，竣工验收的质量结论意见为合格。

（2）竣工验收鉴定书格式如下。数量按验收委员会组成单位、工程主要参建单位各1份以及归档所需要份数确定。自鉴定书通过之日起30个工作日内，由竣工验收主持单位发送有关单位。

竣工验收鉴定书格式

前言（包括验收依据、组织机构、验收过程等）

一、工程设计和完成情况

（一）工程名称及位置

（二）工程主要任务和作用

（三）工程设计主要内容

1. 工程立项、设计批复文件

2. 设计标准、规模及主要技术经济指标

3. 主要建设内容及建设工期

4. 工程投资及投资来源

（四）工程建设有关单位（可附表）

（五）工程施工过程

1. 主要工程开工、完工时间

2. 重大设计变更

3. 重大技术问题及处理情况

（六）工程完成情况和完成的主要工程量

（七）征地补偿及移民安置

（八）水土保持设施

（九）环境保护工程

二、工程验收及鉴定情况

（一）单位工程验收

（二）阶段验收

（三）专项验收

（四）竣工验收技术鉴定

三、历次验收及相关鉴定提出问题的处理情况

四、工程质量

（一）工程质量监督

（二）工程项目划分

（三）工程质量抽检（如有时）

（四）工程质量核定

五、概算执行情况
（一）投资计划下达及资金到位
（二）投资完成及交付资产
（三）征地补偿和移民安置资金
（四）结余资金
（五）预计未完工程投资及预留费用
（六）竣工财务决算报告编制
（七）审计
六、工程尾工安排
七、工程运行管理情况
（一）管理机构、人员和经费情况
（二）工程移交
八、工程初期运行及效益
（一）初期运行管理
（二）初期运行效益
（三）初期运行监测资料分析
九、竣工技术预验收
十、意见和建议
十一、结论
十二、保留意见（应有本人签字）
十三、验收委员会委员和被验单位代表签字表
十四、附件：竣工技术预验收工作报告

工作任务三 案例分析——验收自查报告

一、工程概况

（一）工程名称

本工程为大石门水电站项目工程。

（二）工程主要建设内容

大石门水电站项目工程是以发电、供水为主兼顾旅游开发和渔业养殖等综合利用功能。水库总库容为1.85亿m^3，电站装机3×2000kW。根据SL 252—2000《水利水电工程等级划分及洪水标准》的规定，本工程规模为大（2）型，工程等别为Ⅱ等，主要建筑物碾压沥青混凝土心墙堆石坝、竖井式溢洪道、发电引水隧洞为2级建筑物，坝后电站厂房为3级建筑物，临时建筑物级别为4级；碾压沥青混凝土心墙堆石坝按100年一遇洪水设计，2000年一遇洪水校核。

大石门水电站项目工程主要建设内容由碾压沥青混凝土心墙堆石坝、左岸竖井式溢洪道、左岸发电引水隧洞、坝后地面电站厂房、升压变电站、永久性上坝路及综合办公楼。

（三）工程建设过程

2005 年 10 月 26 日，大石门水电站项目筹备处作为项目具体实施单位，负责该项目前期工作。

2005 年 12 月，对《大石门水电站工程项目申请报告》进行了评估。

2007 年 4 月，批复《大石门水电站工程核准的批复》。

2007 年 9 月，批复了关于大石门水电站工程初步设计报告。

2007 年 11 月，大石门水电站项目筹备处本着“精简、高效、专业”原则，设置工程管理部、综合管理部。

大石门水电站项目工程设计中标单位、监理中标单位、施工中标单位、移民安置监督（监理）评估等单位略。

主要项目与设备招标情况（略）

2007 年 9 月 19 日，大石门水电站项目工程正式开工，设计施工总工期 36 个月，计划工期为 29 个月。

1. 碾压沥青混凝土心墙堆石坝工程

碾压沥青混凝土心墙堆石坝坝顶高程 1075.28m，建基面高程 1015.00m，防浪墙顶高程 1076.28m，坝顶长 203m，坝顶宽度 6m，上、下游坝坡坡比为 1∶1.6 和 1∶1.75，采用干砌石护坡。坝顶上游侧设 1.0m 钢筋混凝土防浪墙，坝顶设计为混凝土路面（变更为混凝土预制块）。坝壳采用堆石料填筑，内设沥青混凝土心墙，心墙顶高程 1073.78m，心墙在高程 1060.00m 以上宽 0.5m，高程 1060.00～1040.00m 宽 0.6m，高程 1040.00m 以下宽 0.8m，底部宽 1.2m，心墙下设 4.0m×1.5m（宽×高）钢筋混凝土基座。心墙两侧设 3m 宽人工掺配过渡填筑，上游堆石料填筑自沥青混凝土心墙向上游延长 50m 铺筑，下游堆石料填筑自沥青混凝土心墙向下游延长 70m 铺筑。

（1）坝基与岸坡开挖。坝基及岸坡开挖分部工程于 2008 年 4 月 10 日破土动工，历时 9 个月零 10 天，2009 年 7 月 4 日施工结束。共计完成工程量：土石方开挖 28.5 万 m^3，混凝土 2224m^3；钢筋制安 12.81t。

1）监督、督促承包人调整内、外部资源，强化内部管理制度建设，严格落实既定施工计划。

2）针对坝肩右岸坝轴线上游开挖已超原设计基岩面仍未见基岩和开挖坝轴线下游出露的岩面具体情况，将右岸坝轴线向下游调整 35m。经设计单位地质地勘代表和建设、监理与施工单位对此方案充分论证后认为，调整后右岸坝轴线地质条件满足原设计指标要求，变更方案不仅缩短坝体长度和削坡、坝体填筑时间，同时降低开挖、筑坝强度和工程投资。

3）优化工器具。施工期间及时更换 CM－351 潜孔钻实施造孔制安锚杆，提高了工效。

（2）坝基与坝肩灌浆施工。坝基及坝肩灌浆于 2008 年 5 月 25 日开工，2010 年 5 月 23 日完工。共计完成工程量：固结灌浆总进尺 2210.40m，灌浆段总进尺 1645.00m，总耗灰量 54372.8kg；帷幕灌浆总进尺 6692.10m，灌浆总进尺 5625.46m，总耗灰量 161853.7kg。

1）经与现场设计代表沟通，在保证灌浆孔洗孔质量前提下，使用潜孔钻作业固结灌浆孔，提高工效。

2）采用孔口封闭式灌浆法实施固结和帷幕灌孔灌浆，在固结孔吃浆量较小时，采取同序次孔并灌施工作业。

3）根据坝基施工遇到的具体情况，2008 年 7 月 29—30 日组织召开坝基施工现场技术专家咨询会，经专家现场查勘和论证，会议建议：大坝帷幕线左右两岸坡高程 1036.00m 以下副帷幕灌浆孔深改为入岩 15m，高程 1036.00m 以上改为单排孔，孔深入岩 25m，孔距不变。

4）优化施工组织机构，增加现场资源投入，实施工效奖惩措施。实现机械设备满负荷运行；激励施工人员士气；采取有效保温措施，延长有效施工期。

（3）沥青混凝土心墙铺筑。沥青混凝土心墙分部工程于 2008 年 8 月 25 日开工，2009 年 9 月 25 日结束，共计完成沥青混凝土铺筑 3872.531m^3。

1）碾压沥青混凝土心墙铺筑知识和施工工艺技术培训是大坝施工事前控制的技术保障。此项工艺与技能培训，邀请了西安理工大学教授级专家亲临施工现场进行授课，针对性地解答工程技术人员疑惑。培训授课与实地模拟仿真铺筑、碾压试验等工序紧密结合，培训工作起到了熟悉和掌握碾压沥青混凝土心墙铺筑工艺流程和操作要领的目的，奠定了沥青混凝土心墙铺筑施工坚实基础。

2）碾压沥青混凝土心墙施工技术参数要求比较严格，规范要求平均气温低于 5℃，风速大于 4 级不具备施工条件。为克服秋末春初环境温度困扰，采取强有力保温措施，营造符合规范要求的现场小环境。

3）保证工程进度和质量，强化现场监督管理工作力度。针对碾压沥青混凝土心墙特点和人工支模、铺筑、碾压施工方式，项目监理部旁站监理同时，建设单位实施全过程跟踪作业值班，有效保障了工程进度和质量。

（4）坝体填筑施工。坝体填筑分部工程于 2008 年 5 月 20 日开始，2009 年 10 月 11 日结束。共计完成工程量：堆石料 398110.00m^3，心墙过渡料 6775.76m^3，岸坡过渡料 26363.00m^3。

1）经建设、设计、监理、施工各方考察论证和取样筛分试验检测，以左坝肩上坝公路旁高程 1226.00m 山体，作为大坝堆石料开采料源；以下游临近小克头备用料场作为心墙过渡料，运距均比原设计方案料场缩短。

2）坝壳堆石料采取小断面分区填筑，先行距心墙远端坝壳堆石料区填筑，待心墙铺筑跟上后再填筑连接心墙过渡料和坝壳料，减少心墙铺筑和坝体填筑施工相互干扰，缓解了沥青混凝土心墙铺筑与填筑心墙过渡料和坝壳料不同步的困扰。

3）增加坝壳堆石料碾压设备，满足填筑碾压工序需要。

（5）坝面干砌石护坡。上下游坝面护坡于 2008 年 9 月 1 日开始砌筑，2009 年 11 月 30 日完成砌筑。坝面干砌石护坡采取沿大坝填筑高程进行，与大坝填筑施工基本同步，坡面修整利用挖掘机进行。施工过程中，根据大坝填筑速度和设计坡比决定砌石人工资源的投入。

2. 溢流泄洪工程

竖井式溢洪道工程，布置于左岸山体内，隧洞长166.07m，最大下泄流量148m^3/s。进水口采用喇叭口自由溢流环堰，堰顶高程与正常蓄水位1072.00m齐平，出口涵洞断面为城门洞型，底宽5.0m，直墙高4.5m，圆拱半径2.5m，底坡坡比1%，出口桩号0+166.07m。竖井式溢洪道内壁为C30钢筋混凝土衬砌，衬砌厚度0.6m，洞身段衬砌厚度0.5m。竖井下端设深7.5m消力井，竖井及洞身前50m衬砌混凝土添加硅粉、纤维耐磨材料。因施工期导流与泄洪相结合，竖井前开挖城门洞型，洞径ϕ3.0m，长43.1m，钢筋混凝土衬砌，衬砌厚度0.3m，洞前明渠与上游河道连接，进口设3.0m×3.0m蓄水封堵闸门，闸门下闸堵水后，实施混凝土浇筑封堵。

竖井式溢洪道出口由长30m扩散段和长30m消力池组成，扩散段与消力池以1∶4的斜坡连接均为C25钢筋混凝土结构。消力池采用底流消能，消力池后接海漫段，末端高程1024.50m。尾水段与海漫段出口相接，采用干砌石护坡护底。竖井式溢洪道于2010年10月16日完工。

3. 发电引水系统

由进水口闸室段、洞身段、出水口闸室段与出口消能段组成。

(1) 进水口闸室段。由进水口和竖井段组成，进水口布置于距坝轴线上游108m出露岩石处钢筋混凝土衬砌，进水口闸室段长17.224m。洞脸坡比1∶0.36，采用锚喷混凝土护面，喇叭口进口布置3.3m×6.2m拦污栅，拦污栅上游侧设固定耙斗清污机清污。喇叭口底板高程1048.28m，顶板高程1053.23m，喇叭口段厚0.8m，进口洞径3.3m。竖井段长6.0m，C30钢筋混凝土结构，横断面为5.70m×5.44m，底板厚1.0m，井壁厚0.8m，井内布置3.3m×3.3m平板检修门。

(2) 洞身段。由进水口渐变段和出水口渐变段组成。进水口渐变段长6.0m，孔口尺寸3.3m×3.3m方形断面渐变为洞径ϕ3.3m、衬砌厚度0.5m、C25钢筋混凝土衬砌有压隧洞，最大引水流量21.57m^3/s，洞身段长（0+032.17～0+220.00m）187.83m，洞身底坡为8.21%。洞身段与长35m、ϕ3.3m主引水压力钢管相接，连接处设置止水环。在桩号0+254.608m处，主引水压力钢管以“卜”形分叉与ϕ2.0m岔管相连，岔管一端接ϕ1.4m压力钢管与机组蝶阀；另一岔管接应急泄洪弧形闸门。

(3) 出水口闸室段。出水口闸室设置弧形闸门，布置于出水口闸室内，采用液压形式启闭，闸室段长9.70m，底板厚1.0m，边墩宽2.0m。为抗滑稳定，底板各向两侧加宽2.0m，闸室出口与消力池相接。

(4) 出口消能段。闸室出水口采用低流消能，以1∶4斜坡与C30钢筋混凝土消力池连接，消力池扩散角为6°，池深2.25m，池长29.90m；二级消力池为C25钢筋混凝土结构，长15m、宽9m、深1.5m，末端入尾水。

发电引水系统于2008年6月24日开工，2010年10月30日完工。

4. 发电厂房与升压变电站工程

发电厂房与升压变电站布置于坝下游左岸开挖台地上，地面高程1031.39m，平面尺寸为41.64m×16.05m（长×宽）。室内安装3台2000kW混流卧式水轮发电机组，机组安装高程1021.79m，机组间距9.40m，加权平均水头40.50m，设计水头39.70m，最小水头33.82m，单机流量5.81m^3/s。尾水管出口高程1019.49m，以1∶4反坡与下游高程1024.50m河道衔接，尾水管出口设置平板检修门，尾水平台高程1031.39m，其上设有单向启闭闸门。副厂房布置于主厂房下游，地面高程1031.39m，平面尺寸为22.1m×16.05m（长×宽）。升压开关站布置于主厂房上游，地面高程1031.39m，平面尺寸为38m×28m（长×宽）。

发电厂房与升压变电站工程于2007年10月20日开工，2010年7月9日完成。共计完成工程量：开挖土方14000m^3，石方111000m^3（不含安装间开挖14509m^3），钢管制安306t，混凝土浇筑4352m^3，钢筋制安107t。

2009年9月3日厂房框架混凝土浇筑至高程1045.99m框架（最高一层）；9月16日开始安装室内桥式起重机轨道。

2009年10月17日机组开始安装，12月1日1号发电机吊装时，发现水机中心与发电机中心距离为2462mm，较设计2400mm长了62mm，水机转轮不能安装到位（缺陷），安装暂停。经与厂家协商，更换发电机轴，新制发电机轴于2010年5月6日运达现场，5月7日厂家人员开始解体第一台机组，5月25日第一台机组拼装并安装调试完成，6月27日3台机组全部解体、拼装并安装调试完毕，三机具备试运行条件。6月29日三机分别完成充水实验，7月2日三机空载试运行结束。三机辅机、电气一次、二次和升压变电站设备安装与调试同水轮发电机组安装调试同步进行。

2010年7月9日随着主厂房内粉刷完成，厂房和升压变电站全部完工。

5. 永久性上坝路工程

永久性上坝公路布置于大坝坝顶左侧，自地面厂房至输水管线一级泵站，桩号K0＋00～K1＋327，高程1031.10～1077.20m，全长1.327km，路面宽7m，混凝土厚20cm。永久性上坝公路于2009年8月1日开工，2010年5月20日完工，土方开挖19775.93m^3，土方回填8721.36m^3，水稳层7022.00m^3，路肩碎石800.00m^3，路面混凝土8289m^2，浆砌石挡墙150m，片石混凝土防撞墩172个，钢筋混凝土防撞墙447.3m。

6. 综合办公楼工程

综合办公楼工程坐落于主副厂房下游侧，地面高程为1031.39m，平面尺寸为32.87m×9.74 m（长×宽），层高三层、建筑面积1300m^2。2009年5月15日主体结构通过验收，8月5日综合办公楼室内装修完成，9月10日工程具备竣工要求。

7. 水情测报系统

根据《水功能区划》及《中华人民共和国水文条例》第三十条和第三十三条之规定，准确把握某河的水文情势，做到水文序列的连续观测、满足大石门水库防汛需要，有利于水资源合理配置、科学利用和有效保护提供依据，电站下游河南营子水文站需上迁至大石门水库入库处。

迁站工作于2010年8月启动，2011年9月完成。

8. 监测设备

大石门水电站项目工程水库大坝安全监测仪器埋设工作于2008年8月开始，2010年8月结束。大坝主体埋设各类监测仪器总计77支，分别为渗压计42支；双向测缝计9组（18支）；杆式位移计2组（8支）等。

经投运考核，大坝整体监测仪器埋设完好率在97%左右，为大坝工情监测提供了大量的分析数据，为工程施工及运行提供了有力保证。安全自动监测系统于2010年1月搭建，2010年8月通过验收正式投入运行，目前系统运行稳定，为大坝日常安全监测数据采集与数据分析提供了有力保障。

9. 主要设计变更

(1) 岸坡开挖时，发现右坝肩基岩埋深较深且分化严重，不适合作沥青混凝土心墙的坝肩，因此将右坝段向下游位移35m，左坝端不变。

(2) 沥青混凝土心墙基槽开挖至高程1015.00m时，根据河床基面裸露的岩面状况，经设计地质代表鉴定，高程1015.00m岩面已满足设计基础持力层面要求，设计单位同意将原设计基槽基面高程1010.00m调整到1015.00m。

(3) 沥青混凝土心墙厚度调整：由于原设计防渗心墙较单薄，为进一步确保工程安全，将原等厚0.6m的心墙厚度调整分为四部分：基座处由1.2m过渡到0.8m，高程1040.00m以下厚度为0.8m，高程1040.00～1060.00m厚度为0.6m，高程1060.00m以上为0.5m。根据水利梯度计算，心墙采用以上几段厚度均能满足设计渗透安全要求。

二、工程项目完成情况

自开工之时，工程溢洪道进口明渠段开始施工，随之导流洞口开始洞脸喷护，同时进洞施工，2007年11月30导流洞进、出口小断面全线贯通。2008年2月21日溢洪道洞室混凝土开始施工，2月23日导流洞混凝土施工完成，3月15日封堵闸门完成底板混凝土浇筑工作。

根据溢洪道施工进展和工期要求，2008年4月5日“大石门水电站截流验收工作会议”召开，会议通过了大石门水电站截流阶段验收。2008年4月9日大石门水电站实现工程截流，工程转入大坝基坑开挖施工。5月9日大坝基坑开挖完成，开始大坝基坑混凝土填筑施工。为保证大坝施工质量的可靠性，5月19日至6月23日施工单位开展大坝灌浆试验和沥青混凝土心墙碾压试验工作。9月7日沥青混凝土心墙碾压施工正式开始。10月20日厂房基坑开挖完成，11月11日厂房底板垫层混凝土浇筑完成。11月6日，为保证施工质量，沥青混凝土心墙暂停施工。2008年11月18日引水发电洞洞内衬砌混凝土开始第一仓浇筑。

2009年5月16—18日召开了工程征地移民安置与库底清理验收（终验）会议。会议通过了大石门水电站项目工程征地移民安置和库底清理工作的验收（终验），为工程下闸蓄水奠定了坚实基础。

为确保工程下闸蓄水安全有序，2009年5月20—21日大石门水电站项目筹备处召开了工程蓄水安全鉴定会。安全鉴定会认为：大石门水电站项目工程具备下闸蓄水条件。2009年7月7—8日主持召开了“大石门水电站项目工程蓄水阶段验收会”，验收委员会认为：大石门水电站工程已具备下闸蓄水条件，同意通过蓄水验收，可根据实际情况适时下闸蓄水，8月2日工程实现下闸蓄水。

2009年10月综合办公楼完工并投入使用。11月1日3×2000kW机组开始正式安装，12月31日电站机电设备、厂用变压器、保护室及中控室、引水发电系统等全部完工。

2009 年 12 月 25 日，××勘测规划设计院大石门监理部组织实施沥青混凝土心墙分部工程验收。

2010 年 5 月 66kV 升压变电站一、二次设备安装全面完成；7 月进行 3×2000kW 机组空转试验和带厂用负荷试运行。12 月 17 日 3×2000kW 机组 72h 试运指挥部成立，试运工作开始，22 日上午 11 点 30 分，3 号机组并网，涨负荷至 2000kW/h，至此大石门水电站项目工程 3×2000kW 机组 72h 满负荷试运结束。

三、完成工程量及初步批复工程量比较

按批准基本建设设计内容，完成主要工程量与完成工程量对比结果见表 8-3-1。

表 8-3-1　　主要工程量与完成工程量对比表

项目名称	单 位	初设量	完成量	备 注
土石方开挖	万 m^3	29.6411	26.44	
土石方填筑	万 m^3	1.365	1.37	
钢筋混凝土	万 m^3	0.2732	0.33	
沥青混凝土心墙铺筑	万 m^3	0.6080	0.61	
过渡料与堆石料填筑	万 m^3	50.9312	52.92	
干砌石护坡	万 m^3	1.3400	1.34	
固结与帷幕灌浆	m	4922	3621	

四、工程验收情况

（一）工程验收与质量等级评定

大石门水电站工程共划分为 7 个单位工程、48 个分部工程、1812 个单元工程。根据《水利水电基本建设工程单元工程质量等级评定标准》、SL 176—2007《水利水电工程施工质量检验与评定规程》、SL 223—2008《水利水电建设工程验收规程》、DL/T 5113.1—2005《水利水电基本建设工程单元工程质量等级评定标准第 1 部分：土建工程》。单元工程由施工单位自评，项目监理部核定；分部工程由项目监理部适时组织验收；单位工程由项目法人组织验收。经验收和质量等级评定：7 个单位工程施工质量全部合格，合格率为 100%；其中 5 个优良工程，优良率为 71.4%；主要单位工程全部优良，优良率 100%。施工及试运期间，各单位工程观测资料分析结果均符合国家标准和行业技术标准以及合同约定的标准要求，整体工程达到优良工程项目的标准。

（二）阶段验收

1. 库区清理验收

根据大石门水电站库区清理工作完成情况和水电工程基本建设工程验收规程要求，2008 年 4 月大石门水电站项目筹备处向当地人民政府提交了关于大石门水电站水库库区清理验收的请示和清理工作的意见。

2008 年 8 月当地人民政府组织召开了大石门水电站移民安置和库区清理初步验收会议。验收委员会由当地政府及其相关局、办和建设等单位的领导和专家 14 人组成。验收情况结论如下：

（1）水库蓄水淹没线以下应迁移居民已全部安全搬迁至库外，移民生产、生活已得到妥善安置。

（2）水库蓄水淹没线以下被征占用的各类实物已全部按有关政策规定补偿到位。

（3）水库蓄水淹没线以上水库周边原有居民点和移民安置点的专业项目设施功能已全部恢复。

（4）水库库底清理工作已全部完毕，达到验收要求。

（5）各单项清理工作专题报告符合清理验收要求。

2. 截流前阶段验收

2008 年 4 月 5 日水利厅主持召开“大石门水电站截流验收工作会议”，验收委员会由有关单位的领导和专家 17 人组成。截流验收委员会领导和专家现场检查了工程完工情况，听取了工程建设、设计、监理、施工等单位的工作报告，对截流方案、截流后度汛方案、建设征地及移民安置、库区清理工作报告进行了审查，讨论通过了截流前初步验收报告。

截流前阶段验收鉴定结论：大石门水电站工程形象面貌基本满足截流要求；导流工程基本完成，导流建筑物具备过流条件，截流后不影响其他未完工程继续施工；截流要求的隐蔽工程已通过验收；截流后度汛方案已批；截流后度汛水位以下动迁移民，库区清理已全部完成并验收。大石门水电项目工程已具备截流条件，基本同意通过截流前阶段验收，同意建设单位根据实际情况适时实施工程截流。

3. 蓄水安全鉴定

2009 年 5 月 20—21 日，大石门水电站项目筹备处召开工程蓄水安全鉴定会。

蓄水安全鉴定结论：大石门水电站工程总体布置及建筑物设计方案与结构型式基本合理，施工过程中进行的变更和调整基本符合本工程实际情况，已完工程施工质量符合设计要求。待坝体填筑高程达到 1057.00m 以上，蓄水位以下的防渗帷幕灌浆全部完成；发电引水洞具备泄洪条件，完成出口消力池水下部分施工，电站厂房可安全度汛，已完项目验收合格后，本工程具备下闸蓄水条件。

4. 蓄水前阶段验收

2009 年 7 月 7—8 日召开了“大石门水电站工程蓄水阶段验收会”。各单位代表及特邀专家 16 人组成验收委员会。大石门水电站工程蓄水阶段验收会验收范围和内容包括：大坝工程、竖井式溢洪道、发电引水隧洞、安全监测工程、移民搬迁安置和库底清理、蓄水后未完工程建设计划和施工措施落实情况等。经验收委员会全体成员现场查勘，在听取或审查工程建设管理、设计、监理、施工、蓄水安全鉴定和库底清理及移民安置验收等工作报告并经验收委员会充分讨论后，验收委员会认为：大石门水电站工程挡水、泄洪等建筑物的形象面貌满足蓄水要求，安全监测设施已按设计要求安装和调试并已测得初始值和施工期观测值，已完工程质量合格，工程已通过蓄水安全鉴定，未完工程施工计划和蓄水调度运用及度汛方案已作出安排，库区库底清理及移民安置已完成并通过验收，工程档案齐全。大石门水电站工程已具备了下闸蓄水条件，同意通过蓄水验收，可根据实际情况适时下闸蓄水。

（三）专项验收

1. 移民安置专项验收

2009年5月16—18日召开了大石门水电站工程征地移民安置竣工验收终验会议。验收委员会及专家组听取了各单位关于征地移民安置规划设计、移民实施管理、搬迁安置、库底清理及初步验收等工作情况的汇报，查阅了有关文件和档案资料，现场察看了库底清理情况，并抽查、走访了移民安置点移民户。

本次验收项目和内容为经审批的《大石门水电站工程移民安置规划大纲》和经审核的《大石门水电站工程移民安置规划》以及《关于大石门水电站工程初步设计报告的批复》所确定的水库淹没处理设计范围和迁建项目，主要包括农村移民安置、专项迁建、地质灾害处理、库底清理、移民资金使用管理、移民工程档案、移民后期扶持政策落实措施、土地征用等八大类。

验收结论：大石门水电站库区征地移民安置得到了当地政府的高度重视，组织有力，措施得当，移民得到妥善安置。移民补偿已按标准兑付到位，移民满意度较高，移民安置工程合格。森林植被恢复造林专业项目已按照规划设计全部实施。档案管理工作基本满足移民档案管理的要求。库底清理工作全部完成，达到设计要求。验收委员会和专家组同意大石门水电站库区移民安置通过竣工验收。

2. 水土保持专项验收

项目法人正在实施水土保持专项验收工作，有待专项会议召开落实。

3. 工程档案专项验收

项目法人正在准备工程档案专项验收工作，有待专项会议召开落实。

4. 环境保护专项验收

项目法人正在实施环境保护专项验收工作，有待专项会议召开落实。

五、工程投资完成及审计情况

《关于大石门水电站工程初步设计报告的批复》批准了大石门水电站工程初步设计，工程建设项目总投资为39495.47万元。2008年6月30日《关于大石门水电站工程执行概算的批复》批准执行概算为25594万元（不含送出工程）。

截至2010年12月31日，大石门水电站项目工程净支出252141862.36元，其中：基建工程投资完成248909972.11元，固定资产净值605570.46元，应交税金——增值税进项税2617664.23元，库存剩余工程物资8655.56元。

经国际工程咨询有限公司审计，审计时点为2010年12月31日，大石门水电站工程审计情况如下：大石门水电站项目投资完成共计248909972.11元，其中：建筑工程投资完成108302747.82元、安装工程投资完成10549321.32元、设备投资完成17690887.64元、待摊投资完成60681161.07元、其他投资完成51685854.26元。

六、工程运行情况

（一）工程初期运行情况

自2009年8月2日水库下闸蓄水，到2010年8月29日库区水位达到1068.00m，相应库容 1.54 亿 m^3，与工程初设蓄水期存在较大差异。因下游生态需求，按照赤峰市抗旱指挥部指令，2010 年 9 月大石门水电工程向下游放水累计出库水量为 1000 万 m^3。

2010 年 12 月库水位至 1071.34m，相应库容为 1.75 亿 m^3。2010 年 12 月 23 日大石门水电公司实施 3 台机组带负荷试运行，至 12 月 31 日累计发电 330700kW·h，发电泄流最大值为 17.4 m^3/s。因出线入网尚未完成，2011 年大石门水电公司暂停发电，引水洞弧形闸门提起下泄生态用水至今，最大入库出库流量出现在 2011 年 6—8 月期间为 $9m^3/s$，目前测算已累计下泄出库水量约 1.5 亿 m^3。

从初期运行情形认为：

(1) 沥青混凝土心墙堆石坝运行稳定，引水洞弧形闸门下泄出库流量运行正常，3 台机组发电及附属设备正常。

(2) 尽管 2011 年地区降雨高于往年值，但入库水量稳定，下泄行洪河道畅通，工程运行稳定。

(3) 2011 年大石门水电公司在保持库区水位 1071.20m 状态下，下泄水量满足了下游各梯级电站发电需求，经下游各梯级电站反馈数据表明 2011 年下游电站均能完成发电任务，下游生态基本能够保障平衡。

(二) 初期运行监测资料分析

大石门水电站项目工程安全监测包含竖井式溢洪道底板渗透水压观测、发电引水系统的渗透水压力、应力应变和接缝监测以及沥青混凝土心墙堆石坝的坝体渗透水压力监测和大坝变形观测等。

1. 竖井式溢洪道

竖井式溢洪道沿泄洪洞走向共埋设 11 支渗压计，用于观测底板的渗透水压力。2008 年 4 月初泄洪洞开始运行以来，所有测点变化趋势一致，反应灵敏，渗压计监测良好。在 2009 年 8 月蓄水初期至 2010 年 5 月，随着库区水位的不断增长，靠近上游的三个测点溢 P4、溢 P5、溢 P6 水压力增幅明显，随着 2010 年 6、7 月泄洪洞灌浆的实施，各测点渗透水压力明显回落，灌浆效果明显。

2. 发电引水系统

发电引水系统包括渗透水压力、应力应变和接缝监测等

(1) 渗透水压力监测。发电引水系统基础下侧沿洞走向共埋设 13 支渗压计，观测衬砌外侧各部位的渗透水压力，从监测数据可以看出，各监测部位的渗透水压力向下游方向逐渐降低，各点变化规律正常，且相关测点变化关联性较强。特别是 2010 年 6 月底 7 月初发电洞过水期间，位于过水段的发 P7—发 P10 变化水压力增加明显，规律一致。处于弧形闸室下游消力池部位发 P11—发 P13 处水压力变化不明显，间接表明整个发电引水系统基础正常。

(2) 应力应变监测。发电引水系统分 5 个断面共埋设 20 支钢筋计，从埋设初到过水前各测点的钢筋应力大都处于 60MPa 以内压应力状态，且测值变化不大，整体处于较小的压应力状态。2010 年 6 月底 7 月初发电洞过水期间，各测点的钢筋计测值增加，分别受到不同程度拉应力，其中最大变化发 R14，增减 10.68MPa，各测点在过水之后测值由不同程度的回降，测点变化灵敏，且规律一致，观测效果明显。

(3) 接缝监测。发电引水系统在进口处设置了 3 个断面总计 12 支测缝计，测缝计变化在 0.5mm 以内较小。

从发电引水系统下游侧的仪器（以渗压计、钢筋计为主）整体变化趋势来看，传感器平时测值较稳定，对外界反应比较灵敏，且相互变化关联性较强，相互映照，观测基本可信，间接证明发电引水系统监测段的基础正常。

3. 沥青混凝土心墙坝

沥青混凝土心墙坝包括大坝渗透水压、渗漏量和大坝变形观测等。

(1) 大坝渗透水压力与渗漏量观测。大坝坝体渗透水压力监测主要设置三个断面总计 30 支渗压计，以了解大坝的渗漏情况。从三个断面的监测成果看，各观测断面测点变化规律一致，相关性良好，观测可信度较高。

随着库水位的上涨，截至 2010 年 9 月 27 日下游坝体监测点水位高程有着不同程度的回落，整体来说大坝抗渗良好。三个监测断面平均水位较上游水位高程落差最大为 47.83m，最小为 36.83m。

坝后截渗墙流量堰安装的电子流量计所采集的数据，坝下渗水流量 $120m^3/h$；人工观测为 $103m^3/h$，比设计指标渗水量（142 万 m^3/年）$162.1m^3/h$ 小得多，说明基础防渗（帷幕灌浆）效果良好。

变形观测包括表面变形、内部变形和心墙变形观测等。

(2) 大坝变形观测。

从传感器观测成果看，大坝内部与上下游坝面之间相对位移较小，位移变量在 5mm 内。

心墙变形观测共设置 9 套 18 支双向位移计，观测心墙与过渡料之间的相对变形量。从相对变形量的观测成果看，竖直、水平位移量较小，竖直沉降大于水平位移。截至 2010 年 9 月 27 日水平最大相对位移为 J15 测点，达 19.73mm，其他测点均在 3mm 以内；竖直最大相对沉降 17mm。位移较明显时段是仪器埋设初期心墙与过渡料施工碾压期间和 2009 年 8 月、9 月水库蓄水初期，其余时段位移较小。

从 2010 年 9 月 5 日至 10 月 6 日测量数据看，大坝最大沉降量为 3cm，最大位移是 0.6cm，沉降和位移量没有超出设计允许值（最大沉降量 58.8cm）。12 月 20 日库水位已达到高程 1071.68m，距正常蓄水位高程 1072.00m 只差 0.32m，均表明大坝是稳定、安全的。

七、工程项目质量评定

2011 年 1 月由建设单位（项目法人）组织，质检站、建设、监理、施工、实验、设计等单位参加的大石门水电站项目单位工程验收组对大石门水电站项目工程施工质量进行了实事求是的质量验收评定：7 个单位工程施工质量全部合格，合格率为 100%；其中 5 个优良工程，优良率为 71.4%；主要单位工程全部优良，优良率 100%。施工期间及试运行期，各单位工程观测资料分析结果均符合国家标准和行业技术标准以及合同约定的标准要求，整体工程达到了优良工程项目的标准。工程质量评定见表 8-3-2。

表 8-3-2　　大石门水电站单位工程施工质量评定表

编号	单位工程名称	单元工程质量统计			分部工程质量统计			单位工程等级	备注
		个数（个）	其中优良（个）	优良率（%）	个数（个）	其中优良（个）	优良率（%）		
1	△竖井式溢洪道	202	184	91.1	8	6	75.0	优良	加△为主要单位工程
2	△发电引水系统	307	284	92.5	7	6	85.7	优良	
3	△沥青混凝土心墙堆石坝	922	847	91.9	8	6	75.0	优良	
4	△发电厂房	190	178	93.7	12	9	75.0	优良	
5	△升压变电站	41	40	97.6	2	2	100	优良	
6	永久性上坝公路				4			合格	
7	综合楼				7			合格	
单元工程 分部工程合计		1662 (1812)	1533	92.2	37 (48)	29	78.4	71.4	
评定结果	本项目单位工程 7 个，质量全部合格，其中优良工程 5 个，优良率 71.4%，4 个主要单位工程优良率 100%								

注　1. 综合楼、永久性上坝公路分别执行建筑和公路标准，只有合格等级。

2. 观测设施安装单元工程和分部工程未评定优良，全部是合格，计算单元工程优良率未计算在内（观测设施安装竖井式溢洪道 23 个单元，发电引水系统 50 个单元，沥青混凝土心墙堆石坝 77 个单元）。

3. 分部工程优良率未将综合楼、永久性上坝公路分部工程计算在内。

（1）沥青混凝土心墙堆石坝分 8 个分部工程，经验收 8 个分部工程全部合格，合格率 100%。其中优良分部工程 6 个，优良率 75%。3 个主要分部工程全部优良，单元工程优良率 91.9%，工程外观质量得分率 86.5%。施工和试运期观测资料分析结果符合国家和行业标准以及合同约定要求，沥青混凝土心墙堆石坝工程满足优良单位工程标准，评定为优良工程。

（2）竖井式溢洪道分 8 个分部工程，经验收 8 个分部工程全部合格，合格率 100%。其中优良分部工程 6 个，优良率 75%，单元工程优良率 91.1%，一个主要分部工程优良，工程外观质量得分率 90%。施工和试运期观测资料分析结果符合国家和行业标准以及合同约定要求，竖井式溢洪道工程满足优良单位工程标准，评定为优良工程。

（3）发电引水洞分 7 个分部工程，经验收 7 个分部工程全部合格，合格率 100%。其中优良分部工程 6 个，优良率 85.7%，单元工程优良率 92.5%，2 个主要分部工程全部优良，工程外观质量得分率 88.6%。施工和试运期观测资料分析结果符合国家和行业标准以及合同约定要求，发电引水洞工程满足优良单位工程标准，评定为优良工程。

（4）发电厂房工程分 12 个分部工程，经验收 12 个分部工程全部合格，合格率 100%。其中优良分部工程 9 个，优良率 75%，单元工程优良率 93.7%，3 个主要分部工程全部优良，工程外观质量得分率 90.3%。施工和试运期观测资料分析结果符合国家和行业标准以及合同约定要求，厂房工程满足优良单位工程标准，评定为优良工程。

（5）永久性上坝公路工程和综合楼工程分别执行公路和建筑标准，评定为合格工程。

八、验收遗留问题处理情况

无

九、尾工情况及安排意见

无

十、存在的问题及处理意见

工程征占建设用地尚未取得权属证件，需加强与地方政府部门沟通，尽早完成。

水保、环保与档案专项验收尚未完成，工程竣工验收进程势必受到影响，需加强沟通与完善工程竣工验收各项工作。

十一、结论

经现场勘察、工程资料抽查，自查组认为大石门水电站项目工程已按批准的设计内容项目建设完成，工程施工质量符合规程、规范和设计要求，工程质量合格，工程建筑物、构筑物运行正常。经自查组全体成员讨论认为：大石门水电站项目工程达到了优良工程标准，经质量监督部门核定合格。

自查组认为，大石门水电站项目工程资金管理与使用基本符合初步设计概算要求，工程已经过第三方工程咨询公司审计；外部运维单位已落实，机组试运状况与日常运维工作良好。

经竣工自查组讨论一致同意通过大石门水电站项目工程竣工自查。建议进一步完善工程竣工资料，尽快实施工程竣工技术预验收。

技　能　训　练

1. 竣工验收应具备的条件是什么？
2. 竣工验收自查条件及内容是什么？
3. 竣工验收主持单位、项目法人如何对工程质量进行抽样检测？
4. 竣工技术预验收的主要工作内容及程序是什么？
5. 竣工验收单位的构成是什么？主要内容与程序是什么？
6. 竣工验收鉴定书格式及包含的主要内容是什么？

学习情境十　资料整理与工程移交

【学习目标】

1. 掌握资料收集的范围、时间、阶段及其收集内容
2. 掌握资料整理的职责与要求，掌握资料组卷的方法
3. 掌握资料立卷的内容、文件的排列方法、案卷的编目、案卷的装订及其归档要求
4. 熟悉档案的验收及其工程交接手续、移交内容、验收遗留问题、尾工处理等工作

工作任务一　资　料　收　集

水利水电工程施工档案资料反映整个施工过程的真实历史记录，是衡量施工质量的重要依据，是工程验收与工程管理运行的重要技术文献。施工资料的收集管理是一项复杂的系统性工作，需要施工单位各部门的紧密配合。随着各种档案管理的规范化、专业化、统一化，如何做好水利水电工程施工资料的收集整编，施工文件、施工图的管理，对水利工程的施工工作同样重要。

一、资料收集范围

凡是反映与项目有关的重要职能活动，具有查考利用价值的各种载体的文件，都应收集，归入工程项目档案内。但对于不同的单位，其资料收集整理的侧重面不同，具体如下：

（1）建设管理单位负责收集、积累项目准备阶段形成的前期文件，以及设备、工艺、涉外和竣工验收文件。

（2）勘察、设计单位负责收集勘探、测量及工程设计相关的基础资料。

（3）施工单位负责收集施工过程中的施工单位所有相关的文件材料。

（4）监理单位负责收集施工过程中监理工作所需的文件材料。

（5）运行单位负责收集、积累项目调试及试运行阶段形成的文件。

二、资料收集时间

各类文件应按其形成的先后顺序或项目完成情况及时收集；凡是引进技术、设备文件，必须先由建设管理单位（或接收委托的承包单位）登记、归档，再行译校、复制和分发使用。

三、资料收集阶段

在一个水利工程施工项目中，资料的内容较为复杂，涵盖面较广，必须从资料形成的程序开始，了解资料收集的过程。

资料的初始收集起于一个工程的招投标，终至竣工交验的完成。按照工程进展情况，

分为以下五个阶段：

第一阶段：在水利工程施工项目完成投标后，自发包人（业主）发出中标通知书时，首先收集的首席资料就是招、投标文件、中标通知书，包括招标的设计文件及图样、承包施工合同、下发相关的文件。

第二阶段：人员、机械设备进场有关资料的收集。接到业主邀请进场通知后，人员、机械及设备进场时，施工单位向相应的监理单位呈报进场报告性文件，递交合同开工令，报送开工申请报告及项目部组织机构等文件。

第三阶段：施工前准备有关资料的收集。施工前进行测量水准点布控，请专业测量单位对水准点进行核准复测，复测后取得测量的成果。组织进场人员联系监理进行原地面测量，收集测量原始记录。根据原地面测量结果，绘制断面图，计算工程量，收集工程量报审资料。

第四阶段：施工过程（以一个单位工程为例）资料收集，包括施工资料、施工安全资料及施工文明资料的收集。

（1）施工资料的收集。在施工过程中实行“三检”制，施工班组为初检，施工作业队为复检，质量检查部门为终检，形成“三检”资料，现报请监理工程师复核，最终形成质量评定资料。施工日志。施工日志记录每天的施工情况，以一个单位工程为准，每月为一册，进行收集整理。

具体包括：施工合同管理资料、工程结算资料、设备率定资料、施工方案及专项技术措施的报批资料、施工进度计划、原材料的合格证及检验报告、机械设备、原材料及中间产品进场报批资料、试验检验资料（土方填筑的压实度、混凝土试块、砂浆试块、混凝土拌和原始记录、钢筋焊接、原材料及中间产品检验等资料）、外观及隐蔽工程验收资料、分部工程验收资料（包括分部工程验收申请报告、分部工程验收鉴定书）等施工质量原始记录及质量评定等资料。

（2）施工安全资料。施工安全资料包括安全岗位责任制、安全组织机构、安全防护措施、重大事故演练、应急预案、安全技术交底、安全施工日志等相关资料。

（3）施工文明资料。施工文明资料主要包括施工现场材料的堆放、场地的整洁及对周围环境的保护等资料。

第五阶段：施工验收及工程移交相关资料的收集。

施工验收及工程移交相关资料包括单位工程外观质量评定资料、单位工程验收资料、单位工程验收（含阶段验收、预验收、竣工验收）资料（包括单位工程验收申请报告、单位工程验收（含阶段验收、预验收、竣工验收）鉴定书及施工管理报告）、施工合同验收资料、业主及监理下发外来文件、设计文件（包括施工图纸）、向业主上报的其他文件、工程变更有关的文件报批材料、施工图片资料等其他相关资料。

工作任务二　资　料　整　理

一、资料的整理

1. 资料整理职责

水利工程所形成的全部文件，在归档整理前均应根据国家、省（市）的有关规定，按档案管理的要求，由文件形成单位（建设、勘察、设计、施工及监理等）进行整理。

建设单位负责进行或组织对全部归档项目档案的汇总整理。

（1）根据专业主管部门的工程建设档案分类编号及项目实际情况，设计、制定统一的项目档案分类编号体系（大纲）。大中型项目按工程或专业分类，下设属类；小型项目直接按项目、结构或专业分类。

（2）依据项目档案分类编号对全部项目档案进行统一的分类和编号。

（3）对全部项目档案进行清点、编目、编制项目档案卷内目录及档案整理情况说明。

2. 文件整理要求

（1）工程建设所形成的全部项目文件在归档前应根据国家、省（市）的有关规定，并按档案管理的要求，由文件形成单位（建设、勘察、设计、施工及监理等）进行整理。

（2）工程建设各管理机构形成或收到的有关工程建设的前期文件、设备技术文件、竣工试运行（生产）及验收文件，应根据文件的性质、内容，分别按年度、项目的单项或单位工程整理。

（3）勘察、设计单位形成的基础材料和项目设计文件（施工图除外），应按项目或专业整理。

（4）施工技术文件应按单项工程的专业、阶段整理；检查验收记录、质量评定及监理文件按单位工程整理。

（5）竣工图、设计变更、试运行及维护中形成的文件、工程事故处理文件由施工单位整理。

二、组卷要求

（1）要遵循文件的形成规律和成套性特点，保持卷内文件的有机联系；分类科学，组卷合理；符合档案管理要求。

（2）项目施工文件按单项工程或装置、阶段、结构、专业立卷；设备文件按专业、台件等组卷；管理性文件按问题、时间或依据性、基础性、项目竣工验收文件组卷；设计变更文件，应按单位工程或分部工程或专业单独组成一卷，工程联系单、监理文件按文种立卷，原材料试验按单项工程组卷。

（3）案卷及卷内文件不重份，同一卷内有不同保管期限的文件，该卷保管期限按最长的确定。

三、资料立卷

根据水利工程建设的实际情况，对实行监理的工程将归档资料分为三卷，对未实行监理的工程将归档资料分为两卷。

第一卷　建设管理资料

（1）工程建设前期工作文件材料。

勘测设计任务书、报批文件及审批文件；

规划报告书、附件、附图、报批文件及审批文件；

项目建议书、附件、附图、报批文件及审批文件；

可行性研究报告书、附件、附图、报批文件及审批文件；

初步设计报告书、附件、附图、报批文件及审批文件；
各阶段的环境影响、水土保持、水资源评价等专项报告及批复文件；
各阶段的评估报告；
各阶段的鉴定、实验等专题报告；
招标设计文件；
技术设计文件；
施工图设计文件。
（2）工程建设管理文件材料。
工程建设管理有关规章制度、办法；
开工报告及审批文件；
重要协调会议与有关专业会议的文件及相关材料；
工程建设大事记；
重大事件、事故声像材料；
有关工程建设管理及移民工作的各种合同、协议书；
合同谈判记录、纪要；
合同变更文件；
索赔与反索赔材料；
工程建设管理涉及的有关法律事务往来文件；
移民征地申请、批准文件及红线图（包括土地使用证）、行政区域图、坐标图；
移民拆迁规划、安置、补偿及实施方案和相关的批准文件；
各种专业会议记录；
有关领导的重要批示；
有关工程建设计划、实施计划和调整计划；
重大设计变更及审批文件；
有关质量及安全生产事故处理文件材料；
有关招标技术设计、施工图设计及其审查文件材料；
有关投资、进度、质量、安全、合同等控制文件材料；
招标文件、招标修改文件、招标补遗及答疑文件；
投标书、资质资料、履约类保函、委托授权书和投标澄清文件、修正文件；
开标、评标会议文件及中标通知书；
环保、档案、防疫、消防、人防、水土保持等专项验收的请示、批复文件；
工程建设不同阶段产生的有关工程启用、移交的各种文件材料；
出国考察报告及外国技术人员提供的有关文件材料；
项目法人在工程建设管理方面与有关单位（含外商）的重要来往函电。

第二卷　监理管理资料

监理合同协议，监理大纲，监理规划、细则、采购方案、监造计划及批复文件；
设备材料审核文件；
施工进度、延长工期、索赔及付款报审材料；

开（停、复、返）工令、许可证等；
监理通知，协调会审纪要，监理工程师指令、指示，来往信函；
工程材料监理检查、复检、实验记录、报告；
监理日志、监理周（月、季、年）报、备忘录；
各项控制、测量成果及复核文件；
质量检测、抽查记录；
施工质量检查分析评估、工程质量事故、施工安全事故等报告；
工程进度计划实施的分析、统计文件；
变更价格审查、支付审批、索赔处理文件；
单元工程检查及开工（开仓）签证，工程分部分项质量认证、评估；
主要材料及工程投资计划、完成报表；
设备采购市场调查、考察报告；
设备制造的检验计划和检验要求、检验记录及试验、分包单位资格报审表；
原材料、零配件等的质量证明文件和检验报告；
会议纪要；
监理工程师通知单、监理工作联系单；
有关设备质量事故处理及索赔文件；
设备验收、交接文件，支付证书和设备制造结算审核文件；
设备采购、监造工作总结；
监理工作声像材料；
其他有关的重要来往文件。

第三卷 施工管理资料

施工管理资料装订提纲规范如下：

档案包括五册：

第一册：工程施工管理工作报告（竣工报告）及工程建设设施清单

（1）单位工程验收鉴定书及分部工程验收签证。

验收鉴定书格式要严格按照 SL 223—2008《水利水电建设工程验收规程》中有关要求，按标准格式进行编写。

（2）施工管理工作报告。

第二册：竣工图纸

竣工图纸是工程的真实反映，是水利工程档案的重要组成部分，必须做到图物相符，施工单位一定要在施工过程中认真做好施工记录、检测记录、报验记录和签证，整理好变更文件，按规定及时编制好竣工图纸。

（1）凡按设计图纸施工没有变动的图纸，可由施工单位在原图上加盖“竣工图”章，即为竣工图。

（2）凡在施工中，虽有一般性的设计变更，但能在原图上加以修改、补充、说明的，也可由施工单位在原施工图上修改、补充（修改、补充的内容不得超过原图幅面的 1/3），并注明修改依据，然后加盖“竣工图”章作为竣工图。

（3）凡在施工中有重大设计变更，且原施工图不能代替的，应按变更后的实际情况，重新绘制竣工图，并附以有关记录说明及变更依据，加盖“竣工图”章，作为竣工图。

（4）竣工图纸由施工单位负责编制。每张竣工图均要加盖竣工图章，并严格履行签字手续。“竣工图”章应盖在每张竣工图的图签栏上方空白处，并不得覆盖图中（原有）内容。

（5）竣工图的图幅、绘制方法、图签栏的设置等均应符合国家制图标准。

（6）竣工图在原图上修改，修改部分必须用绘图笔或钢笔（蓝黑墨水）绘制。且要求图面整洁，字迹清楚，并不得影响未修改部分的完整性。

（7）竣工图应经监理审查并签字。

（8）竣工图纸应按 GB 10609.3—2009《技术制图复制图的折叠方法》，折成 A4 幅面（210mm×297mm），装订成册。

第三册：施工管理文件

（1）施工依据。

1）施工合同及施工技术文件。

2）设计文件、设计交底会议经要、设计变更通知等。

（2）管理文件。

1）质量监督站、业主、监理等单位来文、承包商内部管理文件。

2）工程会议纪要。

（3）施工日记。

（4）工程照片及其他。

第四册：施工技术资料

首页附单位工程施工质量检验资料核查表，然后再按下列顺序装订：

（1）保证资料。

1）原材料质量保证资料。原材料（钢材、水泥、砂石、止水防水、化工电工等）出厂合格证明、材料检验报告及原始记录。

2）混凝土、砂浆配合比通知单、土壤击实实验报告。

3）中间产品、质量保证资料。

① 混凝土拌和物。按混凝土强度等级分类整理，应有混凝土拌和物质量评定表、混凝土试块试验强度统计质量评定表及混凝土试块试压报告。

② 水泥砂浆拌和物。按水泥强度等级分类整理，应有砂浆质量评定表、同一验收批砂浆强度检验评定表及砂浆试块试压报告。

③ 混凝土预制件（块）检验资料。工厂化生产的预制构件应附有出厂质量合格证或质量检验报告。并附有混凝土配合比试验报告、部分混凝土试块试压报告单（复印件应加盖单位公章）及有关资质证明材料（复印件应加盖单位公章）。

4）金属结构与启闭机、机电产品（合格证、安装、调试运行记录）。

（2）单位、分部工程开工申请及监理批复资料。

1）单位工程开工申请资料及监理回复。

附件：① 合同项目开工申请表；

② 施工技术方案申请表；

③ 施工进度计划申请表；

④ 现场组织机构及主要人员报审表；

⑤ 材料（构配件）进厂报验单；

⑥ 施工设备报验单；

⑦ 施工放样报验单。

2）分部工程开工申请资料及监理回复。

附件：① 分部工程开工申请表；

② 施工进度计划申请表 CB02；

③ 分部工程施工方案、技术措施及质量保证措施；

④ 材料/构配件进场报验单 CB07；

⑤施工放样报验单。

第五册：施工质量评定资料

（1）工程项目划分表（由项目法人组织监理、设计及施工等单位进行工程项目划分，并确定主要单位工程、主要分部工程、重要隐蔽单元工程和关键部位单元工程。项目法人在主体工程开工前将项目划分表及说明书面报质量监督机构确认。项目划分应结合工程结构特点、施工部署及施工合同要求进行，划分结果应有利于保证施工质量以及施工质量管理）。

（2）单位工程报验单；单位工程质量评定表。

（3）分部工程报验单；分部工程质量评定表。

（4）单元工程报验单；单元工程质量评定表。

四、文件排列方法

（1）设计文件的排列。设计文件都有编号，可以按照原编号的顺序排列。如果一个卷内有两个以上专业（或项目）的设计文件，则可以先分专业（项目），然后按原有编号排列。

（2）各种原始记录的排列。原始记录一般可以按形成的先后顺序排列。如果一个卷内有各种记录，或者一种记录反映不同的工序或部位，则应先分清记录的种类或记录所反映不同工序或部位，然后按形成的先后次序排列。

（3）各种文字报告的排列。要求正本在前，定稿在后；批复在前，请示在后；正文在前，附件在后。如果卷内有多份文件而且反映的是同一问题，一般应本单位的文件在前，与之有紧密联系的外单位来文在后；同一类型的文件按时间先后顺序排列；综合性的在前，素材性的在后等。如果卷内文件反映问题不同，一般还要先把问题分清楚，然后按其次序排列。

（4）文字材料和图样材料混合组成的案卷，其卷内文件排列是先文字材料，后图样材料。

（5）竣工图按专业、图号排列。

（6）卷内文件一般文字在前，图样在后；译文在前，原文在后；正文在前，附件在后；印件在前，定（草）稿在后。

五、案卷编目

案卷编目的内容包括编写案卷页号、卷内目录、卷内备考表、案卷封面、案卷卷脊的编制。

1. 编写案卷页号。

使用铅笔编页。一般单面书写的文字材料在右上角编写页号，双面书写的文字材料，正面在右上角编号，背面在左上角编号页号。案卷封面、卷内目录、卷内备考表均不编写页号。各卷之间不连续编页号。

2. 卷内目录的填写。

卷内目录排列在卷内文件之前。卷内目录由序号、文件编号、责任者、文件材料题名、日期、页号和备注等组成。

3. 卷内备考表的编制

卷内备考表要标明案卷内文件材料的件数、页数、文件重复使用的前后编制关系以及在立卷和案卷使用过程中需要说明的问题。卷内备考表排列在案卷内文件材料的尾页之后。

（1）卷内备考表要标明卷内文件的件数、页数，不同载体文件的数量。例如：本卷共10件，86页。其中文字材料69页，照片10张，附图7张。

（2）说明组卷情况，如立卷人、检查人、立卷时间等。

（3）卷内备考表排列在卷内文件之后。

（4）互见号，应填写反映同一内容形式不同且另行保管的档案号，并应注明其载体形式。

为保证卷内文件完整、系统与安全，便于利用、管理和确切统计卷内文件材料的数量，页号的编写均以有书写内容的页面编写页号。

立卷人和检查人签字应该手写或盖章，不得打印。

4. 案卷封面的编制。

（1）档号。由档案分类号和案卷顺序号联合组成，中间用“-”隔开，如分类号13.2.1.01，案卷号为2，档案号则为13.2.1.01-2。

（2）案卷题名。是立卷人给案卷拟定的标题，标题应简明、准确地揭示卷内文件材料的内容。其结构一般由三个部分构成：一是工程名称，单项工程名称（××年度工程或单位工程名称）太长时可根据情况略写；二是工程阶段或部位名称特征，如工程设计阶段的材料（阶段特征）、某专业的文件材料（专业特征）等；三是文件材料的名称特征，如批复、图纸、计算书等。

（3）立卷单位。填写编制该案卷的单位全称或规范性简称，如“××工程建设管理局”。

（4）起止日期。填写案卷内文件材料形成的起止日期。

（5）保管期限。分为永久、长期、短期三种。

（6）密级。依据保密规定，填写卷内文件材料的最高密级，一般暂不填写。

5. 案卷脊背的编制

案卷脊背应填写档号和案卷题名。“档号”栏的填写，是采用将档号和保管期限两者结合起来贴标签的方式予以解决。标签为白纸，共分四格，分别填写全宗号、目录号、分类号、案卷顺序号。标签上格子线条的颜色来区分案卷的不同保管期限，红线条代表永久，黄线条代表长期，蓝线条代表短期。

全宗号和目录号暂不填写；分类号是根据档案分类方案所给定的类别号，用阿拉伯数字标志，不同级位的类别之间用间隔符“·”分开；案卷顺序号是指项目档案按一定顺序排列的流水号。

六、案卷装订要求

(1) 文字材料可采用整卷装订与单份文件装订两种形式，图纸可不装订。但同一项目采用形式应一致。

(2) 案卷内不应有金属物。

(3) 单份文件装订时，应在卷内文件首页上方加盖、填写档号章。

(4) 外文资料应保持原来的案卷及文件排列顺序、文号及装订形式。

(5) 卷皮、卷内表格规格及制成材料。

1) 卷皮一般采用卷盒、卷夹两种。其外表规格为 310mm×220mm，厚度分别为 10mm、20mm、30mm、40mm、50mm，用牛皮纸板双裱压制。

工程建设档案案卷卷皮一般采用软卷皮装订后再装盒的形式。卷盒的表面尺寸为 300mm×220mm，厚度尺寸分别为 20mm、30mm、40mm、50mm、60mm。软卷皮的外表面尺寸为 297mm×210mm，厚度可根据卷内文件材料厚度调整，但不宜超过 40mm。卷盒、软卷皮应根据实际情况和规范要求在档案机构购买。

2) 案卷内封面、卷内目录、卷内备考表尺寸为 297mm×210mm。

3) 卷盒和卷内表格字迹要清晰端正。

(6) 声像材料整理时应附文字说明，对事由、时间、地点、人物、作者等内容进行著录。

(7) 档案管理要求。

1) 资料装订时应采取三孔一线的装订方法，孔距 7cm。注意装订时装订线不得将字迹压住。

2) 资料用纸统一为 A4 纸，装订厚度一般在 0.5～1.5cm，最厚不得超过 2cm。若超过 2cm，可分多本装订，但需标出能够说明该资料是一体的标志。

3) 各类资料必须有封面，并加盖印章，且附有相应的目录，并在页面底部（中间）注明页码。

4) 施工单位应负责向建设单位提交竣工资料原件一份，复印件两份，同时应加盖印章。进行资料移交时，施工单位应提供完整的资料清单供建设单位查阅。

(8) 归档要求。

1) 建设管理单位各机构、各施工承包单位、监理单位应在工程建设完成后整理、编目所形成的项目文件、按合同协议规定的要求提交建设管理单位档案管理机构归档。

2）根据基本建设程序和项目特点，归档可以按阶段分期进行，也可以在单项（单位）工程完成后与竣工验收文件一并归档。

3）归档文件必须完整、成套、系统。必须反映工程建设的规划、设计、施工、监理及竣工验收的全过程；必须真实记录和准确反映项目建设过程和竣工时的实际情况，图物相符，技术数据可靠，签字手续完备；文件字迹材料及载体质量应符合档案管理要求。

（9）参加工程建设的勘察、设计、施工及监理单位需要向其本单位归档的文件，应按国家有关规定和要求单独立卷归档。

（10）外文资料应将题名、卷内章节目录译成中文，与原文一起归档。

七、资料的整理、归档

资料的整理与收集是同步进行的，资料的整理过程其实是将收集的资料逐一进行分类，使之明了和一体化。资料的整理遵循的原则是按照相关工程局域验收资料的有关规定进行的，最终按相关规定将资料归档，装订成册，达到交工的标准。

工作任务三　档案验收与移交

一、档案验收

工程档案验收是水利工程建设项目竣工验收的重要内容，大中型水利工程建设项目在竣工验收前要进行档案专项验收，其他水利工程建设项目档案验收应与竣工验收同步进行。

（1）档案专项验收前，验收主持单位或其委托的单位应根据实际情况开展验收前检查评估工作，落实验收条件是否具备，针对检查发现的问题提出整改要求，问题整改完成后方可组织验收。

（2）在档案专项验收前，应对项目文件的收集、整理、归档与档案保管、利用等进行自检，并形成档案自检报告。自检达到验收标准后，向验收主持单位提出档案专项验收申请。

（3）自检报告应包括：工程概况，档案管理情况，项目文件的收集、整理、归档与档案保管、利用等情况，竣工图的编制与整理情况，档案自检工作的组织情况，对自检或以往阶段验收发现问题的整改情况，档案完整性、准确性、系统性、规范性和安全性的自我评价等内容。

（4）项目档案专项验收按照水利部《水利工程建设项目档案验收管理办法》执行。凡是档案内容与质量达不到要求的水利工程建设项目，不得通过档案验收；未通过档案验收或档案验收不合格的，不得进行或通过竣工验收。

（5）施工单位对所承担项目合同验收后3个月内向项目法人办理档案移交，并配合项目法人完成项目档案专项验收相关工作；项目法人应在水利工程建设项目竣工验收后半年内向运行管理单位及其他有关单位办理档案移交。

二、工程交接

项目法人与施工单位应在施工合同或验收鉴定书约定的时间内完成工程及其档案资料的交接工作，交接过程应有完整的文字记录并有双方交接负责人签字。在办理具体交接手续时，施工单位应向项目法人递交工程质量保修书，其格式见表9-3-1，且保修书的内容应符合合同约定的条件。工程质量保修期应从工程通过合同工程完工验收后开始计算，但合同另有约定的除外。

表9-3-1　　　　工程质量保修书格式

××××××工程

质量保修书

施工单位：

年　月　日

××××工程质量保修书

一、合同工程完工验收情况

二、质量保修的范围和内容

三、质量保修期

四、质量保修责任

五、质量保修费用

六、其他

施工单位：

法定代表人：（签字）

年　月　日

在施工单位递交了工程质量保修书、完成施工场地清理以及提交有关竣工资料后，项目法人应在30个工作日内向施工单位颁发合同工程完工证书，其格式见表9-3-2。

表 9-3-2　　　　合同工程完工证书格式

××××××工程 ××××合同工程 （合同名称及编号） **完　工　证　书** 项目法人： 年　月　日

续表

项目法人：   代建机构（如有时）：   设计单位：   监理单位：   施工单位：   主要设备制造（供应）商单位：   运行管理单位：

续表

<table>
<tr><td>

合同工程完工证书

××××合同工程已于××××年××月××日通过了由××××主持的合同工程完工验收，现颁发合同工程完工证书。

项目法人：

法定代表人：（签字）

年　月　日

</td></tr>
</table>

三、工程移交

工程通过投入使用验收后，项目法人应及时将工程移交运行管理单位管理，并与其签订工程提前启用协议。在竣工验收鉴定书印发后60个工作日内，项目法人与运行管理单位应完成工程移交手续，工程移交包括工程实体、其他固定资产和工程档案资料等，应按照初步设计等有关批准文件进行逐项清点，并办理移交手续。

专业承包单位应向总承包单位（或建设单位）移交不少于一套完整的工程档案，并办理相关移交手续；监理单位、施工总承包单位应各自向建设单位移交不少于一套完整的工程档案，并办理相关的移交手续；建设单位应在工程竣工验收合格后6个月内，将城建档案馆预验收合格的工程档案移交城建档案馆，并办理相关手续；国家和省级重点工程及5万 m^2 以上的大型公共建设工程，建设单位应将列入城建档案馆保存的工程档案制作成缩微胶片，移交城建档案馆。办理工程移交，应有完整的文字记录和双方法定代表人签字。

工作任务四　验收遗留问题及尾工处理

有关验收成果性文件应对验收遗留问题有明确的记载。影响工程正常运行的，不得作为验收遗留问题处理。验收遗留问题和尾工的处理由项目法人负责。项目法人应按照竣工验收鉴定书、合同约定等要求，督促有关责任单位完成处理工作。验收遗留问题和尾工处理完成后，有关单位应组织验收，并形成验收成果性文件。项目法人应参加验收并负责将验收成果性文件报竣工验收主持单位。

工程竣工验收后，应由项目法人负责处理的验收遗留问题，项目法人已撤销的，由组建或批准组建项目法人的单位或其指定的单位处理完成。

技　能　训　练

1. 简述资料收集的阶段及范围。
2. 资料整理的职责及要求是什么？
3. 简述对于不同的工程情况，资料如何立卷？
4. 文件档案的排列方法是什么？
5. 案卷编目是如何排列的？
6. 工程档案资料如何装订？
7. 简述工程移交的程序。

参 考 文 献

[1] 中华人民共和国水利行业标准．SL 223—2008 水利水电建设工程验收规程．

[2] 中华人民共和国水利行业标准．SL 176—2007 水利水电工程施工质量检验与评定规程．

[3] 中华人民共和国水利行业标准．SL 631—2012 水利水电工程单元工程施工质量验收评定标准——土石方工程．

[4] 中华人民共和国水利行业标准．SL 632—2012 水利水电工程单元工程施工质量验收评定标准——混凝土工程．

[5] 水利部建设与管理司，水利部水利工程质量监督总站．水利水电工程施工质量评定表填表说明与示例（试行）．北京：中国水利水电出版社，2003.

[6] 刘俊炜．水利工程项目划分方法浅析．内蒙古水利，2004（1）：100－101.

[7] 陈远春．最新水利建设工程质量监督管理与施工验收标准规范实务全书．北京：电子工业出版社，2009.

[8] 汪芳．水利工程施工资料整理．中国新技术新产品，2010（12）：62.

[9] 王璐，宗长波，崔一凡．水利工程内业资料的整理．河南水利与南水北调，2012（10）：93－94.